Renate Hücking / Kej Hielscher

OASEN DER SEHNSUCHT

Renate Hücking / Kej Hielscher

Oasen der Sehnsucht

Von Gärten im Verborgenen

Mit Beiträgen von Hans Hielscher

Mit 84 Abbildungen

Piper
München Zürich

Renate Hücking hat die Einleitung sowie die Kapitel zu Korbinian Aigner, Walahfrid Strabo, William Beckford und Kaiser Kangxi verfaßt, Kej Hielscher die Kapitel zu Jeff Goundrill und Süleiman dem Prächtigen, Hans Hielscher die Kapitel zu Nelson Mandela und Albert Speer.

ISBN 3-492-04620-7

Gesetzt aus der Bembo
Satz: Uwe Steffen, München
Druck und Bindung: Clausen & Bosse, Leck
Printed in Germany

www.piper.de

Inhalt

Von Gärten hinter Mauern

Einleitung

Das Leben beginnt mit dem Tag,
an dem man einen Garten anlegt.
Chinesisches Sprichwort

Die berühmteste Gartenschau der Welt, die Chelsea Flower Show in London, hat den ersten Impuls für dieses Buch gegeben: Da präsentierten im Jahr 2000 die Gefangenen des Leyhill-Gefängnisses ihren Gartenentwurf »Die Zeit, der große Heiler« – und gewannen mit der gärtnerischen Umsetzung ihrer persönlichen Situation den heißbegehrten ersten Preis. Strafgefangene als erfolgreiche Gärtner und Gartendesigner, die sogar Medaillen gewinnen – das hatte es auf dieser Prestigeveranstaltung für Profis noch nicht gegeben! Wie in jedem Jahr kam die Queen, doch dieses Mal mußte sie den Gefangenen Ihrer Majestät die Hand schütteln. Die waren ungeheuer stolz auf ihren Erfolg, und als die Show vorüber war, verschwanden die Knackis mit dem grünen Daumen wieder in ihrem Gefängnis, um neue Pläne zu schmieden und ein Jahr später erneut in Chelsea zu triumphieren.

Die Insassen des Leyhill-Gefängnisses bekommen seither nicht nur regelmäßig in Chelsea Preise, sie betreiben außerdem erfolgreich ein Gartencenter. Die Kunden sind zufrieden, und bei den Häftlingen ist das Resozialisierungsprogramm im Garten beliebt. Die körperliche Arbeit an der frischen Luft bietet eine willkommene Abwechslung in dem oft stupiden Gefängnisalltag, man kommt wieder in Form, und egal, welchen Beruf die Männer hatten, bevor sie straffällig wurden, bei den meisten aktiviert die gärtnerische Tätigkeit neue Energien und verschüttete Qualitäten: schöpferische Phantasie, handwerkliches Geschick, Improvisationstalent, Ausdauer und Zielstrebigkeit – alles Voraussetzungen, um auch nach jahrzehntelanger Haft draußen wieder ein selbständiges Leben führen zu können.

Manchmal genügt ein solcher »eye opener«, um plötzlich überall auf ein Thema mit seinen zahlreichen Variationen zu stoßen. Wir kennen viele Arten von Gärten: Blumen- und Obstgärten, Parks und Schrebergärten, Gärten in der Landschaft, Gärten hinter Hecken und – eben verborgene Gärten hinter Mauern. Doch diese Gärten können vieles sein: Orte voller bunter, duftender Pflanzen oder Orte mit symbolischer Bedeutung; sie können Ideen transportieren, gesellschaftliche Ordnungen abbilden, den Lebensstil oder den sozialen Status ihres Besitzers verdeutlichen, und schließlich können sie für den Gärtner in mehrfacher Hinsicht überlebenswichtig sein.

Der *hortus conclusus*, der »geschlossene Garten«, ist das Urbild aller Gärten. In allen Sprachen bezeichnet das Wort »Garten« ursprünglich ein Stück eingefriedetes Land. Von alters her schützen die Hecken, Zäune und Mauern die Pflanzen und die Menschen vor zerstörerischen Winden und vor Eindringlingen. Doch wir fingen an, uns für geschlossene Gärten zu interessieren, in denen die Mauern in umgekehrter Richtung wirken, indem sie die Gärtner von der Außenwelt abschotten. Dabei sind die einen von der Gesellschaft ausgeschlossen worden und zu einem Leben hinter Mauern verurteilt; die anderen haben sich freiwillig in diese Situation begeben.

In dem Zusammenhang denkt man vielleicht als erstes an den Garten hinter Klostermauern, in dem sich Mönche und Nonnen seit mehr als tausend Jahren von der Welt abgeschlossen haben, um ungestört zu beten und zu meditieren. Der Klosterhof, umgeben vom Kreuzgang, ist ein Raum der Stille; der Kräutergarten verbindet das Schöne und das Nützliche und ist ein Mikrokosmos der göttlichen Schöpfung: »Der Ort im Kloster, wo man Gott am nächsten ist«, schrieb schon der Mönch Pachomius im 4. Jahrhundert, »ist nicht die Kirche, sondern der Garten. Dort erfahren die Mönche ihr größtes Glück.«[1]

Beredter Zeuge dafür ist Walahfrid Strabo, ein Benediktinermönch und späterer Abt auf der Reichenau, der im 9. Jahrhundert ein wunderschönes Preislied auf seinen *Hortulus* verfaßt hat. Vorbildlich hat er selber das Gebot von »Bete und arbeite« gelebt, hat die Mistkarre geschoben, Gießkannen geschleppt und gleichzeitig in kontemplativer Einkehr mit seinem Gott gesprochen.

Der christliche Klostergarten ist zum Sinnbild des Paradieses geworden. Doch auch im Koran ist der Garten mit der Vorstellung des Paradiesgartens verbunden. Lebenspendendes Wasser, das Landschaften erblühen läßt und in den heißen Klimaten für Abkühlung sorgt, Blumen, die den mit gekachelten Mauern umgebenen Garten mit ihrem süßen Duft erfüllen – der islamische Garten steckt voller sinnlicher Genüsse. Und wenn Süleiman der Prächtige Tage und Nächte mit seiner Lieblingsfrau Roxelana in den Palastgärten von Istanbul verbrachte, dann war das »wie im Paradies«, und der heutige Betrachter ist geneigt zu vergessen, daß die Mauern der Palastgärten für die Frauen des Harems die Grenzen ihres goldenen Käfigs waren.

Gleiches galt in China für die Frauen und Konkubinen des Kaisers. Bis ins 20. Jahrhundert war der Sohn des Himmels, wo immer er mit seinem Gefolge residierte, durch hohe Mauern vom Rest der Welt getrennt. Nie werde ich Kaiser Pu Yi vergessen, dessen anachronistisches Leben in der Verbotenen Stadt der Italiener Bernardo Bertolucci in seinem Film *Der letzte Kaiser* in so eindringlichen Bildern erzählt hat. Pu Yi wurde schließlich auch ein »Gärtner hinter Mauern«, als er in Maos Volksrepublik lange Jahre der »Umerziehung« als Gärtner arbeiten mußte.

Doch längst nicht alle interessanten Geschichten von hinter Mauern verborgenen Gärten konnten wir in dieses Buch aufnehmen. Im Fall China haben wir uns für Kangxi entschieden, einen aufgeklärten Herrscher des 18. Jahrhunderts, der mit seiner Gartenlust vielleicht sogar ein Stück Gartengeschichte geschrieben hat. Als Herrscher eines riesigen Reiches mit nie versiegenden Finanzmitteln gelang es ihm, das »Draußen« in großem Stil in seine Gärten zu holen: Berge und Täler, Flüsse und Seen – »Bishu shanzhuang«, seine Lieblingssommerresidenz, spiegelt die unterschiedlichen Landschaften Chinas. An ihnen erfreut sich der Garten- und Blumenfreund Kangxi, während er sich bei der Liebe, bei Jagd und Spiel von den Strapazen des Repräsentierens und Regierens erholt.

Einen ebenfalls gigantischen Landschaftsgarten hinter Mauern legte der exzentrische britische Multimillionär William Beckford an. Ende des 18. Jahrhunderts baute er zunächst eine Mauer, die – wie er sagte – »nicht ganz so hoch wie die Chinesische« ist; dann pflanzte er Millionen von Bäumen, errichtete ein kathedralenähnliches Gebäude und erlaubte nur wenigen Auserwählten den Blick hinter die Mauer. Beckford ist eine schillernde Figur: Sein »verbotenes Paradies« war zugleich Gefängnis und Schutzraum des gesellschaftlich geächteten und zu seiner Zeit von der Todesstrafe bedrohten Homosexuellen; der Naturliebhaber Beckford schwelgte hier in Impressionen und Gefühlen. Schließlich fand der genialische Bauherr und Gartenschöpfer in dem umschlossenen Raum eine Bühne, auf der er seine Visionen und Obsessionen als Gesamtkunstwerk inszenieren konnte.

Heute gelten Gärten meist als Orte der Erholung, in denen man sich vergnügt und vom Alltagsstreß entspannt. Es sind die »privaten Paradiese«, in die man sich zurückzieht, in denen man friedlich träumen kann und sich eins fühlt mit der Natur. Der Garten, so formulierte es kürzlich ein Gelehrter, »ist ein Topos, der in fast allen Kulturen von zentraler Bedeutung ist und Sehnsüchte lokalisiert«. Egal ob in einer brasilianischen Favela oder in einem deutschen Schrebergarten – beide Male ist der Garten »subsidiär für den Lebensunterhalt und ein therapeutisches Mittel bei drohender mentaler Verelendung«[2].

Gärten als »Oasen der Sehnsucht« – das gilt um so mehr in so extremen Lebenssituationen, wie sie diejenigen erleben, die hinter Mauern gefangen sind. Ohne Zugang zur Welt, womöglich ohne Kommunikation mit anderen, kann man hier auch Kraft schöpfen. In dieser Situation kann Gärtnern, vielleicht unbewußt, zu einem Akt des Widerstands und zu einer Überlebensstrategie werden. Dabei ist der Anbau von Nahrungsmitteln das eine, die psychologisch-therapeutische Wirkung des Gartens und der Umgang mit der Natur das viel Wichtigere.

»Ich gärtnere, also bin ich«, könnte als Formel der Selbstversicherung an den Mauern solcher Gärten stehen. Deshalb sind sie in den Internierungslagern entstanden, in die nach 1942 japanischstämmige Amerikaner eingesperrt wurden. Deshalb klagt ein Bewohner des Warschauer Ghettos: »Ich suche nach Parks, Gärten und Rosen – aber so etwas existiert hier nicht. Auch meine Sehnsucht nach einem kleinen Streifen Grün bleibt vergebens. Es ist unmöglich, sich an der Natur zu erfreuen, an der schönen Welt des Schöpfers.«[3] Später haben die Bewohner den Anbau von Gemüse organisiert – Gärten gegen den Hunger.

Selbst in der Hölle eines Konzentrationslagers haben wir einen Garten gefunden: In Dachau schufteten Gefangene auf der »Plantage«; vor allem Geistliche zogen Gemüse und Naturheilkräuter in dem Betrieb der SS. Trotz der Schinderei, trotz des Hungers und der ständigen Schikanen der Aufseher gab es Momente, in denen Häftlinge angesichts der Farbenpracht eines blühenden Irisfelds neuen Lebensmut und sogar Glücksgefühle verspürten. Immer wieder sind es die natürlichen Prozesse zwischen der Erneuerung im Frühjahr und dem Vergehen im Herbst, die Hoffnung vermitteln, wo Verzweiflung vorherrscht, Schönheit versprechen, wo es keine gibt, und die auch angesichts des Todes lebensbejahend sind.

KZ-Haft und Gärtnern, das sind zwei Pole der menschlichen Existenz: Gewalt und Tod stehen hier gegen den kreativen Umgang mit der lebendigen Natur. Und doch wagte der in Dachau inhaftierte katholische Priester Korbinian Aigner, heimlich und im Verborgenen Apfelbäume zu ziehen – so wie er es zu Hause im Pfarrgarten getan hatte. Das war seine Art, sich gegen den Wahnsinn des KZ-Alltags zur Wehr zu setzen: Um nicht den Verstand zu verlieren, eroberte er sich ein Stück Normalität zurück.

Mehrfach begegneten wir diesem Motiv in der Literatur. In der Kurzgeschichte *Die Hundeblume* beispielsweise beschreibt Wolfgang Borchert, wie der Strafgefangene aus Zelle 432 beim morgendlichen Ausgang im tristen Gefängnishof einen leuchtendgelben Löwenzahn entdeckt und von dem Moment an nur von einem einzigen Gedanken besessen ist: Wie kann er es schaffen, die »Hundeblume« in seinen Besitz zu bringen, um sie als »etwas Lebendiges«, als »eine heimliche Geliebte« in seine Zelle mitzunehmen. Es ist diese eigentlich als Unkraut verschmähte kleine Blume, die mit ihrem Duft in dem jungen Gefangenen die Vorstellung von Erde, Sonne und Meer hervorruft und seine emotionale Erstarrung löst; sie vertreibt die innere Leere und haucht ihm neues Leben ein, weil er zum ersten Mal seit langem wieder Wärme und Zärtlichkeit spürt.

Blumen rührten ihr Herz und spendeten ihr »Trost und Wärme«, schrieb Rosa Luxemburg aus dem Gefängnis an eine Freundin. Meist mußte sie sich mit einem bescheidenen Strauß oder einem winzigen »Fensterbank-Garten« begnügen. Darüber hinaus legte sie mit großem Vergnügen ein Herbarium an. Greift man zu den Briefen, die die politische Aktivistin aus dem Gefängnis geschrieben hat, so hält man den Atem an, mit welcher Eindringlichkeit sie über die kleinen Freuden des Gärtnerns berichtet. »Zärtlich« pflegte sie Anemonen und Levkojen in ihrer Zelle, und so schreibt sie ein anderes Mal: »Die Schlüsselblümchen beleuchten mir die Zelle wie Sonnenlicht.«

Gärten in Gefängnissen sind Gärten der Hoffnung, und Gärtner hinter Mauern demonstrieren einen starken Lebenswillen. Das gilt in besonderem Maße für zwei prominente politische Häftlinge vom jeweils anderen Ende des politischen Spektrums: Die Rede ist von Nelson Mandela, dem charismatischen Führer der südafrikanischen Befreiungsbewegung, der 27 Jahre inhaftiert war und dann erster schwarzer Präsident Südafrikas wurde. Und Albert Speer, Adolf Hitlers Architekt und Rüstungsminister, der unter alliierter Aufsicht 19 Jahre im Kriegsverbrechergefängnis Berlin-Spandau verbracht hat.

Mandela hat in den verschiedenen Gefängnissen, in denen er eingesperrt war, immer gegärtnert. Auf Robben Island galt es, einer unvorstellbar kargen, steinigen und unwirtlichen Umwelt zu trotzen. Erfindungsreich versuchte er für Dünger zu sorgen, damit er mit ein paar Gesinnungsgenossen Tomaten, Paprika und Melonen ziehen konnte; mal hegte und pflegte er ein kleines Beet, mal standen ihm nicht mehr als alte Ölfässer zur Verfügung.

Zum einen ging es darum, ein paar Vitamine für die Mithäftlinge zu produzieren. Doch wichtiger war, aus der Rolle des rechtlosen Gefangenen herauszukommen, wieder selbst zu bestimmen und Entscheidungen zu treffen – eine Behauptung der eigenen Identität. Das Bewußtsein, Herr über seine Pflanzen zu sein, schrieb Mandela später in seinen Lebenserinnerungen, habe für ihn immer »einen Hauch von Freiheit« bedeutet. Und beeindruckt von Mandelas würdigem Auftreten, berichtet ein britischer Parlamentsabgeordneter, der den Gefangenen im Hochsicherheitsgefängnis besuchen durfte, stolz habe Mandela sein kleines Beet vorgeführt, »wie ein Grundbesitzer, der seinen Hof zeigt«.

Als Herr über 6000 Quadratmeter konnte sich Albert Speer in der Festung Spandau fühlen. Mit gewohnt großer Geste entwarf er auf dem Gelände eine Parklandschaft. Die Gefängnisleitung hatte die Gartenarbeit angeregt, weil die sieben zu langjähriger oder lebenslanger Haft verurteilten Nazi-Größen in Depressionen zu versinken drohten. Speer stürzte sich sofort wie ein Besessener in die Gartenarbeit. Die war für ihn ein sechsstündiges Fitneßprogramm und – wie auch die planerische Kreativität – eine Therapie, um die Perspektiv- und Hoffnungslosigkeit zu überwinden.

Auf Spaziergängen durch den Park träumte er sich hinaus in die Welt; auf der Parkbank schaute er nach innen: Während er Spatzen und badende Amseln beobachtete, fand Speer eine tiefe innere Ruhe. Dann wurde ihm der Gefängnishof zum Klostergarten, und Speer fühlte sich als Mönch. In solch paradiesischen Momenten wünschte er sich, nach seiner Freilassung ganz bescheiden in nicht mehr als einem Zimmer mit Garten zu leben. Ähnliche Phantasien hatte übrigens auch Nelson Mandela, der nach seiner Entlassung immer ein Gartenfan geblieben ist und überall, wo er sich niederließ, einen Garten anlegte.

Hamburg, im Juni 2004 *Renate Hücking*

»Meine Wirklichkeit ist der Gefängnisalltag«

Jeff Goundrill, Vollzugsbeamter mit grünem Daumen

In den Gewächshäusern unterbrechen Männer in verwaschenen Jeans und weißen Polohemden ihre Arbeit. Sie legen ihre Werkzeuge beiseite und schieben sich neugierig in die große Halle. Dort scharen sie sich erwartungsvoll um einen fast zwei Meter großen Mann mit blitzenden blaßblauen Augen. In seiner Kleidung unterscheidet er sich nicht von den anderen, und doch strahlt er eine immense Autorität aus. »Unser Gartenentwurf ist angenommen«, verkündet der Große und fährt sich mit der Hand durch das rotblonde Bürstenhaar, »wir sind 2004 wieder auf der Chelsea Flower Show dabei.« Sein Gesicht hat sich vor Freude gerötet. Er lacht, als die Umstehenden in Jubel ausbrechen, ihm auf die Schulter klopfen und begeistert die Hände schütteln.

HMP Leyhill, Her Majesty's Prison Leyhill, hat sich erneut für die weltberühmte Gartenschau qualifiziert, ein Großereignis, das den Engländern mehr bedeutet als den Deutschen ihre Bundesgartenschau, und zum 13. Mal sind sie dabei – dank eines in der Welt einmaligen Teams: Jeff Goundrill und seine Gärtner. Der Vollzugsbeamte, der sich die phantasievollen Entwürfe ausdenkt, hat nie Landschaftsdesign studiert; seine Helfer wußten nichts von Pflanzen, als sie als verurteilte Verbrecher langjährige oder gar lebenslange Haftstrafen antreten mußten. Und dennoch haben die Männer aus Leyhill seit 1991 auf den Gartenshows der »Royal Horticultural Society« (RHS) von Chelsea und Hampton Court Topdesigner besiegt, Preise und Goldmedaillen gewonnen.

Craig, ein schlanker Häftling mit ausdrucksvollen braunen Augen, strahlt. Denn Goundrill hat ihn mit mehr als 30 anderen ausgewählt, das Projekt Chelsea 2004 vom Anfang bis zum Ende zu begleiten. Jetzt heißt es hart arbeiten, bis die Show im Mai eröffnet wird. Er muß säen, pikieren, umtopfen, um die Pflanzen rechtzeitig zum Blühen zu bringen. In Chelsea wird er dann den Garten mit aufbauen und vielleicht während der Show zum Dienst am Informationsstand eingesetzt. Für den 22jährigen ist es die letzte Bewährungsprobe, bevor er endgültig in die Freiheit entlassen werden soll.

Sechs Jahre Gefängnis wird Craig dann hinter sich haben. Die Zeit sei relativ schnell vergangen, wundert er sich: »Nachdem ich begriffen hatte, daß alles, was mit Drogen zusammenhängt, mich eines Tages wieder hierherbringen wird, habe ich meine Zeit zum Lernen genutzt.« Craig nahm an Kursen für Englisch und Mathematik teil und ließ sich beibringen, wie man mit einem Computer umgeht. Am meisten Spaß aber macht ihm die Arbeit im Garten.

Um sein Wissen zu erweitern, darf der Gärtnerlehrling einmal wöchentlich einen Botanikkurs am College in Bristol besuchen. Er wird dazu in die 20 Kilometer entfernte Stadt gefahren, im gewöhnlichen Pkw, nicht in der »Grünen Minna«, die in England »Black Maria« genannt wird. Seine Mitstudenten sollen nicht wissen, woher Craig kommt. Der Bewährungshäftling verdankt solche Privilegien vor allem Jeff Goundrill, der seine Begabung erkannt hat und Craig fördert, wo immer er kann.

Ich bin den Gärtnern von Leyhill schon 1996 begegnet, und zwar auf der Flower Show in Hampton Court bei London. Damals gefiel mir der Schaugarten aus Leyhill am besten. Ich fand es toll, wie die Tomaten, Gurken und Bohnen an Weidenruten hochrankten und zu einem zwei Meter hohen Rundbogen zusammengebunden waren. Oder die Idee, den Gemüsegarten in eine blühende Miniwiese zu legen. Die Schweine aus Strohblumen mit der lebensgroßen Bäuerin – ebenfalls aus Strohblumen – habe ich bis heute nicht vergessen. Auch nicht den tätowierten Mann, der den Besuchern Pflanzpläne des Gartens überreichte. »Sind Sie ein Insasse des Leyhill-Gefängnisses?« hatte ich ihn gefragt. »Yes, love, you want to share my cell?« (Ja, Liebling, willst du die Zelle mit mir teilen?) Seit dieser Begegnung wollte ich Leyhill unbedingt einmal besuchen.

Eine Trainingsstation für die Freiheit

Jeff Goundrill, Vollzugsbeamter in Leyhill und Motor aller Gartenaktivitäten, erwartet mich in Bristol-Parkway auf dem Bahnsteig. Zwei Stunden braucht der Schnellzug aus London. Mit dem Auto fahren wir noch eine halbe Stunde, dann liegt Leyhill vor uns – auf einem riesigen Anwesen, das 350 Jahre lang dem Adelsgeschlecht der Ducies gehörte. Im Zweiten Weltkrieg wurde auf dem Ge-

Jeff Goundrill mit der englischen Königin auf der Chelsea Flower Show

Häftling (li.) und Gäste im Besucherzentrum

lände ein Lazarett für britische und amerikanische Verwundete errichtet. 1946 verkauften die Ducies einen Teil ihrer Ländereien an das Innenministerium. Es entstand Leyhill, Englands erstes offenes Gefängnis. Heute leben dort mehr als 500 Gefangene. Die meisten von ihnen haben schwere Verbrechen begangen, sind aber gegen Ende ihrer Strafzeit der Kategorie D zugeordnet worden; das heißt, sie sind nicht gewalttätig, führen sich sehr gut und streben die Rückkehr in die Gesellschaft an. »Leyhill gilt als Trainingsstation für die Freiheit«, erklärt Goundrill.

Ob Mörder, Sexualverbrecher oder Rauschgiftdealer – in der Vollzugsanstalt sollen die Straftäter auf das Leben draußen vorbereitet werden. Das gilt auch für die »Lifer«, ursprünglich zu lebenslanger Haft Verurteilte, die ein Drittel aller Leyhill-Insassen stellen. »Jetzt müssen sich die Gefangenen an den Arbeitsalltag gewöhnen«, betont Jeff. Auf dem Riesengelände arbeiten sie in der Tischlerwerkstatt, der Wäscherei oder der Druckerei. Bis zu 110 Häftlinge sind in Gärten und Gewächshäusern beschäftigt, in denen Gemüse angebaut wird. Was die eigene Küche nicht verbraucht, verläßt gewaschen, geputzt und portioniert in Kühlwagen das Gelände. Kohlrabi, Möhren und Kohl gehen zentnerweise an 27 andere Gefängnisse mit etwa 10000 Insassen. Als kommerzieller Kunde bezieht British Airways aus Leyhill ungespritzten Salat, mehrere englische Städte kaufen hier die Pflanzen für ihre öffentlichen Anlagen.

Jeff erzählt mir noch, daß die Häftlinge in Leyhill eine richtige Berufsausbildung als Tischler, Drucker, Reinigungsfachmann, Töpfer und Gärtner machen und den Führerschein für Baumaschinen erwerben können. Ich dürfe mit jedem sprechen, solle jedoch nie nach der Straftat fragen, nur den Vornamen der Häftlinge benutzen und keine Fotos schießen, auf denen Gesichter zu erkennen seien. Da haben wir unser Ziel schon erreicht.

»Welcome in Leyhill«, sagt Jeff und steuert seinen Wagen auf einen Parkplatz. Vor uns liegen Gewächshäuser mit Verkaufsständen und einem Restaurant. »Gehört das schon zum Gefängniskomplex?« frage ich ungläubig. »Ja, aber unsere Gärtnerei sowie das Besucherzentrum mit Kinderspielplatz nebst Minizoo mit einheimischen Tieren liegen einige hundert Meter von der Vollzugsanstalt entfernt«, werde ich belehrt. Sinn des Zentrums sei, Häftlinge mit den Menschen draußen in Kontakt zu bringen, außerdem sei auch der Verkauf von Gemüse und Blumen an die Bewohner der Region eine wichtige Einnahmequelle für Leyhill.

Daß die Bürger das Angebot angenommen haben, sehe ich bald mit eigenen Augen. Es herrscht Hochbetrieb. Im »Farmer Market« kauft ein Ehepaar Gemüse, während ihre beiden Kinder sich zum Tollen auf dem Spielplatz verabschieden. Kunden suchen im Blumenshop Pflanzen für ihren Garten. In der Cafeteria probieren Ladies zum Tee Selbstgebackenes aus Leyhill. Niemand nimmt Anstoß an der Bedienung durch die »schweren Jungs«, die ganz normal zivil gekleidet sind. Im Gegenteil, die Käuferinnen loben die Männer, wenn ihnen die Ware auch noch zum Auto getragen wird: »Thank you, dear«, heißt es zum Abschied.

Zum ersten Mal erlebe ich Jeff Goundrill in seinem Element. Blitzartig verwandelt er sich in einen dynamischen Manager. Die

Gefangenen erhalten knappe Anweisungen: Nachschub von bunten Stiefmütterchen muß aus den Glashäusern herangeschafft werden. Sind die Obst- und Gemüsekörbe noch voll? Wie sehen die Tische aus? Ist das schmutzige Geschirr abgeräumt? Gibt es noch genug Kuchen? Tee? Sind die Milchkännchen sauber? Ein junger Gefangener bekommt Order, seinen Arbeitsplatz zu wechseln. Zu lange hat er sich mit einer hübschen Käuferin aufgehalten.

»Wer sich in der Gärtnerei durch Pünktlichkeit, Fleiß und gutes Benehmen auszeichnet, wird hier im Besucherzentrum eingesetzt«, erklärt Jeff mir später. »Und sind die Ware und der Service gut, machen wir Gewinn. Wir arbeiten wie ein Großunternehmen.« Jeder Häftling koste den Staat 30000 Pfund (rund 44000 Euro) im Jahr, einen Teil des Geldes müßten die Vollzugsanstalten selbst erwirtschaften. Zudem werden die Gefangenen für ihre Tätigkeit bezahlt, damit sie sich kleine Extras leisten können und vielleicht ein paar hundert Pfund gespart haben, wenn sie entlassen werden.

Wir machen uns zu Fuß auf den Weg von der Gärtnerei zum Gefängnis, gehen eine einsame geteerte Straße entlang. Weit und breit ist kein Haus zu sehen, nur Kornfelder und sanft bewaldete Hügel, so weit das Auge reicht. Dann deutet Jeff auf ein Pförtnerhäuschen: »Hier beginnt das eigentliche Gefängnis.« Wirklich? Ich kann meine Überraschung kaum verbergen: Nirgendwo ist der übliche Backsteinbau mit dicken Mauern und schmalen, vergitterten Fenstern auszumachen. Statt dessen erstreckt sich vor mir ein weitläufiges Areal, das an den Campus eines gediegenen Colleges erinnert. Bungalowartige Häuser stehen blockweise angeordnet inmitten großzügiger, gepflegter Rasenflächen mit wunderschönen Blumenrabatten. Unter Buchen und Eichen sitzen rauchende Männer. Ein breiter Weg führt zu einer Kirche. Hinter einem mit Rosen berankten Tor betet jemand vor einer Buddhastatue. Ein Meditationsgarten? »Außer Christen und Muslimen gibt es unter unseren Häftlingen auch Buddhisten«, erklärt mir Jeff. »Sie haben großen Zulauf und haben sich ihren eigenen Garten angelegt – zum Meditieren und Beten.«

Neben dem Pförtnerhäuschen hindert ein Schlagbaum Autos an der Weiterfahrt. Zwei uniformierte Frauen notieren meinen

Häftling im Meditationsgarten

Namen. Währenddessen gehen Gefangene vorbei. Sie übergeben den Wachhabenden eine Plastikkarte, die wie eine Scheckkarte aussieht – nur trägt sie ein Foto des Besitzers. Die Karte verschwindet kurz in einer Zeituhr. »So wird die Bewegung der Insassen überwacht«, erklärt Jeff. Im offenen Strafvollzug werden die Häftlinge nur abends eingeschlossen. »Zellen befinden sich in all diesen Häusern hier«, sagt er, »mal sehen, ob einer der Männer bereit ist, Besuch aus Deutschland zu empfangen.« Er steuert auf das nächstbeste Haus zu und öffnet die Tür. Vor uns liegt ein langer Gang mit Türen rechts und links. Beim Eintreten ist zu spüren, welchen Respekt der Vollzugsbeamte genießt. Einige der Männer grüßen flüchtig und verschwinden in ihren Zellen; andere treten unbefangen an ihn heran und fragen, wann er Zeit für ein Gespräch habe.

Ein gutaussehender Schwarzer mit sorgfältig geflochtenen Zöpfchen begrüßt Jeff mit strahlendem Lächeln. Der fragt: »Ist deine Zelle vorzeigbar?« Die Antwort lautet: »Natürlich, jederzeit.« Der Häftling zieht einen Schlüssel aus seiner Hosentasche und

Goundrill mit Schaugarten-Requisit

schließt eine Tür auf. Seine Zelle ist winzig, aber gemütlich eingerichtet: Fernseher, Radio, CD-Player in einer Ecke. Ein kleiner Tisch, darüber ein Bücherregal, auf dem auch Pflanzen stehen. Auf dem gemachten Bett – mit Tagesdecke – liegen Kämme, Bürsten, eine Geltube. Wir unterhalten uns über die Schwierigkeiten, langes Haar in guter Form zu halten. Anschließend begleitet uns der Häftling wie ein Gentleman zur Haustür. Nur zwischen 22 Uhr abends und 6 Uhr früh wird die Tür verriegelt – von außen. »Hier ist alles anders als in geschlossenen Gefängnissen«, bestätigt Jeff.

Vom Kuhhirten zum Gartengestalter

Seit 23 Jahren arbeitet Goundrill jetzt im Strafvollzug. Davor war er Kuhhirte, wie er stolz betont und damit auf typisch englische Art untertreibt. Tatsächlich nämlich sorgte er für die Rinderherde einer Landwirtschaftsschule und unterrichtete die Schüler in Futtermanagement und Rinderaufzucht. Später leitete er eine staatseigene Farm, auf der man versuchte, schwererziehbare Jugendliche für die Landwirtschaft zu begeistern.

In Leyhill ist Jeff Goundrill Produktionsmanager für die dort hergestellten Erzeugnisse, egal ob Möbel oder Pflanzen. Als Chefaufseher ist er für die Arbeitsdisziplin der 500 Häftlinge zuständig, die alle in unterschiedliche Resozialisierungsprogramme eingebunden sind. »Trotz unserer Angebote ist es schwierig, die Leute wieder an Eigenverantwortung heranzuführen, wenn sie aus den geschlossenen Haftanstalten zu uns kommen.« Jeff weiß, wovon er spricht, denn zehn Jahre war er dort Vollzugsbeamter. Die Häftlinge dürfen meist nur eine Stunde täglich an die frische Luft. »Nach spätestens zwei Jahren hinter Gittern geht den meisten Insassen das Gefühl für ein selbstbestimmtes Leben verloren, und die Scheu vor Menschen wächst«, sinniert er.

Pausenlos ermutigt er die Männer, die Möglichkeiten in Leyhill wahrzunehmen. Und er motiviert die Ausbilder, Geduld mit den Gefangenen zu haben. Für viele ist die Gärtnerei der attraktivste Arbeitsplatz. »Mit Pflanzen umzugehen ist entspannend und hilft, Emotionen zu kontrollieren. Man sieht etwas wachsen und hat dafür gesorgt, daß es gewachsen ist.« Das, so meint Jeff, sei eine der besten Therapien für die Gefangenen. Gearbeitet wird bei jedem Wetter. Für die einen ist das die erste »Befreiung«, während andere Gefangene am Anfang kaum durchhalten. Meist sind das die »Lifer«, die vor ihrer Ankunft in Leyhill mindestens 20 Jahre in geschlossenen Haftanstalten abgesessen haben.

Nach Leyhill kam Jeff 1991. »Ich sollte mich um die Landwirtschaft kümmern und deren Produkte vermarkten. Aber es kam ganz anders.« Eine etwas exzentrische Dame aus der Umgebung, mit jahrelanger eigener Erfahrung als Gartendesignerin für die

Show der Royal Horticultural Society (RHS), fragte eines Tages den Gefängnisdirektor, ob Leyhill nicht mit einem Garten an der Chelsea Flower Show teilnehmen wolle. Sie hatte die gärtnernden Insassen seit geraumer Zeit beobachtet und war von ihrem Können beeindruckt. Sie vermittelte den Kontakt, und Jeff Goundrill erhielt den Auftrag, einen Gartenentwurf auszuarbeiten. Leyhill reichte den Vorschlag bei der RHS in London ein, wurde eingeladen und gewann auf Anhieb eine Silbermedaille in Chelsea. Ganz England feierte die »Grünen Daumen aus dem Gefängnis«. Und den ganz besonderen Garten, den Jeff mit den Häftlingen geschaffen hatte: einen »Eßbaren Garten« (The Edible Garden) als lebende Metapher für die Gefängnisstrafe.

»Unser Konzept war sehr einfach«, erinnert sich Jeff. Der Garten bestand aus drei Kreisen. Im ersten wuchs nur rauhes Zeug – Brombeeren, Kohl und Rhabarber. Pflanzen, die dem Zustand eines Neuankömmlings im Gefängnis ähneln. Der ist zunächst verstockt und aufsässig. Im zweiten Kreis gab es feines Gemüse: Erbsen, Karotten und Blumenkohl. Das deutet die Wandlung der Gefangenen an, wenn sie beginnen, den Gefängnisalltag zu akzeptieren. Der dritte Kreis stellte Leyhill dar: Ein mannshoher Weidenbogen, an dem sich reife rote Erdbeeren hochrankten, führte zu einem offenen Gartentor: Der Verurteilte findet den Weg in die Freiheit.

Leyhills Auftritt 1991 in Chelsea war ein außergewöhnliches Ereignis. Noch nie zuvor in seiner langjährigen Geschichte hatte Englands Königliche Gartenbaugesellschaft, die RHS, einem Gefängnis erlaubt, an einer von ihr veranstalteten Gartenausstellung teilzunehmen. Schon gar nicht in Chelsea. Denn Chelsea ist die absolute Nobelshow der RHS: eine jährliche Gartenmesse von gigantischen Ausmaßen, die von der Königin eröffnet wird. Englands Pflanzenzüchter stellen ihre neuesten Kreationen vor: Rosensorten, Stauden, Einjahresblumen, Wildblumen, Büsche und Bäume. Alles, was wächst, wird unter riesigen Zeltdächern zum Verkauf angeboten. Modernste Gartenwerkzeuge, elegante Gartendekorationen und exquisite alte und neue Gartenmöbel locken die Käufer.

Vor allem ist das fachkundige Publikum neugierig auf die unzähligen Schaugärten, bei denen sich die neuesten Modetrends in der Gartengestaltung ablesen lassen. Designer und Architekten buhlen in Chelsea darum, ein Fleckchen Erde zu bekommen, auf dem sie ihre Visionen darstellen können. Große Firmen treten dabei als Sponsoren auf. Selbst Tageszeitungen wie *The Times* engagieren berühmte Designer und zeigen »ihren« Garten. Wird der nämlich mit einer Medaille der Royal Horticultural Society ausgezeichnet, bringt das der Zeitung großes Prestige und läßt die Auflage in die Höhe schnellen.

2004 hat die Royal Horticultural Society ihren 200. Geburtstag gefeiert. Eine »königliche« Gartenbaugesellschaft war sie nicht, als sie 1804 gegründet wurde. Nobel wurde die Gesellschaft erst, als 1861 Prinz Albert den Vorsitz übernahm. Doch ihre Ziele blieben bis auf den heutigen Tag die gleichen: den Gartenbau zu fördern, Informationen über Pflanzen zu sammeln, das gärtnerische Wissen zu verbessern und zu verbreiten.

Gefängnisgärten in Afrika

»Manchmal muß man all dem Trubel entgehen und weit wegfahren, damit sich wieder eine gewisse Normalität einstellt«, sagt Jeff und zeigt Fotos von Gefängnisgärten in Afrika. »Nicht sehr weit von meiner eigenen Arbeitswirklichkeit entfernt«, scherzt er, »und doch ist dort alles ganz anders.«

»Sie glauben nicht, welche Zustände in afrikanischen Gefängnissen herrschen. Sie sind total überfüllt. Die Insassen sitzen in heißen, schmutzigen Zellen. Die meisten von ihnen sind schlecht ernährt. Als ich das zum erstenmal in meinem Urlaub in Simbabwe gesehen habe, war ich erschüttert.«

Ohne lange zu zögern, griff Jeff ein. Er verständigte sich mit der afrikanischen Gefängnisleitung und bat darum, den Gefangenen zeigen zu dürfen, wie sie sich Gemüsegärten anlegen können. Er besorgte ihnen Spaten und Düngemittel, ließ sie die Erde im Gefängnishof umgraben, gab ihnen Saatgut, zeigte, wie und was man sät. Zum Abschied schenkte er ihnen Gießkannen.

Gefängnisgarten in Kenia

Aus der Urlaubsepisode entwickelten sich Dienstreisen. In offizieller Mission hat Jeff inzwischen in den Ländern Tansania und Kenia etliche Gefängnisse besucht. Mit seinen Erfahrungen von Leyhill möchte er die afrikanischen Behörden davon überzeugen, daß Gefangene für ihren Unterhalt selbst sorgen können. Ähnlich wie in Leyhill könne man auch in Afrika handwerkliche Werkstätten einrichten und vor allem aber Gemüse anbauen. Da afrikanische Erde sehr fruchtbar ist, mangele es vielfach nur an Wasser: »Wie oft habe ich kleine Flüßchen gesehen, die nahe an gutem Ackerland liegen. Aber es fehlte ganz einfach das Geld für eine kleine Pumpe, um das Flußwasser auf die Felder zu pumpen.« Jeff fügt hinzu, daß inzwischen zahlreiche gespendete Pumpen nach Tansania verschifft wurden.

Für besonders trockene Gebiete in Afrika hat Jeff den »Sponge«- oder Schwammgarten entwickelt. Damit sich das Regenwasser länger in der Erde hält, werden ein Meter tiefe breite Gräben gezogen und mit einer Steinschicht versehen. Darauf kommen in mehreren Schichten abwechselnd Erde und Mist. Durch diese Methode trocknet der Boden nicht so schnell aus, und die Pflanzen erhalten, was sie brauchen: Feuchtigkeit und Nahrung.

Der Anbau ist zwar mühsam, aber die Ernte ist gut. Jeff hinterläßt Zeichnungen und genaue Anweisungen. »Ich bin eben ein Praktiker«, sagt er fast entschuldigend und erzählt, daß er im Augenblick daran arbeitet, aus einer bestimmten Pflanze eine Substanz herzustellen, die Mücken davon abhält, Menschen zu stechen. »Wenn man diese Essenz in Seife mischt und billig an afrikanische Gefängnisse abgibt, hätte man ein anderes Übel im Griff: die Malaria, unter der fast alle Gefangenen leiden.« Jeff ist jetzt auf der Suche nach Sponsoren, die sein Seifenprojekt unterstützen. »Ich werde Chemiekonzerne anschreiben, und damit die Bettelbriefe nicht gleich im Papierkorb landen, werden sie die Abkürzung MBE hinter meinem Namen tragen. Das macht Eindruck«, meint er pfiffig.

Die Auszeichnung MBE, Member of the British Empire, erhielt Jeff im Jahr 2001. Königin Elisabeth II. verleiht diesen Ehrentitel an Untertanen, die sich durch soziales Verhalten besondere Verdienste erworben haben. Jeff hatte sich die Ehrung für seine Arbeit in Afrika und mit den Gefangenen in Leyhill verdient.

Gold für Gefängnisalltag in Gartenbildern

Ein Jahr vor der Ernennung zum MBE hat Jeff einen Preis erhalten, der ihm besondere Freude macht: Gold für Her Majesty's Prison Leyhill auf der Chelsea Flower Show im Mai 2000! Alle Fernsehstationen Englands übertrugen Bilder von Jeff und den Gefangenen in ihrem Garten. Ihr preisgekröntes Projekt »Time the Healer« (Zeit als Heiler) zeigte eine verlassene Zeche, die von der Natur zurückerobert worden war. Hunderte von Bluebells (Hasenglöckchen), die in England im Frühjahr ganze Wälder mit einem üppigen blauen Teppich überziehen, wuchsen neben wildem Knoblauch, Schlüsselblumen, Waldanemonen und Brennesseln. Mehr als 4000 Pflanzen verwendeten die Leyhill-Gärtner für das Stückchen

Natur. Dessen Anmut begeisterte das Publikum, das den Garten in großen Trauben umdrängte und nach den Pflanzenlisten griff. »Vielleicht war unser Projekt sogar ein Trost für die Naturschützer, die immer fürchten, es werde zuviel zerstört«, meint Jeff. »Wir haben gezeigt, daß es nur eine Frage der Zeit ist, bis sich die Natur wieder durchsetzt.«

Wahrscheinlich erklärt Jeff Goundrills Einstellung zur Natur den andauernden Erfolg der Leyhill-Gärtner. In einer Zeit, in der Gartengestalter vorwiegend modische Effekte suchen und mit Steinen, Metallen und überzüchteten Pflanzen arbeiten, bietet er den Menschen Abbilder ungekünstelter Vegetation. Er verwendet Wildpflanzen, einheimische Sträucher und Bäume und meidet dekorative Elemente wie Vasen, Statuen, Treppen und Portale. »Jeder Mensch hat heutzutage Sehnsucht nach unberührter Natur«, sagt Jeff. Bei Gefangenen verstärkt sich dieses Gefühl, wenn sie jahrelang in ihrer Zelle eingesperrt sind.

Unter den professionellen Gartendesignern, die alljährlich neue Effekte ersinnen müssen, feiern die Zeitungen den Außenseiter Jeff als Naturtalent. Im *Independent* lobt ihn ein Mitglied der Jury von Chelsea: »Jeff Goundrill hat eine große Begabung für Details. Er gestaltet Flächen mit Blumen und Pflanzen so wunderbar, daß es die Augen verlockt, immer weiter zu schauen und mehr zu entdekken. Er kennt alle Tricks seines Metiers und nutzt sie mit großem Talent und hoher Qualität.«

Berichte über die Goldmedaillengewinner von Leyhill waren auch weit über Englands Grenzen hinaus zu lesen. Die anrührende Geschichte von den Gärtnern hinter Gittern fand der amerikanische Filmregisseur Joel Hershman in der *New York Times*. Mit sicherem Instinkt erkannte er das Potential für eine Filmgeschichte. Als Low-Budget-Film – mit nur knapp zwei Millionen englischen Pfund – drehte er im Sommer 2001 *Green Fingers* innerhalb von fünf Wochen in England ab. Die herrliche Landschaft – unter ausnahmsweise blauem Himmel – war die kostenlose Kulisse. Zwar trennte sich der Filmemacher von der Wirklichkeit, indem er die dominierende Rolle des Vollzugsbeamten unbeachtet ließ. Sonst aber blieb der Amerikaner nah an den Hauptfiguren. Er zeigt, wie

Leyhill-Garten auf der Chelsea Flower Show 2000

sechs wegen Mord, Diebstahl oder Betrug verurteilte Männer um eine Goldmedaille in Chelsea ringen. Der amüsante, erfolgreiche Film ist inzwischen in vielen Ländern gelaufen.

Nach dem Gewinn der Goldmedaille wurde Jeff oft angesprochen, ob er nicht professioneller Gartenarchitekt werden wolle. Er erhielt sogar konkrete Angebote. Aber von einem Berufswechsel hält Jeff nichts. »Vor Illusionen sollte man sich hüten«, meint er. »Als Beamter muß ich in Chelsea nichts verkaufen, muß auf der Show keine Aufträge für das kommende Jahr reinholen. Ich kann so kreativ sein, wie ich will. Meine Wirklichkeit ist der Gefängnisalltag. Mache ich mir tiefsinnige Gedanken zum Thema Gefängnis, kann ich sie in Gartenbilder umsetzen.«

Zurück zum Gefängnisalltag von Leyhill. In der Gärtnerei fährt ein großer gelber Gabelstapler dicht an uns vorbei. Der Mann am Steuer ist braungebrannt, groß und kräftig. Von seinem Sitz herunter ruft er: »Wo soll ich hin mit dem Feldstein?« »Lad ihn am Ende der neuen Halle ab«, kommt Jeffs Anweisung. »Der da oben heißt Wayne«, wendet er sich mir wieder zu. »Er ist zwar ein ›Lifer‹, könnte es aber draußen schaffen. Als 19jähriger bekam er lebenslänglich. Jetzt ist er 43 Jahre alt, hat also 24 Jahre im Gefängnis gesessen.« Der Häftling muß sich in den letzten Jahren sehr gut geführt haben, sonst wäre er nicht nach Leyhill gekommen. Hier sieht es zwar idyllisch aus, und zwischen Personal und Häftlingen herrscht ein fast kumpelhafter Ton, aber es gibt eiserne Gesetze: Wer Drogen nimmt, sich prügelt oder mit Alkohol geschnappt wird, wandert umgehend wieder zurück in die geschlossene Haft.

»Lifer« Wayne ist inzwischen vom Gabelstapler gestiegen und bastelt an einer Holzhütte für den Spielplatz am Besucherzentrum. Mit kurzen, gezielten Schlägen nagelt er Brett für Brett auf ein Lattengerüst. »Ich baue einen Balkon davor«, erklärt er. Seine tätowierten Arme beschreiben mit dem Hammer einen großen Bogen. Der Mann sieht aus wie ein Bilderbuch-Nordländer: blonde Haare, strahlend blaue Augen, gesunde Haut. Eine Ehevermittlung hätte es leicht mit ihm.

Ich frage ihn, ob er sich in Leyhill wohl fühlt? »Wohl fühlen? Natürlich! Wissen Sie, was es heißt, wenn man wieder als Mensch behandelt wird, wie hier in Leyhill? Wir dürfen die Aufsichtsbeamten sogar beim Vornamen nennen. Ich komme hier mit Zivilpersonen in Kontakt. Mit all den Leuten, die hier Blumen kaufen oder sich in der Cafeteria aufhalten.«

Wayne erzählt von sich aus, weshalb er zu lebenslänglich verurteilt wurde. »Mord«, sagt er einfach, und als wolle er mich beruhigen, fügt er hinzu: »Inzwischen hat das Gefängnis einen besseren Menschen aus mir gemacht. Es war ein sehr langer Weg.« Er erzählt von den katastrophalen Zuständen in den Gefängnissen zu Beginn der achtziger Jahre, wie er sich an Häftlingsrevolten beteiligte. Er schildert sich als einen aufsässigen Gefangenen, der keiner Schlägerei auswich. »Mit mir zusammen saßen Mörder, Serienkiller, die Typen hatten jedes erdenkliche Verbrechen begangen.« Es klingt, als wüßte Wayne nicht mehr, daß er selbst zu dieser Gruppe gehört hat.

Erst als die Gefängnisleitung mit immer härteren Strafen auf Waynes Verhalten reagierte, wurde er langsam vorsichtiger. »Ich hatte mehr als fünf Jahre Knast hinter mir, bevor ich einsah, daß ich mich ändern mußte, um je eine Chance zu haben.« Wayne schwärmt von einem Bewährungsoffizier: »Er hat nach meinen guten Seiten gesucht. Sie glauben nicht, wie sanft der war. In meinem Leben hatte ich noch nie einen solchen Menschen kennengelernt.«

Ihm verdankt Wayne, daß er jetzt in Leyhill ist. Er hat ihn gelehrt, daß es besser ist zu arbeiten, als aufzubegehren und zu grübeln. »Lerne zu leben, wo du bist«, riet er mir. Das hat Wayne seither versucht. Er hat sich zu allen Arbeiten gemeldet, die es gab. Inzwischen kann er anstreichen, tischlern, schnitzen, kann Baumaschinen fahren und macht demnächst seinen Führerschein.

»Hier, das ist meine Erfindung!« Lächelnd zeigt Wayne auf eine Figur, die in der linken Hand eine Gießkanne hält und den rechten Arm drohend erhoben hat – eine Vogelscheuche. »Daß es mir eines Tages sogar Spaß machen würde, so etwas zu bauen, hätte ich nie geglaubt. Ich zaubere diese angsteinflößenden Gestalten aus alten Plastiktöpfen. Werfen Sie nie einen großen Topf weg, daraus macht man den Körper. Für den Kopf kann der Topf etwas kleiner sein. Viele Töpfchen aufeinandergesteckt ergeben Arme und Beine. Ziehen Sie dann vorsichtig flotte Kleidung drüber. Das ist doch bestimmt ein originelles Geschenk für Ihre Gartenfreundinnen, und Sie sind die Plastiktöpfe los. Wir verkaufen viele Vogelscheuchen – sie sind der Renner«, preist Wayne sich an. »Salesman«, Verkäufer, würde er am liebsten werden, wenn er entlassen wird.

Er erzählt mir, daß er schon siebenmal Urlaub vom Gefängnis hatte. Unter Aufsicht, nur für ein paar Tage. Leyhill besitzt ein Haus irgendwo in einem kleinen Städtchen. Von dort machen die Gefangenen erste Gehversuche im normalen Leben: einkaufen, öffentliche Verkehrsmittel benutzen, ins Kino gehen. Mit einem Bewährungshelfer stellen sie sich bei möglichen Arbeitgebern vor. »Ich habe meinen Bruder besucht, der hat Arbeit auf dem Flughafen in Heathrow. Wenn ich endgültig draußen bin, will er versuchen, mich dort unterzubringen.«

Noch aber ist Wayne in Leyhill, und er zeigt mir, worauf er besonders stolz ist: »Wir haben den Garten, mit dem wir 2003 auf der Chelsea Flower Show die zweite Goldmedaille gewonnen haben,

Goldmedaillengewinner Jeff Goundrill

hier in Leyhill komplett wiederaufgebaut. Ich habe mit meinem Bagger alle Erdarbeiten ausgeführt, die Hütte aufgestellt und den Pavillon so vorsichtig transportiert, daß ihm nichts passiert ist.«

Auch Jeff, der Gestalter des Kunstwerks, schwärmt: »Wir haben für die Chelsea Flower Show 2003 die perfekte Illusion gezaubert. Unser Garten ›No Time to Stand and Stare‹ war wie ein altes Gemälde. Es ist uns gelungen, eine Naturkulisse zu bauen, die direkt das Herz des Betrachters rührt. Ein Waldsee, ein Holzschuppen mit einem Kahn, aus dem eine Angel hängt, ein kleiner Steg. Dazu Bäume, Büsche, wilde Blumen. Das war das Bild, das Tausende von Londonern mit nach Hause nehmen konnten.«

In Leyhill bietet der heimgeholte Garten einen wunderbaren Anblick: Wie ein verwunschenes Stück Natur schmiegt er sich an einen sanft abschwingenden Hügel. Ein Garten? »Nein, nicht wirklich«, sagt Jeff versonnen, »sondern ein Gedicht aus dem 20. Jahrhundert von William Henry Davies. Es heißt *Leisure (Muße)*. In schönen Versen fordert der Dichter uns auf zu verharren, um die

Preisgekrönter Leyhill-Garten 2003

Wunder der Natur mit allen Sinnen wahrzunehmen. Ich habe das Gedicht mit Pflanzen porträtiert und unseren Garten nach einer Zeile daraus ›No Time to Stand and Stare‹ benannt.« Ein stimmungsvoller Name für einen Garten, der soviel bedeutet wie »Keine Zeit, zu verweilen und zu schauen«. Zu diesem Projekt beglückwünschte Elisabeth II. die Mannschaft aus Leyhill persönlich. Jeff zeigt mir das Foto, auf dem er und einer seiner Helfer neben der Königin zu sehen sind.

»In den jungen Mann auf dem Bild habe ich viel Hoffnung gesetzt. Er ist bei uns ein großer Pflanzenkenner geworden. Seit zwei Monaten ist er draußen. Ich hoffe, er hat einen Job als Gärtner gefunden und wird nie wieder Drogen anfassen.« Fast beschwörend klingen Jeffs Worte. »Dem Burschen ist nie eine Arbeit zuviel geworden. Ich konnte mich hundertprozentig auf ihn verlassen. Er hat einen großen Anteil an der Goldmedaille. 200 verschiedene Wildpflanzen hat er herangezogen. Dazu braucht man Disziplin, denn sie müssen monatelang gehegt und gepflegt werden. Und einfallsreich war er: Damit Veilchen und Schlüsselblumen, Kuckucksblumen, Klee und Kamille im Mai auf der Chelsea Flower Show perfekt blühten, forcierte er die Blüte oder hielt sie zurück. Auch an Nachschub hat er gedacht. Von allen Pflanzen hatten wir die dreifache Menge.«

Jeff führt mich vom Gartengelände in das nahe gelegene Arboretum. Der herrliche Waldgarten mit Bäumen aus der ganzen Welt war einst das Lustobjekt der Grafen von Ducie, die zum Ausgang des 19. Jahrhunderts ausländische Bäume pflanzen ließen. Fast schon am Ende einer Epoche, in der sich viele englische Adelige auf ihren Landgütern Baumparks anlegten. Es hob das Ansehen und zeigte, daß man reich genug war, sich Bäume aus China und Japan, aus Nord- und Südamerika, aus Südeuropa und dem Mittleren Osten kommen zu lassen. Inzwischen sind die ausländischen Bäume Kostbarkeiten unter dem überwiegend einheimischen Waldbestand. Seit einigen Jahren gehört auch das Arboretum zum Gefängnis, das nun für die Waldarbeiten zuständig ist. Leyhill-Insassen mähen Gras, pflanzen junge Bäume, fällen alte und erhalten die Wege. Die Bevölkerung nutzt den Wald für erholsame Spaziergänge.

Auch »Chalky« White liebte den Wald. Mit Freude arbeitete »Kreide-Weiß« im Arboretum. Er half mit, den Baumbestand zu inventarisieren. Mit Hilfe von Dendrologen identifizierten Leyhill-Insassen 700 Bäume und Sträucher. Das bedeutete wochenlange Arbeit im Wald. Als Ergebnis gibt es jetzt einen Plan, auf dem jeder Baum numeriert und mit Namen und Herkunft eingetragen ist. »Die lateinischen Namen der Bäume aufzulisten war besonders mühsam. Wir waren alle froh, als wir es endlich geschafft hatten«, erinnert sich Jeff.

»Chalky« wurde vor drei Monaten aus Leyhill entlassen. Oft kam er zurück, und alle freuten sich über seinen Besuch. »Wir spendierten ihm manchmal einen Kaffee in der Cafeteria im Besucherzentrum, denn auch wir vermißten ihn«, sagt Jeff und lobt »Chalky« als netten Kerl, bescheiden und freundlich.

»Gestern hat er sich umgebracht. Erhängt. Ich habe erst vorhin davon erfahren.« Jeff schluckt und unterdrückt seine Tränen.

Er vermutet, daß »Chalky« mit seiner Freiheit nichts mehr anfangen konnte. Denn bis auf kurze Abschnitte hatte er sein Leben im Gefängnis verbracht. »Da wurde alles für ihn geregelt, alles hatte seine Routine. Vielleicht empfand er sogar hinter Mauern eine gewisse Wärme, denn er hatte einen guten Freund in Leyhill und Bekannte in anderen Gefängnissen. Für einen Mann über Sechzig ist es fast unmöglich, draußen einen neuen Anfang zu finden.« Jeff schweigt eine Weile, dann fängt er sich wieder: »›Chalky‹ hat den Wald sehr genossen. Er kannte die Stimmen der Vögel. Er wußte, wo Rehe äsen, fand jedes Kaninchenloch. Was im Wald zu tun war, brauchte man ihm nie zu sagen. Ich glaube, er liebte jeden Baum. Wir werden ihm eine Bank aus Holz bauen und sie hier im Arboretum aufstellen. ›Chalky White zum Gedenken‹ werden wir auf die Messingplatte schreiben.«

Wir kehren in die Gärtnerei zurück. Dort fällt mir ein weißhaariger älterer Herr in dunkelblauem Pullover und offenem hellblauem Hemd mit gestärktem Kragen auf. Er steht an einer altmodischen Kasse und zählt den Kunden das Wechselgeld vor. Manche warten geduldig darauf, von ihm bedient zu werden. Anscheinend ist er der Fachmann für exotische Gewächse. Mit Kennerschaft führt er die einzelnen Pflanzen vor, nennt ihre lateinischen Namen und gibt den Käuferinnen Ratschläge für ihre Pflege. »No, Madam, I really cannot recommend this banana plant for your house. It is too difficult to look after«, rät er einer Kundin ab, die für ihr Haus eine Bananenstaude haben möchte. »Sie ist zu schwierig zu halten«, erklärt er ihr in makellosem Rundfunkenglisch.

Ein Häftling? »Ja«, meint er freimütig, als wir allein sind. »Oder nennen Sie mich einen Studenten, das würde im Augenblick besser zu mir passen. Ich studiere seit meinem Aufenthalt in dieser Anstalt Botanik bei der RHS – im Fernstudium.« Er reicht mir die Hand und stellt sich vor: »Chris, Anwalt, 58 Jahre.« Er sagt es langsam, als wären es Worte von gestern, mit denen er nichts mehr zu tun hat.

»Richtiger ist: ich war Anwalt. Während der letzten Jahre war ich Consultant, beriet große Firmen und ließ mich in Betrügereien verwickeln. Sie brachten mir drei Jahre ein. Die Zeit hier nutze ich, um mir das Rüstzeug für einen neuen Beruf anzueignen. In Zukunft werde ich nur noch Gärtner sein und mit den Farben und Formen von Pflanzen schöne Gärten komponieren. Vorzugsweise mit selbstgezogenen, wie man es in Leyhill für die Showgärten macht. Erfahrungen genug kann ich noch sammeln, denn erst in zwölf Monaten ist meine Strafe abgelaufen. Danach werde ich oft ins Gefängnis zurückkommen – als freiwilliger Helfer. In Leyhill bin ich Mitglied der ›Samariter‹ geworden, einer konfessionslosen Organisation, die Menschen beisteht, die sich nicht selbst helfen

Blumenverkauf in Leyhill

können. Wie wichtig ihre Arbeit ist, habe ich miterlebt. Nie werde ich die traurigen Schicksale vergessen, die sich mir hier gezeigt haben.«

Chris führt mich in einen besonderen Teil des Gewächshauses. Hier ist die Luft sehr warm und feucht: Orchideen, seltene Farne, Kaffeesträucher, Bananen, Ingwer und andere tropische Pflanzen wachsen unter einer hohen Plastikkuppel. Zwischen Felsbrocken rauscht ein Wasserfall. »Sie befinden sich in ›Leyhill's Garden of Eden‹!« Es ist die Miniaturausgabe des berühmten »Eden-Projekts«, das der gartenbesessene Tim Smit zur Jahrtausendwende in Cornwall gebaut hat. Dort ließ Smit in einem ehemaligen Steinbruch Regenwälder und subtropische Landschaften entstehen. Ihr heimisches Klima wurde künstlich unter monumentalen Kunststoffblasen erzeugt. Das 86 Millionen Pfund teure Wunderwerk der Technik ist inzwischen zur Pilgerstätte für Pflanzennarren aus aller Welt geworden.

Für den Miniaturnachbau standen Leyhill nur 10000 Pfund zur Verfügung. Das größte Kapital war der Einfallsreichtum der Häftlinge: Aus Freilandüberdachungen bauten sie die Gerüste für einen Plastikdom. Die für das künstliche Regenwaldklima notwendige Luftfeuchtigkeit gewannen sie aus selbstentwickelten Nebelmaschinen. Spezialheizungen sorgten für Tropenwärme. »Leyhill's Garden of Eden« wurde 2001 in Chelsea mit einer Silbermedaille belohnt. Auch dieser Garten wurde nach dem Ende der Show Pflanze für Pflanze ausgegraben und ist heute die exotische Attraktion von Leyhill.

Ein neues Projekt entsteht

Es ist spät geworden. Das Besucherzentrum hat schon geschlossen. Auch in der Gärtnerei ist bald Feierabend. Punkt 16.30 Uhr müssen die Häftlinge zurück ins Gefängnis. Eine letzte Besprechung. Jeff ruft Wayne zu sich und Craig, seinen jungen Helfer, der die Botanikkurse in Bristol besuchen darf. »Jungs, ihr seid meine beiden Hauptstützen für das Chelsea-Projekt 2004«, ermuntert Jeff die beiden. »Wayne, du übernimmst bitte alle Maurerarbeiten. Erfahrungen hast du – und ein gutes Händchen.« Gemeinsam beugen sich die drei über den Gartenentwurf.

Auf dem bunt gezeichneten Plan sieht man ein zerstörtes Haus. Zwei Außenwände halten notdürftig Reste eines Daches zusammen. Davor ein tiefer Krater – er hat sich mit Grundwasser gefüllt. Jeff hat ein einfaches Häuschen skizziert, das einer aus Feldsteinen gemauerten Bauernkate ähnelt. Wer darin lebte, war bescheiden. An den Mauerresten baumelt eine eiserne Badewanne, daneben, anachronistisch modern wirkend, steht eine Toilette mit Wasserspülung.

»Zum ersten Mal will ein Leyhill-Beitrag eine politische Botschaft transportieren«, erklärt Jeff. »Täglich werden Häuser durch Kriege zerstört, müssen Menschen ihre Heimat verlassen. An sie habe ich gedacht, als ich meinen Entwurf machte. Wer die Bombe auf das Haus warf, ist ohne Bedeutung. Nur ihre Wirkung ist wichtig: Sie zerstörte das Zuhause von Menschen, vertrieb sie von ihrer Scholle. Hof und Garten liegen verlassen. Aber die Natur ist nicht tot und erobert sich bereits große Flächen zurück.«

Entwurf für die Chelsea Flower Show 2004

Jeff hat diesmal Nutzpflanzen ausgewählt, um an ihnen zu zeigen, daß es trotz aller Zerstörung Hoffnung auf ein Morgen gibt: Sie werden sich ausbreiten, werden keimen und gedeihen. Er nennt das Projekt »Garten der Hoffnung«. »Und du, Craig, wirst dafür sorgen, daß wir alles reichlich zur Verfügung haben, ich brauche reihenweise Salatköpfe, die geschossen sind«, sagt Jeff. »Der Gemüsegarten muß wirken, als ob sich monatelang niemand um ihn gekümmert hätte.« Beete voller Tomatenpflanzen mit überreifen Früchten, Gurken, die dick und gelb auf der Erde liegen und verfaulen, weil sie nicht gepflückt wurden. Bohnen an verdorrtem Kraut. Jeff hat den Garten schon genau vor Augen. Sein Eifer wirkt anstekkend, und die Kunst der Überzeugung beherrscht er perfekt.

»Und du, Wayne, solltest am besten sofort anfangen, alte Steine zu sammeln. Für die Ruine. Wir wollen auch den Mörtel selbst mischen, nach altem Rezept, mit Kalk und Sand. Es muß überlegt werden, wie hoch wir die Mauern ziehen. Den Aufbau der Steinarbeiten werden wir hier vorher probieren. In Chelsea muß es dann flott von der Hand gehen. Wir haben für den Aufbau dort höchstens 14 Tage Zeit.«

Jeff deutet auf die Trockenmauer, die den Garten umgibt. »Hoffentlich kann die heute überhaupt noch jemand bauen – Stein auf Stein passend, ist ja eigentlich ein aussterbendes Handwerk. Außerdem brauche ich von dir ein einfaches Gartentor.« Wayne verspricht, sich um alles zu kümmern – um alte Steine, die Maurer- und Holzarbeiten. »Ich weiß auch, woher wir die toten Bäume kriegen, die auf der Zeichnung zu sehen sind. Im Arboretum haben wir zwei abgestorbene Exemplare, die gut dahin passen.« Wayne ist ganz bei der Sache: »Bis Anfang Mai haben wir alles fertig.« Dann stellt der ehemalige »Lifer« die Schlüsselfrage. »Darf ich mit nach Chelsea?« Jeff antwortet hinhaltend: »Wenn du gut gearbeitet hast, bist du dabei!«

Wie in den Jahren zuvor werden Kameras blitzen, TV-Stationen ihre Reporter schicken, Zeitungen seitenlang berichten. Vielleicht schreiben sie auch über Craig und Wayne, zwei Menschen, für die der »Garten der Hoffnung« den Beginn eines neuen Lebens bedeuten kann.

Nie wieder ein Gefängnis von innen zu sehen hat sich Craig geschworen. »Auch meine Mutter will ich nie wieder enttäuschen. An ihrem Geburtstag werde ich heiraten und ein ganz normales Leben beginnen.«

Und Jeff? Hofft er auf eine Medaille in Chelsea? »Wir sind zum dreizehnten Mal dabei. Vielleicht ist das eine Glückszahl.«

PS. Am 24. Mai 2004 wurde Leyhills »Garten der Hoffnung« mit einer Silbermedaille ausgezeichnet.

»I am a country boy«

Die Gefängnisgärten des Nelson Mandela

Die Überfahrt von Kapstadt zur Atlantikinsel Robben Island ist heutzutage ein Vergnügen. Schnelle Katamaran-Motorboote schaffen die elf Kilometer selbst bei unruhigem Wellengang in einer halben Stunde. An Bord nehmen die Passagiere in einer hellen Lounge in bequemen Sesseln Platz. Zur Erfrischung werden Getränke angeboten, und wer nicht den Blick auf die herrliche Stadt vor dem meist wolkenverhangenen Tafelberg genießen will, kann auf einem Bildschirm einen Kurzfilm über die Geschichte der Insel anschauen.

Als 1488 der portugiesische Seefahrer Bartolomeu Diaz vor Robben Island ankerte, fand er dort keine Menschen, wohl aber Zehntausende von Robben und Pinguinen. Bald nutzten weiße Siedler am Kap den meerumtosten, etwa sieben Kilometer langen und vier Kilometer breiten Landflecken als Verbannungsort für Leute, die sie als Gefahr für die Gesellschaft ansahen: Buschmann-Ureinwohner, die einen Diebstahl begangen hatten, rebellische Zuluhäuptlinge, britische Schwerverbrecher, Lepra- und Geisteskranke. Wie das amerikanische Zuchthaus Alcatraz in der Bucht von San Francisco galt Robben Island als Ort, von dem es kein Entkommen gab. Das war der Hauptgrund für Südafrikas Regierung, 1960 gerade dort ein Hochsicherheitsgefängnis für nichtweiße Gegner des Minderheitsregimes zu bauen.

Als Staatsfeind Nummer eins verfolgten die Weißen Nelson Mandela. Der Sohn eines Häuptlingsgeschlechts und studierte Anwalt kämpfte als Führer der Befreiungsbewegung ANC (African National Congress) gegen die »Apartheid«: Die Weißen erhoben sich als »Herrenrasse« brutal über die Volksgruppen der Asiaten, Mischlinge und die riesige Mehrheit der Schwarzen. Diese durften nicht wählen, kein Land besitzen, und auch viele Berufe blieben Nichtweißen verwehrt. Mandela begehrte gegen dieses Unrecht auf und zahlte dafür einen hohen Preis – 27 Jahre hinter Gittern. Die längste Zeit verbrachte er auf Robben Island, der Gefängnisinsel, die durch ihn weltberühmt wurde.

Heute pilgern Tag für Tag Hunderte Südafrikaner und Touristen aus vielen Ländern vom »Nelson Mandela Terminal« im Kapstädter Hafen zu der Insel. Meine Frau und mich erwartet einer von Mandelas Mitkämpfern: Indres Naidoo, ein Südafrikaner indischer Herkunft. Er wurde 1963 wegen Sabotage zu zehn Jahren Haft verurteilt; die gesamte Zeit verbrachte er als Häftling 885/63 auf Robben Island[1]. Indres ist inzwischen 67; in Jeans und mit seiner Pferdeschwanzfrisur wirkt er 20 Jahre jünger. Er hat nach seiner Haftentlassung im Exil für den ANC gearbeitet und wurde nach dem Machtwechsel am Kap 1994 Senator. Jetzt genießt er mit seiner deutschen Lebenspartnerin den Ruhestand in Kapstadt; oft begleitet Indres Gäste und Freunde auf die Leidensinsel, die er bei gutem Wetter von seiner Wohnung aus sehen kann.

Als wir den Katamaran nach Robben Island betreten, weist Indres auf ein unscheinbares Passagierboot in einem der Reparaturdocks: »Das ist die ›Diaz‹, die mich und meine Genossen 1963 auf die Insel brachte.« Indres erzählt, daß die Überfahrt damals anderthalb Stunden dauerte und eine Qual war. Wärter schlugen mit Knüppeln auf die wie Vieh zusammengepferchten Gefangenen ein; die waren mit Handschellen gefesselt und an den Beinen aneinandergekettet. Viele wurden seekrank und übergaben sich. Auf der Insel erwarteten schwerbewaffnete Wärter mit kläffenden Schäferhunden die Neuankömmlinge. Erneute Prügel gehörten zum Ankunftsritual.

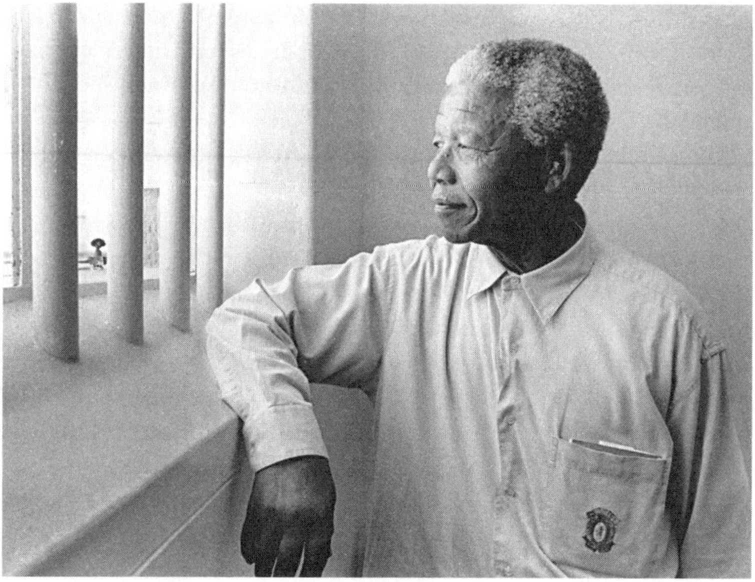

Nelson Mandela besucht Robben Island 1994

Indres führt uns die etwa 300 Meter von der Anlegestelle zum Gefängniskomplex für 1500 Häftlinge, der heute eine Gedenkstätte ist. Stacheldrahtrollen krönen die hohen Mauern; an den Wachtürmen sind Scheinwerfer angebracht. Wir passieren mehrere Gittertore. Nun liegen vor uns flache Zellenbauten, die durch Mauern oder Zäune voneinander getrennt sind. Indres zeigt uns den Raum, den er sich mit 80 Mitgefangenen teilen mußte. Hier vegetierten die Häftlinge nach der Arbeit im nahe gelegenen Steinbruch. Ganze drei Duschen standen den Männern zur Verfügung; jahrelang gab es nur kaltes Wasser. Deshalb hat sich Indres in der kalten Jahreszeit oft ungewaschen auf seiner Matte auf dem Boden zur Ruhe gelegt.

Schläge und Folter gehörten auf Robben Island zum Häftlingsalltag. Die ausschließlich weißen Wärter schimpften alle Schwarzen »Kaffern« und die Inder »Kulis«. Indres nannten sie »dynamite coolie«, Dynamitkuli, denn er hatte versucht, in einer bewaffneten Aktion ein Eisenbahnstellwerk bei Johannesburg zu sprengen. Seine feste Überzeugung und die Kameradschaft der ANC-Gefangenen gaben ihm die Kraft, die schlimme Zeit ungebrochen zu überstehen.

Wir lenken das Gespräch auf die Gartenaktivitäten der Gefangenen. Konnten auf dem kargen Sandboden Pflanzen überhaupt wachsen? Hat die Gefängnisleitung ihren Anbau zugelassen?

Indres berichtet, daß die Gefangenen während seiner zehn Haftjahre immer wieder kleine Beete angelegt haben. Manche Wärter »fanden das okay« und hätten den Gefangenen sogar Samen mitgebracht. Andere dagegen zerstörten gnadenlos jeden Ansatz eines Gartens. Sie gönnten den Häftlingen ihre Freizeitbeschäftigung nicht und vermuteten unter jedem Beet Verstecke. Tatsächlich haben die Gefangenen hin und wieder Konterbande in der Erde verborgen. Und etwas Grün in ihrer tristen Welt bedeutete den meisten Eingekerkerten unendlich viel. »Gärten hinter Mauern waren Zeichen von Leben hinter Mauern«, sagt Indres. »Für Pflanzen zu sorgen und zu sehen, wie sie wachsen, richtet Menschen auf, gerade solche, die von der Gesellschaft mit dem Ziel isoliert wurden, ihren Widerstandsgeist zu brechen.«

Dennoch gab es unter den Gefangenen heftige Auseinandersetzungen über die Gärten: Die einen argumentierten, daß den gelegentlichen Besuchern des Internationalen Roten Kreuzes ein geschöntes Bild der Verhältnisse auf Robben Island vorgegaukelt würde, wenn sie Gemüse- oder gar Blumenbeete vorfinden würden. Die anderen wollten in den Jahren hinter Gittern alle Möglichkeiten nutzen, die schwere Zeit sinnvoll zu verbringen. Indres gehörte zu dieser Gruppe, die von Nelson Mandela angeführt wurde, der 1964 in einem isolierten Zellenblock auf Robben Island seine Freiheitsstrafe angetreten hatte.

Mandela hatte als Anwalt und ANC-Politiker zunächst mit friedlichen Mitteln gegen das Apartheid-Regime gekämpft; er organisierte Massenproteste und zivilen Ungehorsam. Doch die Regierung verbot den ANC; Mandela gründete daraufhin zusammen mit Freunden die Geheimorganisation »Umkhonto we Sizwe« (Speer der Nation), die Sabotageakte ausführte. Mandela tauchte

Indres Naidoo auf Robben Island 2003

in den Untergrund ab, wurde aber bald gefaßt. Im berühmten Rivonia-Prozeß beantragte der Staatsanwalt für Mandela die Todesstrafe. Es gehört zu den Glücksfällen des 20. Jahrhunderts, daß ihn das Gericht »nur« zu lebenslanger Haft verurteilte und auf die Hölleninsel Robben Island verfrachtete.

Dort kämpften die ANC-Gefangenen beharrlich für bessere Haftbedingungen. Nachdem sie von den Wärtern zunächst besonders schikaniert worden waren, erreichten sie im Laufe der Jahre Erstaunliches: Häftlinge wurden zum Fernstudium zugelassen; Filme wurden gezeigt; Gefangene konnten sich zu Theateraufführungen und Fußballwettbewerben treffen. Indres Naidoo hat solche Aktivitäten organisiert – und zur Kommunikation unter den Gefangenen genutzt. So gelangte er als Mitarbeiter des Filmvorführers in den Block, in dem Mandela und weitere ANC-Führer eingesperrt waren. Mit denen wurden Nachrichten ausgetauscht. Zudem erreichte Indres, daß die Gefängnisleitung einen Platz vor den Hochsicherheitszellen für ein Fußballturnier freigab. Da konnte dann Mandela von seinem Zellenfenster aus zuschauen und die Mannschaften anfeuern – ein ungeheurer Auftrieb für die Moral der Inhaftierten.

Bei unserem Rundgang schließt Indres die Zelle auf, in der Häftling 466/64, Nelson Mandela, 18 Jahre bis zur Verlegung in ein anderes Gefängnis verbracht hat. Der Raum ist so klein, daß sich der über 1,90 Meter große Mann kaum ausstrecken konnte. Schlafen mußte er jahrelang auf einer Sisalmatte auf der Erde. Eine Liege wurde erst später aufgestellt. Drei dünne Decken, ein Toiletteneimer und eine Plastikflasche mit Wasser – mehr gab es nicht in der Zelle. Das vergitterte Fenster erlaubte den Blick auf den zementierten Hof und eine Mauer, auf der Wärter patrouillierten. Wie konnte ein Mensch das so viele Jahre durchstehen, ohne verbittert zu werden? Was hat ihm die Kraft gegeben, daß er nicht als Rächer, sondern als Versöhner und schon zu Lebzeiten als Held in die Geschichte eingegangen ist?

Gärtnern für »einen Hauch von Freiheit«

»Wenn man im Gefängnis überleben will, muß man Wege finden, um sich im täglichen Leben Zufriedenheit zu verschaffen«, schreibt Mandela in seiner Autobiographie[2]. Bald nach seiner Ankunft auf Robben Island bittet er die Behörden darum, im Gefängnishof einen Garten anlegen zu dürfen. Als er nach etlichen Jahren endlich die Genehmigung erhält, beginnt er einen schmalen Erdstreifen an der Mauer des Isolierblocks urbar zu machen. Er gräbt große Brocken aus dem steinigen Boden, damit die Pflanzen wachsen können. »Zu jener Zeit«, schreibt Mandela, »witzelten einige meiner Kameraden, ich sei im tiefsten Inneren ein Bergarbeiter, denn ich verbrachte den Tag im Steinbruch, und in der Freizeit buddelte ich im Gefängnishof.«

Gefängnismauer auf Robben Island,
an der Mandela seine Beete angelegt hatte

»Der Garten ist jetzt Nelsons Kind, und er geht ihm über alles«, schreibt damals der Mithäftling Ahmed Kathrada. Er erinnert sich daran, wie der Gärtner Mandela versucht, den kargen Boden zu düngen: Er besteht darauf, nach jeder fleischhaltigen Mahlzeit die Knochen zu sammeln, und bittet die Mitgefangenen, sie mit einem Hammer zu pulverisieren. Als ihm das Ergebnis zu mager ist, schlägt er einen einfacheren Kompost vor: menschlichen Unrat. Die Zellengenossen graben ein Loch auf dem Hof und kippen jeden Morgen ihre Nachteimer dort aus. »Aber wegen des Gestanks konnte sich keiner dafür begeistern«, berichtet Kathrada, und so wird diese Art der Düngung wieder aufgegeben[3].

Mandela erhält von der Gefängnisleitung Samen und baut widerstandsfähige Pflanzen wie Tomaten, Chilis und Zwiebeln an. Er bestellt Bücher über Gartenbau und studiert sie mit der für ihn typischen Beharrlichkeit. Bald wachsen die Tomaten und Zwiebeln recht gut; einen Teil seiner Ernte gibt Mandela den Aufsehern. Mit Erdnüssen hat er allerdings kein Glück, obwohl er immer wieder versucht, Keimlinge großzuziehen.

Nelson Mandela als politischer Gefangener 1964

Ob Erfolg oder Mißerfolg – Mandela ist die therapeutische Wirkung des Gärtnerns wichtig: »Ein Garten war im Gefängnis eines der wenigen Dinge, über die man selbst bestimmen konnte. Einen Samen in die Erde zu legen, ihm beim Wachsen zuzusehen, die Pflanze zu pflegen und dann zu ernten bot eine einfache, aber dauerhafte Zufriedenheit. Das Gefühl, der Verwalter dieses kleinen Stückchens Erde zu sein, beinhaltete einen Hauch von Freiheit.«

In seiner Zelle sinniert Mandela über die Parallelen im Leben eines Gärtners und eines politischen Führers: Beide müssen säen, Verantwortung übernehmen, Feinde abwehren; sie müssen erhalten, was zu erhalten ist, und das beseitigen, was keinen Erfolg verspricht. Seiner Ehefrau Winnie schreibt er zwei Briefe über eine besonders schöne Tomatenpflanze, die wunderbar rote Früchte trägt. Dann aber – durch einen Fehler oder mangelnde Pflege – beginnt sie zu verdorren, »und nichts, was ich unternahm, konnte sie wieder gesundmachen. Als sie endgültig tot war, grub ich die Wurzel aus, säuberte sie und beerdigte sie in einer Ecke des Gartens.« Mandela erzählt Winnie diese Geschichte in einem Brief, der – im nachhinein gesehen – das tragische Ende ihrer großen Liebe vorauszusehen scheint: »Ich wollte nicht, daß es unserer Beziehung so erging wie dieser Pflanze, aber andererseits spürte ich, daß ich die wichtigsten Beziehungen in meinem Leben vielfach nicht richtig nähren konnte. Manchmal kann man nichts tun, um etwas zu retten, was zum Sterben bestimmt ist.«

In seinem Garten auf Robben Island, so schätzen Mitgefangene, erntet Mandela 2000 Paprikaschoten, fast 1000 Tomaten, Zwiebeln, Kopfsalat, einige Rettiche, Honig- und Wassermelonen. Das Gemüsebeet im weitgehend zuzementierten Gelände lockt alle möglichen Tiere an – Vögel, Insekten, Schmetterlinge und sogar ein Chamäleon, das zur Freude der Gefangenen sechs Junge zur Welt bringt. Die Häftlinge bestaunen die niedlichen Kleinen und halten ständig nach dem Vater Ausschau; doch das männliche Chamäleon läßt sich nicht blicken.

Der Garten bewährt sich zudem als Versteck: Mandela schreibt schon während der Haft an seiner Lebensgeschichte. Und immer, wenn ein Vertrauter unter den Häftlingen entlassen wird, gehen Teile des Manuskripts mit in die Freiheit. Bis zum nächsten Entlassungstermin aber müssen fertige Seiten verborgen werden. Einmal sind Aufzeichnungen, in Dosen verstaut, an drei Stellen im Garten versteckt, als ein Trupp Arbeiter auftaucht. Mandela und seine Mitgefangenen schwitzen Blut und Wasser, denn die Arbeiter beginnen Hof und Garten aufzubuddeln, um Rohre zu verlegen. Glücklicherweise können die Häftlinge die Dosen rechtzeitig bergen und die Manuskriptteile anderswo verstecken.

1982 werden Mandela und drei weitere ANC-Führer von Robben Island aufs Festland verlegt. Zusammen mit Walter Sisulu, Raymond Mhalaba und Andrew Mlangeni bringt man ihn in die Haftanstalt Pollsmoor bei Kapstadt. Dort erhält Mandela eine neue Häftlingsnummer: D220/82. Die vier werden auf der dritten Etage eines Gebäudes im D-Block einquartiert. Sie sind allein auf dem Stockwerk und verfügen über eine Toilette, zwei Duschen und vier Betten mit Laken und Handtüchern. »Ein beträchtlicher Luxus für Männer, die einen großen Teil der letzten 18 Jahre auf dünnen Matten auf dem Steinboden verbracht hatten«, schreibt Mandela. »Im Vergleich zu Robben Island befanden wir uns in einem Fünf-Sterne-Hotel.«

Dennoch trauert Mandela zunächst der Insel nach. Er vermißt das Rauschen des Meeres, den weiten Himmel und die Kameraden. Zu den Veteranen auf Robben Island waren in den letzten Jahren viele junge politische Gefangene gestoßen. Als Führer- und Vaterfigur hatte Mandela erfolgreich zwischen den Generationen und Gruppen vermittelt. Jetzt quälen ihn Fragen: Will das Apartheid-Regime ihn, seinen prominentesten Gegner, isolieren und damit die Opposition schwächen? Soll Mandela als Karte in einem politischen Spiel benutzt werden?

Nach Robben Island, das eher mit einem Lager vergleichbar ist, erscheint Pollsmoor wie eine moderne Festung. Doch Mandela findet einen Weg, »aus der monolithischen Betonwelt zu fliehen«: Auf der Dachterrasse von der Größe eines halben Fußballfelds darf er einen Garten anlegen. Die Gefängnisverwaltung halbiert für ihn 16 große Ölfässer und füllt sie mit Mutterboden. So entstehen 32 geräumige Pflanzkübel. In denen hegt und pflegt Mandela Zwiebeln, Auberginen, Kohl, Bohnen, Spinat, Karotten, Gurken, Brokkoli, rote Bete, Kopfsalat, Tomaten, Paprika und Erdbeeren.

Allmorgendlich setzt er sich seinen Strohhut auf, zieht derbe Handschuhe an und arbeitet mehrere Stunden lang in seinem »Fässergarten«. Sonntags schickt Mandela Gemüse in die Küche, damit die Kost für die Gefangenen mit frischen Vitaminen angereichert wird. Einen Teil seiner Ernte gibt er den Wärtern, die mit Taschen

Gefängniswärter James Gregory

anrücken und als Gegengabe Samen mitbringen. »Schließlich verfügte ich über eine kleine Farm mit fast 900 Pflanzen«, schreibt Mandela und würdigt stolz seine eigene Leistung: »In der Bibel steht, die Gärten seien früher dagewesen als die Gärtner, aber das war in Pollsmoor nicht der Fall.«

Ein Glücksfall für Mandela ist, daß Pollsmoor zu seiner Zeit von einem Gefängnisdirektor geführt wird, der ein großer Gartenliebhaber ist. Brigadier Munro fördert Mandelas Arbeit, wo immer er kann; zum Beispiel läßt er ihm erstklassigen Dünger anliefern. Zuweilen besucht der Knastchef seinen berühmten Gefangenen auf dem Dach zu zwanglosem Fachsimpeln. Auch James Gregory, der für Mandela zuständige Wärter, hilft tatkräftig, obwohl er sich selbst eigentlich nicht für Gartenarbeit begeistern kann. So besorgt er dem Häftling Plastikplanen, mit denen Mandela empfindliche Gewächse in den Pflanzkübeln vor brennender Sonne und schneidenden Winden schützen kann.

Gregory ist als Weißer unter Schwarzen aufgewachsen und kann vielleicht deshalb ein vertrautes Verhältnis zu seinem Gefangenen entwickeln. In einem Buch über Mandela erzählt Gregory davon[4] und schildert Anekdoten aus dem Gefängnisleben: So habe Mandela einmal einen Gesundheitstrunk aus Rübenwurzeln und Blättern gekocht, nachdem er in einer Zeitung gelesen hatte, ein solches Gebräu würde Menschen junghalten. Doch als er seine Mitgefangenen zum Umtrunk einlädt, erweist sich das schleimige Gesöff lediglich als gut funktionierendes Abführmittel, und Mandela erntet viel gutmütigen Spott.

Er kann solche Flachsereien vertragen, denn seine Autorität steht außer Frage. »Er wirkte größer und aufrechter als alle anderen«, schreibt der Wärter Gregory, »und hatte eine Ausstrahlung, die signalisierte: ›Ich bin ein Führer, mich kann niemand einschüchtern.‹« Besucher berichten, daß die uniformierten Bewacher neben Mandela wie unscheinbare Wichte wirken. Im Januar 1985 darf Lord Bethell als Abgeordneter des britischen Oberhauses und des Europa-Parlaments Mandela in Pollsmoor treffen. Als der Gefangene dann seinen adligen Besucher zum »Fässergarten« führt, sei Mandela so selbstbewußt und würdevoll aufgetreten, berichtet Bethell tief beeindruckt, »wie ein Grundbesitzer, der einem seinen Hof zeigt«.

Indes engagiert sich die Weltöffentlichkeit zunehmend für die Freilassung des Gefangenen. Hunderttausende strömen in etlichen Ländern in »Free-Mandela-Konzerte«. Eine zunehmende Zahl von Staaten boykottiert das Apartheid-Regime wirtschaftlich; in Südafrika verstärkt sich der Widerstand, immer häufiger kommt es zu Demonstrationen und Anschlägen gegen staatliche Einrichtungen – da muß die Regierung in Pretoria schließlich einlenken. Sie unterbreitet Mandela mehrere Angebote: Freilassung in ein schwarzes »Homeland« – eines dieser pseudounabhängigen Gebiete innerhalb Südafrikas. Oder Freilassung als Lohn für die öffentliche Absage an den bewaffneten Kampf.

Mandela lehnt ab, beginnt aber aus der Zelle heraus Geheimverhandlungen mit dem Regime. Nun suchen Regierungsbeamte den Gefangenen in Pollsmoor auf; Mandela wird zu Besprechungen gefahren. Zu seiner Entspannung bringt man ihn hin und wieder auf ein Gelände am südlichen Ende der Haftanstalt. Dort pflegen Vollzugsbeamte in Schrebergärten ihre Gemüsebeete. Mandela genießt die frische Luft. Die Zeit der Freiheit zeichnet sich ab.

Um dem seit über zwei Jahrzehnten Eingekerkerten einen Eindruck vom Leben draußen zu vermitteln, unternehmen Sicherheitsbeamte in Zivil mit Mandela etliche Ausflüge in die Umgebung von Kapstadt. In Freizeitkleidung darf der Gefangene dann an einsamen Stränden spazierengehen und sogar an einer Tankstelle aussteigen, um eine Flasche Coca-Cola zu kaufen.

Daß Menschen den Staatsgefangenen erkennen, ist unwahrscheinlich, denn in der langen Haftzeit hat sich Mandelas Aussehen verändert. Zudem dürfen frühere Fotos von ihm in Südafrika nicht gezeigt werden; aktuelle Fotos sind erst recht nicht erlaubt. Alle Welt rätselt, wie Mandela jetzt wohl aussieht. Deshalb beschreibt

Die nach Mandela benannte Strelitzie

Lord Bethell nach seinem Gefängnisbesuch britischen Bildredakteuren haargenau, wie er Mandela gesehen hat. Nach dieser Beschreibung retuschieren Fachleute ein altes Foto von Mandela, und als er 1990 freigelassen wird, erweist sich das Bild als erstaunlich treffend.

Mandela liebt die geheimen Ausflüge aus dem Gefängnis von Pollsmoor. Endlich ist er einmal nicht von Mauern umgeben. Am liebsten läßt er sich zum Botanischen Garten in Kirstenbosch bringen, einem der schönsten der Welt. Auf dem am Fuße des 1 000 Meter hohen Tafelberges gelegenen riesigen Stück Land in der Nähe der University of Cape Town wachsen über 9 000 Spezies. Aussteigen darf er hier nicht, doch der Gefangene auf Exkursion genießt durch die heruntergekurbelten Autofenster die Schönheit der Landschaft und saugt die Düfte der Blüten ein.

Als Präsident Südafrikas kehrt er später nach Kirstenbosch zurück. Heute erinnert ein Gedenkstein an seinen Besuch als Staatsoberhaupt. 1996 überreicht die Leitung des Botanischen Gartens dem ersten schwarzen Präsidenten Südafrikas eine neugezüchtete gelbe Strelitzie *(Strelitzia reginae)*. Sie trägt den Namen »Mandela's Gold«. Der Staatspräsident bedankt sich für die »Ehre, mit diesem bemerkenswerten Ort in Zusammenhang gebracht zu werden«, und zitiert aus einem Gedicht: »Am glücklichsten fühle ich mich in der freien Natur, denn in der Stille der Luft klingt ungehörte Musik; in der Rauheit der Berge liegen ungesehene Schönheiten.«

Staatsgefängnis mit Rosengarten

An seinem dritten Haftort sollte der Gefangene Mandela der geliebten Natur am nächsten sein. Im Dezember 1988 wird er aus Pollsmoor in das Victor-Verster-Gefängnis verlegt, einen von Mauern und Zäunen umgebenen Komplex aus Gebäuden und Feldern im idyllischen Weinanbaugebiet in der Nähe des Städtchens Paarl, nordöstlich von Kapstadt.

Statt einer Zelle wartet nun der Bungalow des stellvertretenden Direktors auf den zum politischen Verhandlungspartner aufgestiegenen Häftling. Und wurde Mandela einst bei seiner Ankunft auf Robben Island von aggressiven Wärtern angepöbelt – »Du kannst 100 Doktortitel haben, aber du bist ein Kaffer, du bist eine Nummer, du bist nichts« –, so begrüßt ihn jetzt der Gefängnisdirektor persönlich: »Welcome to Victor-Verster, Mr. Mandela, ich hoffe, daß Sie sich bei uns wohlfühlen werden. Bitte melden Sie sich, wenn irgend etwas fehlen sollte.«

Mandela findet viel mehr vor, als er benötigt. Vom Schlafraum des geräumigen Hauses führen Türen in ein Bad und auf eine Terrasse. Im Wohnzimmer steht ein betriebsbereiter Fernseher. Die Hausbar ist mit Wein, Whisky und anderen Getränken bestückt. In einem Seitenraum warten Trimmgeräte. Neben dem Bungalow erstreckt sich ein Swimmingpool. Ein freundlicher Vollzugsbeamter wird eigens abgestellt, um für Mandela zu kochen und ihm die Räume sauberzuhalten.

Besonders glücklich ist Mandela über den zum Haus gehörenden Garten. Dort trifft ihn James Gregory im Morgengrauen am Tag nach der Ankunft. Sein persönlicher Wärter aus Pollsmoor ist zusammen mit Mandela versetzt worden, um dem Staatsgefangenen weiter zur Verfügung zu stehen. »Sehen Sie sich diese herrlichen Blüten an«, schwärmt Mandela und deutet auf den Rosengarten. Die beiden schlendern gemeinsam über das Gelände und schnüffeln an den Blüten der unterschiedlichsten Gewächse. Auf dem Grundstück wuchert eine wundervolle Aloepflanze, eine Dattelpalme und ein Avocadobaum ragen in den Himmel, unter der Last ihrer Früchte biegen sich die Äste eines Zitronenbaums. Mandela will sofort zupacken: »Wir müssen noch Platz für ein Gemüsebeet finden.«

Vorher müssen freilich Umbauten vorgenommen werden: Denn bei allem Luxus ist Mandela immer noch ein Gefangener – nun mit der Nummer 1335/88 –, und die Regierung will gerade jetzt seinen Aufenthaltsort geheimhalten. Die weißgekalkten Mauern um das Bungalowgrundstück innerhalb des Gefängnisses sind mit gut 1,80 Metern nicht hoch genug, um jede Einsicht unmöglich zu machen. In einem Schnelleinsatz werden sie deshalb innerhalb eines Tages erhöht. Die merkwürdige Zeit, in der Mandela praktisch nicht existieren soll, während er mit der Regierung verhandelt und gut leben darf, dauert an.

In der Victor-Verster-Haftanstalt kann Mandela seiner Gartenlust frönen. »Jeden Morgen schlenderte Nelson zu seinen Büschen und Pflanzen, er inspizierte jedes einzelne Gewächs, hielt Ausschau nach Krankheitsbefall und frischen Blüten«, schreibt Gregory. »Er schien alle Pflanzen zu kennen und sorgte für sie.«[5] Mandela geht besonders gern durch eine Gruppe von Büschen und Bäumen an einer Seite des Bungalows. Durch das Wäldchen führt ein Pfad zu den Blumenbeeten mit Plumbagos, Lilien, Aloepflanzen und Geranien. Gregory tauft den Pfad »Nelson's Walk« (Nelsons Spazierweg).

Die Zeit für den Garten bleibt freilich begrenzt, denn Mandela ist pausenlos in Verhandlungen verwickelt. Am 5. Juli 1989 holen ihn Regierungsbeamte zu einer entscheidenden Begegnung ab: In einem eigens für diesen Anlaß geschneiderten Anzug wird der Staatsgefangene zum Tee ins Tuynhuys gefahren, den Kapstädter Amtssitz des damaligen Präsidenten Pieter Willem Botha.

Nach den langen Gefängnisjahren ist Mandela nicht mehr vertraut mit modischen Feinheiten. Deshalb verpassen ihm hohe Repräsentanten des Regimes den letzten Schliff für seinen Besuch: Der Gefängnisdirektor bindet ihm den Schlips zum Windsorknoten, Geheimdienstchef Niel Barnard kniet nieder und bindet einen offenen Schnürsenkel zu. »Dann öffnete sich die Tür, und ich trat ein«, erinnert sich Mandela. »Von der entgegengesetzten Seite seines feudalen Büros aus kam P. W. Botha auf mich zu. Er hatte seine Schritte perfekt geplant, und wir trafen uns genau auf halbem Wege. Er streckte die Hand aus und lächelte breit.«

Die streng geheimgehaltene Begegnung mit Botha leitet den letzten Abschnitt auf Mandelas langem Weg in die Freiheit ein. Der als »das große Krokodil« gefürchtete Präsident wird zwar bald sterben. Aber Botha-Nachfolger Frederik Willem de Klerk führt den Dialog verstärkt fort. Man einigt sich schließlich auf die Bedingungen für Mandelas Freilassung. Die ist kein Gnadenakt – im Gegenteil. In zähen Verhandlungen hat Mandela den weißen Herrschern kaum für möglich gehaltene Konzessionen abgerungen: Freilassung

Nelson und Winnie Mandela am Tag der Haftentlassung 1990

aller politischen Gefangenen, Rückkehr der ins Exil Vertriebenen, Wiederzulassung des ANC und aller anderen verbotenen Parteien, Wahlen nach dem Prinzip »one man, one vote« – jeder Bürger eine Stimme. Jetzt sind die Weichen für die Wende am Kap gestellt.

11. Februar 1990: Winnie Mandela kommt mit mehreren Familienmitgliedern zum Bungalow im Victor-Verster-Gefängnis. Mandela zeigt seinen Angehörigen den Garten, führt sie zu seinen Blumen und seinen Gemüsebeeten – er verabschiedet sich von sei-

nem letzten Haftort. Dann schreitet er Hand in Hand mit Winnie durch das Tor des Gefängnisses in die Freiheit. Draußen erwarten ihn Zehntausende im Freudentaumel. 150 Millionen Fernsehzuschauer in aller Welt sehen, wie der berühmteste Häftling des 20. Jahrhunderts lachend den Arm hochreißt und die rechte Hand zur Faust ballt.

Zu Mandelas Haftzeit im Victor-Verster-Gefängnis, das inzwischen nach einem nahe gelegenen Berg in Drachenstein-Gefängnis umbenannt wurde, gibt es eine Nachbemerkung: Im Januar 1996, als Mandela schon fast zwei Jahre als Präsident regiert, berichtet die Kapstädter Zeitung *Saturday Argus* über einen »Lauschangriff im Rosengarten«. Südafrikas Geheimdienst, so meldet das Blatt unter Berufung auf Quellen aus dem Sicherheitsapparat, hätte in den Rosen am Bungalow Mikrophone installiert. Denn in dieser entscheidenden Phase will der Geheimdienst genau wissen, was Mandela mit den unterschiedlichsten Politikern bespricht, die ihn in den letzten Monaten seiner Haft besuchen dürfen. Dabei zieht Mandela es vor, solch vertrauliche Gespräche im Freien zu führen, nachdem er in der Vergangenheit die Erfahrung gemacht hat, daß Unterhaltungen im Gefängnis abgehört werden.

Ob die Meldung den Tatsachen entspricht, ist ungeklärt. Fest steht, daß Gärten und die Gartenleidenschaft in der jüngeren Geschichte Südafrikas eine Rolle gespielt haben: So verkleidet sich Mandela während seiner Zeit im Untergrund 1962 als Gärtner – in dieser Rolle oder als angeblicher Chauffeur kann er in der Zeit der Rassentrennung in den Villen weißer Sympathisanten Unterschlupf finden, ohne sofort Verdacht zu erregen. Der ANC tarnt seine verbotenen Schriften, die teilweise von London aus ans Kap verschifft werden, gern in Umschlägen mit Titeln wie »Landscape Gardening – Flowers and Fruits of Fields and Hedgerows« (Landschaftsgärtnerei – Blumen und Früchte von Feldern und Hecken). Und so wie der schwarze Mandela und der braune Indres Naidoo finden auch weiße Südafrikaner als politische Häftlinge Trost und Kraft, wenn sie sich in ihren Kerkern um Pflanzen kümmern können.

Am Kampf gegen die Apartheid beteiligen sich auch Weiße. Sie nehmen mutig in Kauf, von der erdrückenden Mehrheit ihrer Rasse als Verräter betrachtet und manchmal sogar von ihren eigenen Familien geächtet zu werden. Die meisten dieser weißen Außenseiter sind Kommunisten oder Mitglieder des ANC. Dessen Ziel ist die Errichtung eines Staates, in dem alle Menschen ohne Unterschied der Farbe, Rasse, des Geschlechts und des Glaubens gleichberechtigt und friedlich zusammenleben. Im Gegensatz zu anderen Befreiungsbewegungen betrachtet der ANC auch die in Südafrika lebenden Weißen als Afrikaner. In seiner Freiheitscharta von 1955 verkündet er ausdrücklich: »Wir, das Volk von Südafrika, erklären unserem Land und der ganzen Welt zur Kenntnis: Südafrika gehört allen, die darin leben, Schwarzen und Weißen.«

So zahlen auch Weiße für den Befreiungskampf einen hohen Preis. Denis Goldberg, ein Bauingenieur aus Kapstadt, wird 1964 im gleichen Prozeß wie Nelson Mandela wegen »Beteiligung am Sturz der Regierung durch eine gewaltsame Revolution« gleich viermal zu lebenslanger Haft verurteilt. Der Kommunist Goldberg war an der Planung von bewaffneten Aktionen beteiligt, und weil die Rassentrennung auch im Strafvollzug konsequent durchgesetzt wird, schickt man ihn nicht mit seinen Genossen nach Robben Island, sondern ins Zuchthaus von Pretoria, wo in den sechziger Jahren für weiße politische Gefangene ein Extragebäude mit 52 Zellen gebaut worden ist.

In dem Gefängniskomplex am Rande der Stadt finden 8000 Häftlinge Platz. Es gibt Blocks für Gefangene, die auf ihren Prozeß warten, und für verurteilte Kriminelle sowie einen »Beverly Hills« genannten Hochsicherheitstrakt für Schwerverbrecher und mehrfache Ausbrecher. »Beverly Hills« ist zudem die einzige Hinrichtungsstätte in Südafrika; im Apartheid-Staat werden zu jener Zeit jährlich rund 150 Menschen gehängt. In allen Blocks leben die Häftlinge nach Hautfarben getrennt.

Denis Goldberg sitzt 22 Jahre in Pretoria ein. Er spielt dort eine ähnliche Rolle wie Nelson Mandela auf Robben Island. Als der zur höchsten Strafe Verurteilte und einer der Ältesten unter den weißen Gefangenen steht er Jüngeren mit Rat und Tat zur Seite. »Denis war für uns eine Inspiration und beschämte uns wegen unseres Selbstmitleids«, schreibt der Häftling Tim Jenkin. »Er war schon im Gefängnis, als wir noch Teenager waren, und hatte nicht einmal ein Entlassungsdatum, an das er sich klammern konnte.«[6] Weil er auch bei den Wärtern und bei der Gefängnisleitung hohes Ansehen genießt, vertritt Goldberg als Wortführer die Interessen der Häftlinge. Wie Mandela sucht er während der Kerkerjahre sinnvolle Ablenkung vom Gefängnisalltag; auch er findet sie unter anderem im Umgang mit Pflanzen.

Anders als etwa im völlig zubetonierten Gefängnis von Pollsmoor gibt es in Pretoria einen gepflegten Garten mit Blumen- und Gemüsebeeten. Am Ende einer Rasenfläche wachsen verschiedene Bäume. Außerdem stehen Büsche und Bäume, auch Obstbäume, im Hof für Untersuchungshäftlinge, der auch den politischen Gefangenen offensteht. Ein hoher Avocadobaum, so heißt es, sei aus einem Kern gewachsen, den Häftlinge in die Erde gepflanzt haben. Alle lieben den Anblick von Pflanzen; und die Arbeit im Garten bietet eine willkommene Abwechslung. Auch Goldberg mag sie, obwohl er vor allem in der Tischlerwerkstatt tätig ist.

Im Dezember 1979 ändert sich die Situation für die »Politischen« in Pretoria dramatisch. Der Grund ist die Flucht von drei jungen ANC-Häftlingen: Tim Jenkin, Stephen Lee und Alex Moumbaris. Die anderen ANC-Gefangenen wissen seit Monaten, daß die drei einen Ausbruch vorbereiten. Der Vertrauensmann Goldberg hilft dem Trio, Fluchtwege auszukundschaften und Werkzeuge zu verstecken. Die Gemeinschaft drängt die drei, Goldberg, den einzigen »Lebenslänglichen«, mitzunehmen. Es kommt darüber zu heftigen Auseinandersetzungen, die erst enden, als der gesundheitlich angeschlagene Senior erklärt, er könne aufgrund seiner Verfassung den Erfolg der Flucht gefährden und wolle deshalb nicht teilnehmen.

Dennoch hilft Goldberg den Ausbrechern mit einem entscheidenden Manöver: Er lockt den diensthabenden Wärter mit einem fingierten Stromausfall von seinem Posten; indessen überwinden die drei mit Hilfe von Nachschlüsseln zehn Gitter und Tore. Ihre

Flucht wird erst am anderen Morgen entdeckt. Zwei der Flüchtigen schlagen sich bis Mosambik durch; der dritte versteckt sich zunächst in Johannesburg und gelangt dann mit Hilfe von Freunden nach Botswana.

Die Befreiungsbewegung feiert weltweit einen Propagandaerfolg. In den Townships am Kap jubeln ANC-Anhänger über die gelungene Flucht der drei. Für ihre zurückgebliebenen Mitgefangenen aber bricht eine schlimme Zeit an. Der düpierte Apartheid-Staat läßt seine Wut an ihnen aus. Sicherheitsleute durchsuchen die Zellen und durchwühlen Hof und Garten; unter einem Kohlbeet finden sie eine Flasche mit Nachschlüsseln. Die politischen Gefangenen dürfen ab sofort nicht mehr arbeiten. Bald darauf werden sie in den »Beverly Hills«-Hochsicherheitstrakt verlegt – in Zellen gleich neben der Hinrichtungsstätte.

»Alle sieben Tage mußten wir Hinrichtungen miterleben«, erzählt Dennis Goldberg bei einem Treffen in Hamburg, wo er in einer deutschen Schule vom Kampf gegen die Apartheid berichten soll. »Wir hörten, wenn der Zimmermann kam, um den Galgen aufzustellen und zu testen, ob die Falltür funktioniert. Wir hörten, wenn Delinquenten im Morgengrauen zur Richtstätte geführt wurden.« Goldberg träumt bis heute von den Nächten, in denen die Todgeweihten in ihren Zellen singen und das ganze Gefängnis in ihre Lieder einfällt. Er selbst hat sich während der Haft das Flötespielen beigebracht und begleitet den Gesang auf seinem Instrument.

Zwei Jahre und acht Monate dauert das qualvolle Leben in unmittelbarer Nähe der Hinrichtungsstätte. Dann werden die umquartierten Gefangenen zurückgebracht in ihren Spezialblock, der inzwischen mit modernen Sicherheitstoren und Alarmanlagen ausgerüstet worden ist; Hof und Garten sind zubetoniert. »Es gab keinen Platz mehr auch nur für ein Hälmchen Grün«, berichtet Goldberg. Als er die Aufseher nach Arbeit fragt, fahren sie ihn an: »Ihr wollt wohl wieder Schlüssel herstellen?«

In jener Zeit errichtet der »Lebenslängliche« seinen Ersatzgarten. »Ich legte nasses Papier auf die Fensterbank und streute Apfelkerne darauf«, erzählt Goldberg. »Die Kerne keimten, winzige Apfelbäumchen begannen zu wachsen. Wärter gaben mir Maiskerne, und ich versuchte das gleiche. So schuf ich mir meine grüne Insel.« In einer Flasche zieht Goldberg zudem Avocados. Als die größer werden und mangels Lebensraum einzugehen drohen, schenkt er sie einem freundlichen jungen Wärter, der ihm erzählt hat, daß sein Vater ein begeisterter Hobbygärtner sei. Die Reaktion ist erstaunlich: Der Vater läßt Goldberg mitteilen, daß er ihn für einen humanen Menschen halte, selbst wenn er die Regierung stürzen wolle. Als Goldberg später erlaubt wird, in seiner Zelle Blumentöpfe aufzustellen, schickt er dem Gefangenen über seinen Sohn einen Sack Komposterde und Pflanzen.

Denis Goldberg kommt 1985 frei. Seine Entlassung ist ein Ergebnis der Geheimverhandlungen zwischen Mandela und dem Apartheid-Regime. Er geht ins Exil nach England. Mittlerweile lebt der alte Herr mit seiner aus Deutschland stammenden zweiten Frau in Pretoria. Als rüstiger Ruheständler berät er Südafrikas Minister für Wasser- und Forstwirtschaft; er arbeitet zudem für eine von ihm gegründete Hilfsorganisation, die Schulen in schwarzen Townships unterstützt. Goldbergs Lebenstraum hat sich erfüllt: Der Apartheid-Staat ist besiegt. Wohl deshalb erträgt er ohne Bitterkeit, daß er als 30jähriger Vater von zwei kleinen Kindern eingekerkert wurde, erst mit 52 aus dem Gefängnis kam und dann noch Jahre im Exil leben mußte. Einen Garten kann sich Goldberg erst nach seiner Rückkehr nach Südafrika anlegen. Rosen und Agapanthus, die afrikanische Schmucklilie, sind seine Lieblingsblumen.

Gärten für den Präsidenten

Für Nelson Mandela beginnt nach seiner Freilassung 1990 eine turbulente Zeit. Denn bis zur Wende nach den Wahlen im April 1994 gerät Südafrika mehrfach an den Rand eines Bürgerkriegs. Weiße Ultras putschen, schwarze Separatisten drohen mit der Abspaltung ganzer Landesteile. Rivalisierende Stammesgruppen liefern sich blutige Schlachten. Morde an politischen Führern und Bombenanschläge auf Parteibüros erschüttern das Land. Die überall aufflammenden Brände kann nur einer löschen – Mandela. Als hochgeachteter Versöhner eilt er von einem Krisenherd zum anderen. Doch auch damals findet er Zeit, sich für die Umwelt zu engagieren.

So pflanzt er 1993 als Schirmherr einer Kampagne symbolisch ein paar Bäume im tristen Slum von Alexandria, der nach Soweto größten Township von Johannesburg. Die Aktion »1 000 Bäume für Alexandria« hat Südafrikas Gartenguru organisiert: Keith Kirsten, ein sympathischer, umtriebiger Mann, der Pflanzen züchtet, eine Kette von Gartenzentren besitzt, Bücher schreibt und eine populäre wöchentliche Fernsehsendung moderiert. Für die Internationale Gartenausstellung in Stuttgart 1993 hat er den preisgekrönten südafrikanischen Beitrag entworfen.

Kirsten sieht dem damaligen Präsidenten de Klerk täuschend ähnlich. Deshalb wundert er sich nicht, als ihn während des Auftritts mit Mandela in Alexandria Leibwächter des ANC-Führers ansprechen: »Mr. de Klerk, aus Sicherheitsgründen müssen wir hier vor Einbruch der Dunkelheit verschwinden. Es wird gefährlich.«

Wir besuchen Kirsten auf seinem Anwesen etwa 40 Kilometer außerhalb von Johannesburg. Eine Allee von Bäumen führt zu dem Farmhaus, das von einem opulenten Garten umgeben ist. Auf angehügelten Beeten blühen Lilien, Kamelien und Rosen. Den ehemaligen Swimmingpool hat der Hausherr in einen mit Wasserpflanzen bedeckten Teich verwandelt, in dem sich rotgoldene chinesische Karpfen tummeln. Drei Jagdhunde toben aufgeregt um ihn herum, als Kirsten uns an einem Sonntagnachmittag empfängt. Der sportliche Mittfünfziger ist am Morgen beim berühmten Soweto-Langstreckenlauf »Comrade's Marathon« (Marathon der Genossen) mitgerannt. Man sieht es ihm nicht an.

Landschaftsdesigner Kirsten kennt den Gartenliebhaber Mandela wie kein anderer seiner Branche. Er hat oft mit ihm über Gärtnerisches gesprochen und für uns die Aufzeichnung eines Interviews bereitgelegt, das ihm der Präsident Mandela im September 1995 für sein Fernsehprogramm gegeben hat.

»I am a country boy«, antwortet Mandela auf die Eingangsfrage nach dem Ursprung seines Interesses für alles, was grünt und

Keith Kirsten in seinem Garten

blüht. Als Junge vom Lande kennt er die Namen von Kräutern, Blumen und Büschen – mit der Natur verbunden ist er aufgewachsen. Pflanzen zu hegen hat er als Internatsschüler in Clarkebury gelernt, einer 1825 von Missionaren gegründeten Ausbildungsstätte in der Transkei. Bei der Arbeit im Garten von Rektor Harris sei seine lebenslange Liebe zur Gärtnerei und zum Anbau von Gemüse gewachsen. »Als ich später in die Großstadt Johannesburg ging«, erzählt Mandela, »haben mir mein Beruf als Anwalt und meine politische Arbeit keine Zeit mehr gelassen für vieles, was mir am Herzen lag: Den Kontakt zur Natur habe ich sehr vermißt.

Erst als Robben-Island-Häftling fand ich wieder Gelegenheit zum Gärtnern.«

In dem landesweit ausgestrahlten TV-Interview spricht Mandela auch über Wirtschaftswachstum und Umweltschutz. Beides sei nötig und müsse miteinander in Einklang gebracht werden. Er kritisiert, daß »eine Reihe von Kraftwerken in Osttransvaal 58mal so viel Schadstoffe ausstößt wie die deutsche Großstadt Hamburg«. Es ist typisch für ihn, daß der Präsident seinen Auftritt auch nutzt, um das Volk väterlich zu tadeln: An vielen Umweltproblemen seien die Menschen selbst schuld, weil sie ihre Abfälle rücksichtslos in die Landschaft werfen. »Als ich ins Gefängnis ging, war Südafrika sauberer als heute«, ärgert er sich, »das muß sich ändern.«

Mandela regt an, schon allen Abc-Schützen Kenntnisse über Pflanzen zu vermitteln. »Man muß ihnen Blumen zeigen und ihnen beibringen: ›Das ist eine Lilie, das ist eine Geranie.‹« Und wo immer möglich, müßten die Schulen kleine Gärten anlegen, damit die Kinder praktische Erfahrungen sammeln können. Positive Kindheitserlebnisse würden die meisten Menschen lebenslang prägen, sagt er: »Wer gärtnert, lernt, Verantwortung zu tragen, und kann sich ein Leben lang über Erfolgserlebnisse freuen.«

Seinen eigenen Garten in Johannesburg hat Mandela mit Hilfe von Keith Kirsten gestaltet. Nach seiner Trennung von Winnie erwarb der ANC-Führer ein Grundstück mit einem Haus im viktorianischen Stil im Nobelstadtteil Houghton. Daß dort heute neben Weißen auch erfolgreiche Schwarze wohnen, ist Ausdruck der neuen Machtverhältnisse am Kap.

»Er liebt Blumen in kräftigen Farben«, beschreibt Kirsten Mandelas Geschmack, »und dann mag er schattenspendende Bäume, unter denen es sich gut ausruhen läßt.« Die Auffahrt zu dem Haus in Houghton säumen Bäume. Seine Freitreppe schmücken mächtige Aloepflanzen in Tontöpfen. Auf dem Grundstück gibt es Beete für Blumen und Gemüse. Als Ende der neunziger Jahre Mandelas neue Lebensgefährtin und spätere Ehefrau, Graca Machel, zu ihm zieht, wird ein zweites Haus gebaut. Mandela läßt einen weiteren Garten anlegen. »Nun bestellte er vorwiegend einheimische

Bäume«, berichtet Kirsten. Damit der betagte Herr auch noch die ausgewachsenen Pflanzen in voller Pracht genießen kann, hat er für sein Idol zehn Jahre alte Exemplare aus seinem eigenen Garten genommen – Jakarandas und Korallenbäume zum Beispiel. In Südafrika wird heute viel darüber gestritten, inwieweit importierte Gewächse – wie Pappeln und Eukalyptusbäume – durch einheimische ersetzt werden sollten. Kirsten findet die Diskussion richtig; aber er warnt vor Radikallösungen, die darauf hinauslaufen, möglichst alle eingeführten Spezies auszumerzen. Mandela ist der gleichen Meinung.

Anders als die meisten afrikanischen Staatsmänner, die von der Macht nicht lassen können, verzichtet Mandela 1999 auf eine zweite Präsidentschaftskandidatur; er hat Thabo Mbeki planmäßig als Nachfolger aufgebaut. Aber auch als Expräsident ist »Madiba«, so sein Clan- und Ehrenname, eine der gefragtesten Persönlichkeiten der Welt. Politiker und Popstars, Könige und Sportidole drängen sich danach, ihn zu treffen. Mandela genießt solche Begegnungen und nutzt seine Popularität, um für gute Zwecke zu werben – etwa den Kampf gegen die verheerende Aids-Epidemie. Doch er sehnt sich auch nach Ruhe und läßt sich deshalb immer öfter nach Qunu fliegen, einem Dorf mit vielen Rundhütten in den kargen Weiten der Transkei.

Dort hat er einst mit Steinschleudern Vögel gejagt, wilden Honig gesammelt und mit anderen Jungen Stockkämpfe ausgefochten. Er hat Rinder und Schafe gehütet und sich den traditionellen Initiationsriten seines Volkes unterzogen. Die Xhosa, so schreibt er, seien »stolze Menschen mit einer ausdrucksstarken, wohlklingenden Sprache und einem unerschütterlichen Glauben an die Bedeutung von Recht, Erziehung und Höflichkeit«.

Von Qunu hat Mandela während der Gefangenschaft oft geträumt, und für die Zeit der Freiheit hat er sich ein Haus in seinem Heimatdorf gewünscht – etwa so groß wie der Bungalow im Victor-Verster-Gefängnis. Wie viele Langzeitgefangene glaubte auch Mandela, daß er sich nach seiner Freilassung in einem Häuschen mit Garten am geborgensten fühlen würde. Das Haus wurde gebaut und ist inzwischen mehrfach erweitert worden. Jetzt bietet

Nelson Mandela mit Ehefrau Graca Mandela 1998

der Backsteinbau vielen Verwandten und Freunden Platz. Aber mit seinem Wachhäuschen, den Überwachungskameras und Mauern mit Stahlspitzen ähnelt das Haus einem Fort.

Der Garten hinter den Mauern hat eine besondere Geschichte: Während Mandela 1999 die Vereinigten Staaten besucht, kommt das Team der populären englischen Fernsehsendung *Ground Force* nach Südafrika. In einer Blitzaktion errichtet die »Boden-Truppe« der BBC innerhalb weniger Tage mit Hilfe einheimischer Assistenten auf dem Brachland neben dem Haus einen »instant garden«.

Mit Schwerlastern lassen die Landschaftsgestalter Mutterboden anfahren; sie bauen eine Pergola, heben zwei parallel laufende Gräben aus und füllen sie mit Wasser. Von einheimischen Handwerkern beziehen sie große Terrakottatöpfe; ein Schnitzer stellt Pfosten auf, die mit afrikanischen Motiven verziert sind. Als Schmuckstück plazieren die fixen Gärtner am Ende des Grundstücks den alten Mühlstein, mit dem einst Mandelas Mutter Maiskörner zerkleinert hat.

Ein Kameramann dokumentiert, wie die Arbeiten vorangehen und sich das Brachland allmählich in einen Garten verwandelt. Die BBC-Leute pflanzen Bäume und vorgezogene Pflanzen in Beete und Töpfe. Dann errichten sie eine Holzbrücke über die beiden Wassergräben. Nun ist das Grundstück neu gestaltet, der Garten ist fertig. Von seiner Studierstube aus wird Mandela auf Blumen und Büsche schauen. Jetzt kann er kommen.

Die Kamera hat die Freude und Überraschung des Heimkehrers für die Nachwelt festgehalten. Mandela dankt den Fernsehgärtnern für ihre wunderbare Arbeit. Aber seiner Frau Graca, die in das seit sechs Monaten geplante Projekt eingeweiht war, droht er scherzhaft mit dem Zeigefinger: »Eigentlich sollten wir keine Geheimnisse voreinander haben.«

Um Gracas Einfluß auf seine späten Lebensjahre zu beschreiben, fällt Mandela ein liebevoller Vergleich aus der Botanik ein: »Sie hat mich wie eine Blume zum Blühen gebracht.«

»Der Obstbau ist die Poesie der Landwirtschaft«

Korbinian Aigner, der Apfelpfarrer im KZ

Korbinian und Walburga Aigner haben Grund zu feiern: Am 11. Mai 1885 ist ihr erstes Kind gesund zur Welt gekommen – ein Knabe! Noch zehn weitere Kinder werden folgen, doch jetzt erfüllt zum ersten Mal das Geschrei eines Neugeborenen den »Poldingerhof« in Hohenpolding. Der kleine Ort liegt in Oberbayern zwischen Taufkirchen und Landshut im Landkreis Erding. Der Erstgeborene soll – wie der Vater – Korbinian heißen.

Vielleicht steht an sonnigen Tagen die Wiege mit dem kleinen Korbinian unter den Apfelbäumen des Obsthofes. Und wenn man sich den Winzling vorstellt, wie er – wann immer er die Augen aufschlägt – in einen Apfelbaum mit strahlendschönen Früchten blinzelt, kann man sich ausmalen, woher seine Passion für die Äpfel rühren könnte. Eine eindeutige Erklärung für diese lebenslange Leidenschaft Korbinian Aigners gibt es nämlich nicht, vielmehr hat der Vater anderes mit seinem ältesten Sohn im Sinn: Der Junior soll eine akademische Laufbahn einschlagen; er soll studieren, um einen geistlichen Beruf zu ergreifen.

In Freising und München besucht der Knabe das humanistische Gymnasium. Obwohl ihm das Lernen leichtfällt, ist er wahrlich kein guter Schüler, denn schon damals soll er sich lieber mit Äpfeln beschäftigt haben, als Griechisch und Latein zu pauken. Außerdem zeichnet der Junge gern – Landschaften, Stilleben, Porträts – und natürlich Äpfel. Auf dem Münchner Viktualienmarkt besorgt er sich die Früchte unterschiedlicher Sorten und zeichnet sie mit fotografischer Genauigkeit.

Mit 21 Jahren schafft er das Abitur und bewirbt sich wenig später am Priesterseminar von Freising: »Nach den Gymnasialstudien ist es nun sein lebhafter Wunsch und ernster Wille, ein tüchtiger Priester mit Gottes Gnade zu werden«, schreibt der Abiturient über sich selbst in der dritten Person, was damals durchaus üblich ist[1]. Einige seiner Lehrer legen ein gutes Wort für ihn ein, und schon einen Monat später ist Korbinian Aigner Student des Priesterseminars. Mit dem Lernen ist es bei dem Jüngling aber auch hier nicht allzuweit her. Eine Prüfung in Philosophie schließt er als Vorletzter ab; bei einem anderen Examen heißt es in der Beurteilung, »bei idealerer Strebsamkeit« hätte das Ergebnis besser sein können.

Strebsam ist Aigner in diesen Jahren jedoch auf anderem Gebiet, denn wer in Freising Theologie studiert, muß auch Vorlesungen über Landwirtschaft hören und an praktischen Übungen teilnehmen. Das ist im Königreich Bayern für angehende Pfarrer Pflicht. Und was vielen von Aigners Studienkollegen vermutlich ein Graus ist, für den Sohn eines Obstbauern ist dieser landwirtschaftliche Teil der Ausbildung genau das Richtige.

Die Vorstellung vom Pfarrer als Landwirt knüpft an die bis ins Mittelalter zurückreichende Tradition des Pfarrhofes an – ein der Kirche gehörender Bauernhof, der den Herrn Pfarrer ernähren soll. Später, zur Zeit der Aufklärung, zielt dann die staatliche Priestererziehung auf das Ideal des Gemeindepfarrers als Tugend- und Volkslehrer: Der Priester soll von Katheder und Kanzel nicht nur über Religion und Moral belehren, sondern in der Predigt auch Themen der Landwirtschaft allgemeinverständlich mit dem Wort Gottes verknüpfen.

Die Aussicht, solch ein Volkspfarrer zu werden, ist so recht nach Aigners Geschmack. Und handelt er nicht ganz in diesem Sinne, wenn er das im Seminar Gelernte anwendet und in seinem Heimatdorf den »Hohenpoldinger Obstbauverein« ins Leben ruft? Bald schon zählt der Verein 82 Mitglieder, die für einen Jahresbeitrag von 60 Pfennigen Vorträge und Kurse zur Obstbaumpflege be-

Korbinian Aigner (vorn, 2. v. re.)
im Landwirtschaftskurs des Priesterseminars

suchen dürfen. Zwei Jahre später kann Aigner mit einem Staatszuschuß von immerhin 1 000 Goldmark für den Obstbauverein den »Mostkeller« gründen, die erste vereinseigene Kelterei in Bayern.

Während die Hohenpoldinger dem obstverbundenen Studenten applaudieren, sind seinen Lehrern die mit dem Studium konkurrierenden Aktivitäten ein Dorn im Auge. Die älteren Freisinger Domherren strafen den Bauernsohn selbst noch bei seiner Priesterweihe am 29. Juni 1911 mit schlechten Noten: »Geistige Begabung« und »Eifer« – »mittelmäßig«; »Kenntnisse – nur zur Not genügend«; allgemeine Bemerkungen: »Seicht im Wissen und ziemlich oberflächlich im Charakter, wird er sich sehr auf Pflichtbewußt-

Korbinian Aigner im Jahr seiner Priesterweihe 1911

sein und Vertiefung seines Wesens besinnen müssen, wenn er erbaulich und ersprießlich wirken soll.« Und schließlich das in seiner Laufbahn noch häufig wiederkehrende Urteil: »Mehr Pomologe als Theologe.«[2]

Nun beginnen Korbinian Aigners Lehrjahre in der Provinz. Er ist ein fescher junger Mann mit vollem dunklem Haar und großen dunklen Augen. Lebenslustig, ohne bigotte Frömmelei, dafür geradeheraus und ohne Scheu, seine Meinung zu sagen, eckt er oft an und wird häufig versetzt. »Sittliches Betragen nicht tadelsfrei«, beschwert sich ein älterer Kollege beim Amt des Erzbischofs: »Obwohl Hr. Cooperator Aigner wegen seines unklugen Verhaltens Fortbildungsschülerinnen gegenüber im Februar 1923 von hochwürdigster Stelle vorgeladen war, ließ er sich trotz Warnungen in Liebeleien mit einem Dienstmädchen ein. Seiner baldigen Amovierung [Versetzung] von hier sieht die ganze Pfarrei mit großem Interesse entgegen.« Aigner wird tatsächlich versetzt. Knapper Kommentar seines neuen Vorgesetzten: »Pomolog, schielt zu sehr nach dem Weiblichen.«[3]

Der 40jährige Aigner ist wohl das, was man in Bayern ein »g'standenes Mannsbild« nennt, denn auch ins Wirtshaus geht er gern. Dort redet er mit den Männern seiner Gemeinde, lernt ihre Probleme kennen – die privaten, die politischen und die wirtschaftlichen. »Er hod si ned druckt und is zu de Leid higanga«, erinnert sich bewundernd sein über 80jähriger Neffe: »Am Sonntag war er allaweil beim Frühschoppen, und auch abends is er mit de Leid im Wirtshaus beinand gehockt.«[4]

Die Weiblichkeit und das Wirtshaus – als wäre das nicht schon schlimm genug, hält der Herr Kaplan auch nicht mit seiner politischen Meinung hinterm Berg: Er tritt als Redner der konservativen Bayerischen Volkspartei auf, und außerdem sitzt er zusammen mit angesehenen Politikern im Kreisverband Oberbayern für Obst- und Gartenbau: »Treibt mehr Baumsorge als Seelsorge«, nörgelt sein Vorgesetzter.

Unermüdlich hält der Hilfspfarrer Vorträge und ist in der Region zu Apfelberatungen unterwegs, so daß sich sein Vorgesetzter ein Jahr später erneut beschwert: »Unter der zu großen Hingabe an die Obstbaumpflege in ganz Oberbayern und darüber hinaus leidet die seelsorgerische Tätigkeit in Kirche und Schule.« Doch Korbinian Aigner zeigt sich von den Beschwerden seiner Vorgesetzten wenig beeindruckt, vielmehr erbittet er vom Erzbischöflichen Ordinariat die Erlaubnis, das angebotene Amt des Ersten Vorsitzenden des oberbayrischen Obst- und Gartenbauverbands übernehmen zu dürfen.

Taktisch klug argumentiert er mit der volkswirtschaftlichen Bedeutung des Obstbaus, »nachdem jährlich 600 Mio. M vom deutschen Volksvermögen für Obst ins Ausland abwandern«. Außerdem beruft er sich auf einen hohen Würdenträger, der davor gewarnt habe, »daß sich die Geistlichen immer mehr zurückziehen und dabei Fühlung und Führung beim Volke verlieren«[5]. Aigners Plädoyer hat Erfolg, er darf das Amt annehmen.

Als Vorsitzender des Obst- und Gartenbauverbandes von Oberbayern profiliert er sich in zahlreichen Artikeln als Pomologe. Gleichzeitig ist er so oft wie möglich bei seinen Äpfeln im eigenen Garten. »Der Obstbau ist die Poesie der Landwirtschaft«[6], hat er einmal gesagt, und nie wird ihn die Liebe zu den Früchten verlassen. Unter Obstbauern ist er bekannt wie ein bunter Hund, die Sachkenntnis des Herrn Pfarrers wird geschätzt, und spätestens jetzt hat er den Beinamen »Apfelpfarrer« verdient.

Er selbst mag diese Bezeichnung nicht, findet sie zu einseitig, zu apfellastig – er sei doch für die Menschen da und nicht für die Äpfel. Und doch, der erdverbundene Priester muß 46 Jahre alt werden, bevor man ihm eine eigene Pfarrstelle anvertraut. 1931 tritt Aigner sein Amt in Sittenbach an. Bis zum 11. Januar 1937 kann er bleiben. Dann wird er wieder einmal strafversetzt, doch dieses Mal auf Betreiben der Nationalsozialisten, dem sich die Kirche gebeugt hat. Der Apfelpfarrer ist ins Visier der politischen Polizei und ihrer Spitzel geraten, denn nie hat er ein Hehl aus seiner Abneigung gegen die Nazis gemacht, und die Liste seiner angeblichen Verfehlungen kann sich sehen lassen[7]:

26. Juni 1934:

Verurteilung des Priesters zu einer Geldstrafe von 150 Reichsmark. »Man hat der SA angesehen, daß keine Gescheiten dabei sind«, soll er gesagt haben, »und der letzte sei dort gestanden, als ob er die Hose voll gehabt hätte«.

September 1935:

Das für die Kultur zuständige Ministerium in München ersucht das Erzbischöfliche Ordinariat vor Ort, Aigner anzuweisen, in seinen Predigten alles zu vermeiden, was als Ablehnung des nationalsozialistischen Staates und seiner Einrichtungen aufgefaßt werden könnte.

1. Januar 1936:

Als erstmals überall die Hakenkreuzflagge gehißt wird, soll Aigner von der Kanzel herab gesagt haben: »Damit ihr nicht auf schiefe Gedanken kommt, möchte ich euch mitteilen, daß die

Fahne da draußen nicht geweiht ist und nicht in die Kirche hereingehört.«

29. März 1936:

Als zum »Friedensappell des Führers« im ganzen Land die Kirchenglocken läuten, bleiben sie in Aigners Gemeinde stumm – gegen den Willen des Bürgermeisters und angeblich mit der Begründung, »daß er wegen einer politischen Wahl die geweihten Glocken nicht läuten lasse«.

Außerdem habe der Priester die Jungen, die am »Wahltag« in der Uniform der Hitlerjugend erschienen seien, beschimpft: »Ihr seid lauter Judasse. Judas ist drei Jahre mit Christus gelaufen, und dann ist er zum Verräter geworden. Ihr seid die gleichen Verräter.« Mit diesem insgesamt »staatsfeindlichem Verhalten« habe Aigner »den Frieden in der Gemeinde Sittenbach erheblich gestört«; er möge also doch bitte unmittelbar versetzt werden. Der Erzbischof in Freising kommt dieser Bitte nach und versetzt Korbinian Aigner nach Hohenbercha.

Der Apfelmaler

Zunächst fühlt sich der »Staatsfeind« dort zu Hause. Sein Rückhalt in der Gemeinde ist groß. Er versieht seine seelsorgerischen Pflichten, gibt Religionsunterricht in der Schule und widmet sich ausgiebig seinen pomologischen Neigungen. »Der konnt' einfach an keinem Apfel vorbeigehen«, erzählt Anton Bauer, heute Apfelzüchter im Ruhestand und als Bub Ministrant des Pfarrers Aigner. »Ich kannt' ihn ja schon, da bin ich noch gar nicht zur Schul' gegangen«, erinnert sich der über 70jährige: »Der Aigner war ein Seelsorger, wie's heute keinen mehr gibt. Immer hat er uns mit in seinen Garten genommen und uns alles gezeigt.« Ja, auch an die Geschichte, wie dem Herrn Pfarrer im Gottesdienst hin und wieder Äpfel aus dem Talar gekullert sind und die Gemeinde sich dann das Lachen nicht hat verkneifen können, erinnert sich Anton Bauer: »Ich selbst war nicht dabei, aber andere haben's oft erzählt.«

Konsequent führt Aigner das Erbe der »Apfelpfarrer« weiter,

doch übertrifft er viele seiner Kollegen, die ebenfalls noch selbst Obst in ihren Pfarrgärten kultivieren, an Kenntnis, Hartnäckigkeit und vor allem an Leidenschaft. Systematisch sammelt Aigner alle Sorten, die er bei seinen Pomologenfreunden in Oberbayern entdeckt. Seltene Sorten läßt er sich sogar aus dem europäischen Ausland schicken, um sie im Bild festzuhalten.

Ob »Hausmütterchen«, »Freiherr von Berlepsch«, »Geheimrat Dr. Oldenburg« oder der »Geflammte Weiße Kardinal« – Korbinian Aigner hat sie alle gemalt, den »Adams-«, »Türken-« oder »Grünen Fürstenapfel«, »Rheinlands Ruhm« oder den »Ruhm von Kirchwerder«: Etwa 1 000 Apfel- und Birnensorten porträtiert Aigner zu Lebzeiten, 1 000 Aquarelle, die vom großen zeichnerischen Talent dieses Autodidakten zeugen. Auch wenn heute die ästhetische Qualität der Apfelporträts immer von neuem begeistert, Aigner hat nie mit künstlerischen Ambitionen gemalt. Er will vielmehr sein eigenes Nachschlagewerk zur Sortenbestimmung schaffen, denn Kataloge mit farbigen Abbildungen, wie wir sie heute kennen, gibt es noch nicht. Und daß er seine handgemalten »Karteikarten« eifrig benutzt hat, sieht man ihnen an[8].

In den Monaten der Apfelernte, vom August bis in den Dezember hinein, sind für den Pomologen die Äpfel am schönsten, denn dann bieten sie am ehesten einen sortentypischen Anblick. Darum nutzt Aigner in diesen Monaten jede freie Minute, um zu zeichnen. Als Malgrund verwendet er billigsten Karton, karteikartengroß, oft die Rückseite von Aktendeckeln. Bei schwacher Beleuchtung gilt es, auf der schlechten Unterlage und mit billigen Farben die besonderen Merkmale der verschiedenen Äpfel herauszuarbeiten.

Will der Spezialist eine Apfelsorte nach einem Bild erkennen, so muß er die Frucht von der Seite sehen: Ist der Apfel plattrund, hochgebaut, flachkugel- oder walzenförmig, ist er ei-, glocken- oder quittenförmig? Außerdem müssen die Kelchblätter zu sehen sein, denn auch sie sind je nach Sorte verschieden. Weitere Bestimmungsmerkmale sind zum Beispiel der Stiel, die Fruchtschale und ihre Färbung.

Korbinian Aigner ist ein genauer Beobachter. Er malt den Früchten winzige Poren oder rauhe Schorfflecken, fettglänzende Schalen

»KZ-3«, der »Korbiniansapfel«, von Aigner gemalt

oder matt bereifte Oberflächen – auch auf diese Details kommt es an. Wenn Aigner ins Malen vertieft war, »dann hat er die Zigarren kalt geraucht«, sagt Anton Bauer, der seinem Pfarrer bei der Arbeit über die Schulter geschaut hat: »So konzentriert war er, daß er gar nicht merkte, wenn sie ausgingen.«

Dummerweise ist nicht jeder Apfel sortentypisch; je nach Boden oder Klima, ob Hochstamm oder Spalier, war er der Sonne zugewandt oder auf der Schattenseite – immer unterscheiden sich die Früchte, selbst an ein und demselben Baum. Außerdem verändern sie sich während des Reifungsprozesses dauernd. Deshalb hält Aigner auf vielen Bildern durch einen Buchstaben den Monat, durch eine Zahl die Woche fest, in der er den Apfel gemalt hat. Mit der fortlaufenden Nummer am oberen rechten Rand hat er seine Sammlung chronologisch geordnet. Die Nummer 600 hat er selbst gezüchtet – das Bild zeigt zwei halbrunde, kräftig gelb-rot geflammte Äpfel. Ihm zu Ehren heißt diese neue Sorte heute »Korbiniansapfel«. Er selbst aber hatte sie »KZ-3« getauft – und das nicht ohne Grund.

Als »Verräter« nach Dachau

Einen Tag nach dem Attentatsversuch von Georg Elser auf Adolf Hitler im Münchner Bürgerbräukeller am 8. November 1939 kommt der Stein ins Rollen: Von zwölf bis dreizehn Uhr gibt Pfarrer Aigner Religionsunterricht in der kleinen Schule von Hohenbercha. Noch am gleichen Tag beschwert sich eine Mutter bei der Schulleitung, Aigner habe in der Religionsstunde gesagt, daß es gut gewesen wäre, wenn es den Führer bei dem Attentatsversuch »zerrissen hätte«.

Daraufhin legt sich Lotte Gerlach, aushilfsweise als Schulleiterin tätig, mächtig ins Zeug, um ihre Meldung gegen den Pfarrer hieb- und stichfest zu machen. Ob der Lehrer das so gesagt habe, fragt sie in der Klasse 6 bis 7: »Auf diese Frage waren die Kinder sehr erschreckt und verneinten es«, gibt die Lehrerin zu Protokoll: »Ich habe die Kinder auf die Folgen aufmerksam gemacht, und zwar, daß der Pfarrer, im Falle, daß er dies gesagt habe oder so etwas Ähnliches, das dem Sinn entspreche, dann komme er nach Dachau, es wäre Vaterlandsverrat. Weiter fragte ich sie, ob sie zu feige seien, dies einzugestehen und etwas gegen ihren Pfarrer auszusagen. Ich habe die Kinder nun aufgefordert, mir genau zu sagen, was der Pfarrer eigentlich gesagt hat.« Zwei Kinder hätten sich gemeldet und angeblich übereinstimmend ausgesagt: »Er hat gesagt (wir haben von der Sünde gesprochen), ich weiß nicht, ob es eine Sünde ist, was der Attentäter im Sinn hatte, dann wären halt vielleicht eine Million Menschen gerettet worden.«[9]

Das Protokoll mit allen Aussagen wird dem Amtsgericht Freising übergeben. Aigner hat darin eingeräumt, gesagt zu haben, »Mord ist nicht immer gleich Mord«, denn es käme auf die Umstände an; keineswegs aber habe er den Attentäter von der Sünde freigesprochen. Dennoch, der Priester wird des Hochverrats verdächtigt.

Nun mischt sich auch die Geheime Staatspolizei ein. In einem Schreiben an den Landrat von Freising fordert die Gestapo die sofortige Festnahme Korbinian Aigners und legt »zur politischen Beurteilung« des Pfarrers das oben erwähnte Dossier über dessen angebliche Verfehlungen in Sittenbach bei[10]. Endlich ist ihnen der aufmüpfige Priester ins Netz gegangen! Am 22. November 1939 wird Aigner vorläufig festgenommen und um 16.30 Uhr dem Amtsgericht Freising überstellt.

Fast ein halbes Jahr dauert die Untersuchungshaft. Dann endlich am 7. Mai 1940 die Verhandlung. Nach nur zwei Stunden und 20 Minuten das Urteil, das dem Antrag der Staatsanwaltschaft folgt: sieben Monate Haft, die Untersuchungshaft von fünfeinhalb Monaten ist anzurechnen. Das eigentliche Unheil steckt im beigefügten Schutzhaftbefehl: »Gegen den Angeklagten wird mit Rücksicht auf die Schwere der Tat und die durch sie hervorgerufene Erregung der Öffentlichkeit Haftfortdauer angeordnet.«

Schutzhaft – damit ist seine Verbringung in ein Konzentrationslager vorprogrammiert. Nach Ende der regulären Haftstrafe wird Aigner am 23. Juni an die Gestapo »rücküberstellt« und am 12. September 1940 ins KZ Sachsenhausen bei Berlin eingeliefert. Er wird zur Nummer 32 779, wird zu den anderen Geistlichen gesperrt und wäre dort beinahe an Lungenentzündung gestorben, doch habe er sich gesagt – so erzählt eine Bäuerin aus Hohenbercha –, »den Gefallen tu' ich euch nicht, da heroben in Preußen zu sterben«[11].

Der unbeugsame Pfarrer ist jetzt 56 Jahre alt. Die nächste Station auf seinem Leidensweg heißt Dachau, das älteste deutsche Konzentrationslager. Am 3. Oktober 1941 wird er als Nummer 27 788 registriert und in den Priesterblock 26, Stube III, eingewiesen. Dort sind die deutschen Geistlichen untergebracht, die Priester aus Polen und anderen besetzten Ländern sind in den Blöcken 28 und 30 eingesperrt.

Insgesamt sind es drei im Aufseherjargon »Pfaffenblocks« genannte Baracken, die »innerhalb des Stacheldrahts und der elektrischen Hochspannung noch einmal mit Draht eingezäunt [sind]. In doppelter Gefangenschaft sollten die Priester im Lager selbst noch einmal isoliert werden.«[12] Mit Rücksicht auf das Konkordat mit der katholischen Kirche bleiben die deutschen Geistlichen 1941 noch von den regelmäßigen Arbeitskommandos verschont, im Gegensatz zu ihren ausländischen Kollegen. Doch diese Schamfrist ist 1942 vorbei.

Auf Befehl des Reichsführers SS, Heinrich Himmler, werden die Kirchenleute aus allen Konzentrationslagern in Dachau zusammengezogen. Für 180 Bewohner sind die Baracken dort eigentlich gebaut, doch mit jedem ankommenden Transport müssen die Häftlinge enger zusammenrücken. Später sind 1 000 bis 1 500 Männer in den vier Stuben zusammengepfercht, mehrere müssen sich ein Bett teilen. Ein Leben unter unmenschlichen Bedingungen!

Die Priester sollen, so lautet die Order, auf der sogenannten Plantage eingesetzt werden, einem 80 Hektar[13] großen landwirtschaftlichen Betrieb der SS gleich neben dem Lager. Abmarsch morgens um halb sieben, nachdem man bis zu einer Stunde auf dem Appellplatz strammgestanden hat. Eine kurze Mittagspause bei dünner Suppe im Lager, dann geht die Schinderei weiter bis zum quälenden Abendappell. Im Sommer arbeiten etwa 1 300 Häftlinge in dieser »Mördergrube«, im Winter sind es immerhin noch etwa 400, die in diesem Großunternehmen der SS schuften, das sich der »Volksgesundheit« verschrieben hat.

Die »Plantage«

Heinrich Himmler hatte ein Faible für naturgemäße Lebens- und Heilweisen. Er glaubte an das »Heilgut Natur« und war Feuer und Flamme für das »Heilpflanzenprojekt«. Federführend war die Deutsche Versuchsanstalt für Ernährung und Verpflegung GmbH, eines von zahlreichen Wirtschaftsunternehmen der SS. Die Idee dahinter war, »das deutsche Volk von gesundheitsschädigenden fremden Gewürzen und künstlichen Medikamenten abzubringen und auf den Gebrauch unschädlicher, wohlschmeckender deutscher Gewürze und natürlicher Heilkräuter umzustellen«[14]. Man will die Ausgaben für das Gesundheitswesen drosseln und beim Arzneimittelimport Devisen sparen. Auch für kommende Kriegszeiten, aus »wehrpolitischen Gründen« heißt es, will Deutschland auf medizinischem Gebiet unabhängig werden.

Landauf, landab werden Schülerkolonnen losgeschickt, um Birkenblätter, Spitzwegerich, Gänseblümchen oder Löwenzahn zu sammeln. Doch die Wildkräutersammlungen des Jungvolks sind nur Notbehelf. Andererseits ist die Massenproduktion von Naturheilmitteln arbeitsintensiv, und der Kräuteranbau kann nur wirtschaftlich rentabel sein, wenn man über billige Arbeitskräfte verfügt. Was liegt da näher, als KZ-Häftlinge einzusetzen, Arbeitskräfte, die man bis zur physischen Vernichtung ausbeuten kann? In Dachau sind sie zu Tausenden vorhanden, und das oberbayrische Konzentrationslager wird zum Kernstück des SS-Heilkräuterprojekts.

Die Plantage, allein das Wort löst Schrecken unter den Häftlingen aus. Das Gelände liegt gleich neben dem Lager, und jeder Quadratmeter muß dem Moor abgerungen werden. Ab 1935 schaufeln sich hier Zwangsarbeiter bei der Trockenlegung des Moores zu Tode, vor allem Juden, Polen sowie Sinti und Roma. »Viel Schweiß und Blut und Leben von Hunderten hat diese Erdarbeit verschlungen. Weder Zugtiere noch Motore wurden verwendet. Menschenhände, Häftlingshände mußten jahrelang den steinigen Boden bearbeiten.«[15] Als Korbinian Aigner 1941 in Dachau ankommt, sind zwar schon große Flächen urbar gemacht, aber immer noch gibt es die tödlichen Kommandos, die Entwässerungsgräben

Die »Plantage« mit Wirtschaftsgebäuden

schaufeln, Torf stechen, Steine karren, Wege walzen und eimerweise Humus auf den Moorboden auftragen.

Die Fronarbeit beginnt im Frühjahr, ungeachtet des Wetters. 1942 gibt es beispielsweise, als die Winterkleidung schon eingesammelt ist, einen späten Kälteeinbruch: »Bei klarem Wetter sank das Thermometer auf minus acht bis minus zehn. Des Abends kamen sie [die Häftlinge] mit glühend roten Gesichtern heim, so unbarmherzig hatte sie der kalte Ostwind gepeitscht. Dazu wirbelte er die trockene Moorerde auf und trieb sie vor sich her, daß die Plantagenleute schwarz wurden wie Kohlenbrenner.«[16]

Kaum ist die Kälte Mitte Mai vorbei, folgt »eine monatelange Regenperiode. Es regnete täglich. Ein Regenschauer nach dem anderen prasselte hernieder. Den Häftlingen wurde nicht erlaubt, sich unterzustellen.«[17] Ruhepausen gibt es nicht. Trotzdem gilt den Lageroberen die Arbeit auf der Plantage als leichte Beschäftigung, als »Verwendung« für sonst Unbrauchbare. Deshalb wird den Häftlingen die dringend benötigte zusätzliche »Brotzeit«, die aus einem Wurstbrot besteht, vorenthalten. Offizielle Sprachregelung: »Schutzhäftlinge« finden auf der Plantage »Gelegenheit, in freier Natur sich nützlich zu machen«[18].

Auch Korbinian Aigner hat sich auf der Plantage »nützlich gemacht«. Wir wissen nicht genau, welchem Kommando er zugeteilt war. Wird er wie seine Mithäftlinge »an die Pflüge und Eggen gespannt«[19], um sie mühsam über die Felder zu zerren? Oder hat er einen der beliebteren Arbeitsplätze erwischt: im Kaninchenstall beispielsweise oder in den Gewächshäusern, wo es immer wohltemperiert und trocken ist? Oder gehörte er zum Kommando der sechs botanischen Maler, die für das der Plantage angegliederte Forschungsinstitut nach der Natur Pflanzen zeichnen mußten?

Vieles spricht dafür, daß er draußen auf den Feldern gearbeitet hat. Aber über die vier Jahre in Dachau hat der Pfarrer später selten gesprochen. »Als das alles vorbei war«, sagt Anton Bauer, »sollt' es wirklich vorbei sein, deshalb hat er nix mehr g'sagt.« In der Nazizeit aber galt für den mutigen Kirchenmann: »Ich wollte kein stummer Hund sein« – ein gefährliches Lebensmotto in Zeiten der Diktatur. Während der erniedrigenden Gefangenschaft aber kann

Widerspruchsgeist die Wut schüren und so den Überlebenswillen stärken. Vor allem aber erfüllt es mit Stolz, wenn man – wie Korbinian Aigner – sagen kann: »Ich war keiner!«[20]

Auf der Plantage herrscht ein brutales Arbeitstempo. Zahlreichen Aufsehern macht es ein besonderes Vergnügen, »Pfaffen« zu schikanieren. Die einen karren den Kompost heran, die anderen graben um oder säen in gerader Linie Gemüse und Kräuter aus. Zu Hunderten rutschen die Häftlinge auf Knien über die Felder, pflanzen Setzlinge, zupfen Unkraut und pikieren die Sämlinge.

»Bewegung! Bewegung!« brüllt der Kapo, damit der SS-Kommandoführer, der das Gelände mit einem Feldstecher überwacht, bloß nicht den Eindruck von Müßiggang gewinnt: »Wer sich erwischen ließ, erhielt eine Meldung wegen ›Faulheit bei der Arbeit‹. Hierfür diktierte die Lagerleitung dem Häftling ›fünfundzwanzig‹, eine Stunde ›Baum‹ oder eine ähnliche Lagerstrafe.«[21] »Fünfundzwanzig«, das ist im Lagerjargon die Prügelstrafe, bei der die Häftlinge auf einen dafür angefertigten Block geschnallt werden und die Schläge des Ochsenziemers laut bis 25 mitzählen müssen. Eine Steigerung der Qual bedeutet das Baum- oder Pfahlhängen. Dabei wird der Häftling mit auf dem Rücken zusammengebundenen Händen aufgehängt und schwebt so mindestens eine Stunde über dem Boden.

1942 wird ein Hungerjahr. Erst mit der neuen Ernte im August gibt es wieder ein paar sättigende Kartoffeln. Um so größer ist die Versuchung für die ausgehungerten Männer, wenn sich die ersten frischen Keime zeigen und später die Möhren, Tomaten, Steckrüben, Lauch, Zwiebeln und Gurken in langen Reihen wachsen. Am besten »schmecken die frischgepflanzten Erbsen und Bohnen, die eben den Keim aus dem Boden stecken und durch die Feuchtigkeit aufgeweicht sind. Aber hier gilt es besonders aufzupassen. Denn erstens ist das Diebstahl und zweitens Sabotage.«[22]

Gierig richten sich die Augen selbst auf rohen Rhabarber; eine ganze Kolonne fixiert tagelang eine Löwenzahnpflanze am Wegrand. Wer sie ergattert, »reißt einfach den ganzen Stock heraus, schüttelt die Erde ab und steckt das Ganze in den Mund«[23]. Auch der Komposthaufen ist attraktiv: Ein paar ausgekochte Knochen, eine Handvoll ausgerupfter Porreesetzlinge – die Aussicht auf solche Beute verleiht sogar den gleich daneben gelegenen Aborten eine zusätzliche Attraktion. »Hierhin flüchtete man, wenn man nicht mehr konnte.«[24]

Hier trifft man Leute aus anderen Blocks, wenigstens ein paar Minuten ist man der strengen Aufsicht entkommen, und »dicht bei der Anlage gab es einen mächtigen Komposthaufen, wo gelegentlich Eßbares zu finden war«[25]. Doch wehe, jemand wird auch nur mit einem Halm in der Tasche erwischt! Selbst wenn es sich nur um ein kaum genießbares Unkraut handelt, ist stundenlanges Hinknien noch die geringste Strafe. Dennoch, immer wieder wagen es Geistliche, eine Möhre oder ein Stückchen Rübe für geschwächte Mitgefangene ins Lager zu schmuggeln. Je schwächer die Männer werden, desto verzweifelter versuchen sie etwas Eßbares zu »organisieren«.

»Wenn die häßliche Sklavenarbeit nicht gewesen wäre«, schreibt einer der Priester, hätte die Plantage im Frühjahr und Sommer »mit ihrem frischen Grün, ihren lachenden Blumen und den freundlichen Landhäusern dem Auge ein begeisterndes Bild dargeboten.«[26] Welche Blüten- und Farbenpracht, wenn die fünf mit Gladiolen bepflanzten Hektar erblühen. Sie werden angebaut, um aus ihren Rhizomen Vitamin C zu gewinnen. Für die Häftlinge aber bedeutet die ungeheure Schönheit des Pflanzenmeers einen Trost für die Seele. Und wenn im Sommer ganze Felder nach Salbei und Thymian, Melisse und Pfefferminze, Rosmarin und Estragon duften, wenn daneben Kamille, Ringelblumen, Malven und Königskerzen blühen, dann zeigt sich inmitten »des Bösen« die Schöpfung von ihrer schönsten Seite.

Doch Blumenblütezeit ist auch Erntezeit, denn aus den getrockneten Blüten sollen Tees hergestellt werden. Ein Zwangsarbeiter berichtet: »Zu zweit pflückten wir und beteten zugleich laut den Rosenkranz. Kam ein gefährlicher Horcher in die Nähe, so konnten wir ihn schon von weitem sehen. – Und die Blüten waren schön. Ein Prachtkleid der Schöpfung Gottes! Ihre Schönheit tat unseren Augen gar wohl, die so viel Elend anblicken mußten.«[27] In diesen Erntemonaten ist der Arbeitsdruck besonders brutal. Selbst am Sonntag muß geschuftet werden. Nicht einen Ruhetag gibt

Priester als Zwangsarbeiter auf der »Plantage«

es für die völlig erschöpften Männer, und wer auf dem Feld sein Pflückpensum nicht schafft, dem droht noch schwerere Arbeit.

Dann kommen das Trocknen der Blüten, das Zerkleinern, Sortieren und Verpacken der gemahlenen Kräuter und Gewürze. Auf dem Trockenboden ist es zwar oft zugig und kalt, doch es ist eine ruhige Arbeit, man hat ein Dach über dem Kopf und erhält die heißbegehrte »Brotzeit«. Nur ganz wenigen Häftlingen ist bekannt, daß auf dem Trockenboden ein Rundfunkempfänger versteckt ist. Hier hört man die Nachrichten der Alliierten ab, und von hier aus finden sie ihren Weg ins Lager, wo sie zum Durchhalten ermuntern sollen.

Auch in der »Pfeffermühle« läßt es sich aushalten. In dem großen Holzschuppen wird der sogenannte Deutsche Pfeffer hergestellt – eine gemahlene Gewürzmischung, die tatsächlich in den Kriegsjahren den importierten Pfeffer ersetzt. Überhaupt sind die Gewürze die einzige gewinnbringende Sparte der Plantage, wobei es sicherlich hilfreich ist, daß Himmler anordnet, in Küchen und Kantinen von SS und Polizei nur noch deutsche Ge-

»KZ-1«
In Dachau gezüchtet …

würze zu verwenden. Auch die Wehrmacht bezieht ihre Gewürze aus Dachau.

Apfelzucht im KZ

Kurz bevor er nach Dachau verbracht wird, schreibt Korbinian Aigner in einem Brief an seinen Bruder Simon, daß er sich das Rauchen abgewöhnt habe. Ansonsten hoffe er auf »ein reiches Obstjahr und auch sonst ein fruchtbares Jahr« und beruhigt die Familie, »es braucht niemand um mich besorgt sein«[28]. Trotzdem möchten Verwandte und Gemeindemitglieder wissen, wie es um ihn steht, nachdem er nach Dachau verlegt wurde. »Niemand war sicher, ob er überhaupt noch lebt«, erinnert sich Anton Bauer aus Pfarrer Aigners Gemeinde in Hohenbercha. »Deshalb haben wir Äpfel in das Lager schmuggeln lassen, und als ihre richtigen Bezeichnungen auf einem Zettel nach draußen gelangten, wußten wir, daß er noch lebt.«[29] Ja, er lebt. Und, kaum zu glauben, er widmet sich auch

»KZ-4«
… und später gemalt

im KZ seiner Leidenschaft für Äpfel. Vielleicht hat sie ihm sogar geholfen, das Konzentrationslager zu überleben.

Wie lebt man inmitten des täglichen Sterbens? Mit den Demütigungen? Der Gewalt? Wie erträgt man das Leiden, die Schikanen, den Hunger, die Kälte? Im Priesterblock hilft der Glaube. Im Block 26 ist eine Kapelle eingerichtet – ein Privileg der deutschen Geistlichen, dessen unermeßliche Bedeutung den SS-Schergen vielleicht gar nicht klar war. Morgens wird die Messe gelesen, sonntags gibt es sogar das Abendmahl. Im Sommer erschien »der ganze Marienaltar ähnlich einem Blumengarten, der aus der stillen Ecke herauswuchs. Strahlend ergoß er Schönheit und Duft in den weihevollen Raum.«[30] Altar, Kreuz und Rosenkranz – diese Symbole des Glaubens geben selbst den Sterbenden noch Kraft: »Im Sommer 1942 sind viele auch beim gewöhnlichen Gottesdienst nicht mehr imstande, zu stehen oder aufrecht zu sitzen. Sie liegen da, ihr Gesicht zum Altar gewendet.«[31]

Der Hunger ist das Schlimmste. Dann kommt eine Typhusepidemie – mehr als 1 000 Angehörige des Klerus sind in Dachau gestorben. Angesichts des massenhaften, elenden und unwürdigen Sterbens werden auch Priester von Zweifeln, Verzweiflung und Resignation angefochten. Doch in den Priesterbaracken gibt es einen starken Zusammenhalt, man tröstet und ermuntert sich, vor allem aber betet man zusammen, um Kraft zu schöpfen und die Hoffnung auf Erlösung nicht zu verlieren.

Für Korbinian Aigner steckt ein Stück dieser Hoffnung in seinen Äpfeln. Er beginnt Sämlinge zu ziehen. Die Äpfel, die man zu ihm ins Lager schmuggelt, liefern die Kerne. Er sucht ein sicheres Plätzchen auf dem Gelände der Plantage. Sicher ist es dort, wo die Aufpasser nicht sehen, daß da etwas wächst, was nicht den Lagerregeln gehorcht. Soll er alle Kerne an einer Stelle auslegen oder die subversive Saat lieber verteilen? Dann die Erde lockern. Den Apfelkern in den Boden stecken. Die Erde feuchthalten und jeden Tag nachsehen, ob vielleicht schon die grüne Spitze des Sämlings herauslugt. Ihn hegen und pflegen und vor unachtsamen Schritten bewahren. Vielleicht heimlich ein wenig Kompost beiseite schaffen, um die Pflanze ordentlich zu füttern. Wie nach einer Geburt wächst neues Leben, das der Fürsorge bedarf. Ein Zeichen dafür, daß das Leben weitergeht: ein Symbol der Hoffnung!

So ein Apfel wächst schnell. Nach einem Jahr ist der Haupttrieb schon etwa einen Meter hoch. Vier Sämlinge kann der Apfelpfarrer in der Plantage von Dachau hochpäppeln. »KZ-1«, »KZ-2«, »KZ-3« und »KZ-4« nennt er seine Zöglinge und weist damit ohne Beschönigung auf ihre Herkunft hin. Jedes Bäumchen wird eine andere Sorte Äpfel tragen. Doch das wird Korbinian Aigner nicht mehr in Dachau erleben. Irgendwann ist es ihm gelungen, die Pflanzen aus dem Lager hinauszuschmuggeln. Das »Mädi« hat dabei geholfen.

»Mädi«, das ist der Deckname, den die inhaftierten Geistlichen der Schwesternschülerin Josefa Mack gegeben haben. Sie ist 20 Jahre alt, als sie 1944 im Auftrag der Oberin ihres Ordens der Armen Schulschwestern zum ersten Mal nach Dachau fährt, um in der Verkaufsstelle der Plantage frisches Gemüse einzukaufen. Vorbei an den blumengeschmückten Villen der SS-Funktionäre fährt sie mit dem Fahrrad zur Plantage, wo sie zum ersten Mal auf die kahlgeschorenen Elendsgestalten der KZ-Häftlinge trifft. »Nie kann ich diesen Augenblick vergessen«, schreibt sie später[32].

Von da an kommt sie jede Woche zur Gärtnerei, um dort unter dem Vorwand, Gemüse für ein Waisenhaus und Blumen für ihr Kloster einzukaufen, Kontakt zu den inhaftierten Priestern aufzunehmen. Das »Mädi« bringt Nachrichten und Briefe; schafft Brot, Lebensmittel und Medikamente für die unterernährten Häftlinge heran. Außerdem bringt sie Hostien und Meßwein für die Polen in Block 28, damit auch sie verbotenerweise die Messe zelebrieren können.

Die Gärtnerei, für die Gefangenen ist sie »ein kleines Türchen zum Leben«. Durch dieses »Türchen« und mit »Mädis« Hilfe haben auch Aigners Apfelzüchtungen das Lager verlassen. Ließen sie sich etwa in einer Gemüsekiste verstecken oder in einem Korb voller »prächtiger Gladiolen«, die die Häftlinge dem »Mädi« zum Dank für das Kloster in Freising geschenkt haben? Genaues weiß man nicht. Auf jeden Fall erreichen die Sämlinge schließlich seine Gemeinde Hohenbercha, wo sie im Pfarrgarten eingepflanzt werden, bis ihr Züchter sich wieder um sie kümmern kann.

Das dauert bis 1945. Korbinian Aigner durchlebt Dachau bis wenige Tage vor der Befreiung, als die SS beschließt, das Lager in Richtung Tirol zu evakuieren. Am 26. April werden bei strömendem Regen und in bitterer Kälte 10000 halbverhungerte Häftlinge auf diesen »Todesmarsch« geschickt.

Das »Mädi« hat an diesem Tag gerade wieder einen Besuch in der Gärtnerei gemacht und ist mit dem Fahrrad auf dem Rückweg. Da trifft sie auf diesen Zug »erbarmungswürdiger Elendsgestalten, die schmutzig-graue Decken umhängen hatten. Rechts und links von ihnen gehen SS-Wachen mit Peitschen.« Voller Entsetzen beobachtet sie, wie Gefangene, die wie zerbrechliche Greise wirken, einfach zusammensacken oder versuchen, sich völlig erschöpft in den Straßengraben fallen zu lassen. Doch »mit roher Gewalt zwangen die SS-Männer diese Armen zum Aufstehen und stießen sie mit Fußtritten und Schlägen in die Reihen zurück. Mit Peitschenhieben trieben sie die ausgemergelten Gestalten vorwärts.«[33]

Korbinian Aigner 1964 in seiner Gemeinde Hohenbercha

Hunderte Häftlinge werden noch kurz vor Kriegsende erschossen oder sterben im Straßengraben. Andere können sich absetzen und irgendwo untertauchen. Auch Korbinian Aigner: »Vor Aufkirchen löst sich ein Häftling an der Friedhofsmauer aus der Marschkolonne«, schildert ein Augenzeuge seine Flucht: »Im Halbdunkel drückt er sich an der Mauer entlang und reißt an der Glocke der Klosterpforte: ›Ein Priester bittet um Einlaß und Schutz, retten Sie mich!‹«[34]

Die couragierte Äbtissin macht dem Häftling auf. Seine Flucht wird bemerkt. Die SS durchsucht das Kloster – ohne Erfolg. Der Mann ist wie vom Erdboden verschluckt. Es ist der 28. April 1945. Zwei Tage später stehen die Amerikaner vor der Tür. Ein paar Tage lang erholt Korbinian Aigner sich im Kloster. Dann kehrt er nach Hohenbercha zurück, tritt ohne viel Aufhebens sein Amt wieder an und nimmt wie selbstverständlich die Beschäftigung mit den Äpfeln wieder auf.

Nach Kriegsende hat der Staat die Plantage treuhänderisch übernommen, sie soll als landwirtschaftlicher Betrieb weitergeführt werden. 280 Arbeiter und 65 Angestellte arbeiten dort unter staatlicher Regie. Doch schon vor der Währungsreform wird mit Verlust gearbeitet. Gewürze im Wert von 100 000 DM liegen unverkäuflich im Lager. Der Bankrott zeichnet sich ab. Entlassungen und Sparmaßnahmen zögern das Ende noch hinaus.

Unter der Überschrift »Das Ende der SS-Plantage« berichtet der *Münchner Merkur* am 22. April 1949: »Nun sind die letzten 59 Arbeiter und sechs Angestellten jener ›Deutschen Versuchsanstalt‹ in Dachau entlassen, die Deutschland von ausländischen Gewürzen und Drogen unabhängig machen sollte. Mit Tausenden von Häftlingen hatte die SS, in deren Hände diese Aufgabe und die erwarteten riesigen Gewinne gelegt waren, das Unternehmen buchstäblich aus dem moorigen Boden gestampft. Nur wenige wußten freilich, wieviele Menschenleben dabei umkamen.«[35]

»KZ-3« – der »Korbiniansapfel«

Inzwischen sind Aigners KZ-Züchtungen zu kräftigen kleinen Bäumen herangewachsen. Nach zwei bis drei Jahren tragen sie zum ersten Mal Früchte. Doch ob die Sorten gartentauglich sind oder nicht, müssen sie erst noch beweisen. Die Zucht aus Kernen ist nämlich ein Lotteriespiel, denn der Apfel ist ein Fremdbefruchter, das heißt, er setzt nur Früchte mit dem Blütenstaub einer anderen Apfelsorte an. Deshalb entwickelt sich aus jedem Kern eine neue Sorte.

Genügt die aber den Anforderungen der Obstbauern oder doch nur denen des Hobbygärtners? Ist der Baum auch nicht zu anspruchsvoll, was Boden und Klima angeht? Ist er widerstandsfähig gegen Kälte, Krankheiten und Schädlinge? Und die Frucht? Hier

»KZ-3«, von Aigner in Hohenbercha gepflanzt

sind die Ansprüche am höchsten: Größe und Form, Reifezeit und Haltbarkeit; ist die Schale nicht zu hart, das Fruchtfleisch mürbe oder knackig, süß oder sauer, ist es aromatisch? Nur einer von tausend Zufallssämlingen besteht die Prüfung.

Aus Korbinian Aigners Sämlingen »KZ-1« bis »KZ-4« erweist sich »KZ-3« als tauglich: Der Baum hat einen kräftigen Wuchs und eine breite Kone; er ist robust, wenig anfällig für Schorf und stellt keine zu hohen Ansprüche an den Standort. Seine Frucht ist in der zweiten Septemberhälfte reif. Dann leuchtet die Schale gelb-rot und ist an der Sonnenseite kräftig rot geflammt. Das Fruchtfleisch ist fest und süß-säuerlich im Geschmack. Ein aromatischer Tafelapfel!

In seinem Garten hat Korbinian Aigner »KZ-3« vermehrt. Vom Mutterbaum hat er Reiser geschnitten und auf eine kräftige Unterlage gepfropft. Der Baum ist pflegeleicht, der Apfel schmeckt den Leuten, und zumindest in Oberbayern erlangt »KZ-3« eine regionale Bedeutung, denn damals ist auf dem Apfelmarkt die Sortenvielfalt noch gefragt. Man blättere nur in Korbinian Aigners fast 1 000 Apfelbildern, an denen er auch nach Kriegsende noch gemalt hat. In dieser umfassenden Bilddokumentation findet man noch viele Äpfel, die mittlerweile ausgestorben sind oder versteckt und völlig überaltert in alten Hausgärten stehen, weil sie im kommerziellen Obstbau dem normierten EU-Apfel haben weichen müssen.

»Granny Smith«, »Jonathan Gold«, »Golden Delicious« – das sind erfolgreiche Industrieäpfel in Europa. Makellos liegen sie im Supermarkt in ihren Kisten, und einer sieht genauso aus wie der andere. Alle sind trotz monatelanger Lagerzeiten und weiter Transportwege noch knackig, doch wachsen sie schon längst nicht mehr an einem »richtigen« Apfelbaum mit hohem Stamm und großer Krone. Die alten Obsthöfe mit den sortenreichen Hochstammkulturen sind fast alle verschwunden. Auch die sortenreichen Streuobstwiesen. Der »moderne« Apfelbaum ist ein sogenannter Spindelbaum, der kaum höher wird, als ein Pflücker greifen kann; er steht pflegeleicht in Reih und Glied und wird regelmäßig gegen Insekten gespritzt: Monokulturen, so weit das Auge reicht, denn »Sortenvielfalt« ist lästig und in »Sortenwirrwarr« umgedeutet worden.

Doch formiert sich mittlerweile eine Gegenbewegung, um wenigstens Reste der einstigen Vielfalt zu erhalten. Manche sprechen gar von einer Renaissance der Pomologie. Das reif geerntete Obst aus der eigenen Region wird als besonders schmackhaft erlebt. Überhaupt lernt man wieder, wie unterschiedlich Äpfel schmecken können. Schorfflecken und Wurmstiche werden geduldet, gelten sie doch als untrügliche Zeichen, daß keine gesundheitsschädliche Chemie eingesetzt worden ist. Schmackhafte historische Sorten sind wieder gefragt, und immer häufiger findet man sie in den Privatgärten der Obstliebhaber. Aber auch Züchter interessieren sich wieder für die Qualitäten alter, fast vergessener Sorten, und immer mehr Baumschulen vermehren sie.

Im Zuge dieser Renaissance ist auch der Apfelkenner Korbinian Aigner wieder zu Ehren gekommen. Zunächst als Apfelmaler. Anton Bauer, sein früherer Ministrant, hat 1985 den 100. Geburtstag des Pfarrers zum Anlaß genommen, in München eine erste erfolgreiche Ausstellung seiner Aquarelle zu organisieren. Dem folgen Buchveröffentlichungen und mehrere Postkarteneditionen. Doch auch danach läßt Bauer so lange nicht locker, bis einige Baumschulen den »KZ-3«-Apfel, der zum Andenken an Korbinian Aigner mittlerweile »Korbiniansapfel« heißt, in ihre Programme aufnehmen[36].

Obwohl er den Beinamen nicht gemocht hat, ist Aigner als »Apfelpfarrer« in die Geschichte eingegangen. Und bedenkt man die Tradition, aus der sich der gärtnernde Pfarrer entwickelt hat, »ist Korbinian Aigner, der die Apfelzucht neben dem Priesterberuf zu seiner Lebensaufgabe machte, kein Sonderling unter seinen Mitbrüdern, sondern der letzte in einer langen Reihe geistlicher Pomologen, die auf den heiligen Benedikt ins 6. Jahrhundert zurückreicht«[37].

Der »Apfelpfarrer« stirbt am 5. Oktober 1966. An seinem Grab stehen kirchliche und staatliche Würdenträger. Noch ein letztes Mal ist Korbinian Aigner unbequem und beweist, daß er auch 20 Jahre nach Kriegsende kein »stummer Hund« ist: Der Pfarrer von Hohenbercha verabschiedet sich als Naziopfer – er läßt sich mit seinem zerschlissenen Mantel begraben, der ihn die Jahre über im KZ begleitet hat.

»Ich sah mich als Mönch und den Gefängnishof als Klostergarten«

Albert Speer – Kriegsverbrecher im Landschaftspark

Am 18. Juli 1947 landet eine Dakota der US-Luftwaffe auf dem Flughafen Berlin-Tempelhof. Die Maschine bringt sieben Männer aus dem Gefolge Adolf Hitlers in die zerbombte Hauptstadt: Baldur von Schirach, Exreichsjugendführer; Konstantin von Neurath, früher Außenminister; Karl Dönitz, Exmarineoberbefehlshaber; Walther Funk, ehemaliger Reichswirtschaftsminister; Erich Raeder, einstmals Marinechef; Rudolf Heß, jahrelang Hitlers Stellvertreter; und Albert Speer, Rüstungsminister des durch Selbstmord geendeten »Führers«. Die sieben hatten sich seit dem 1. Oktober 1946 vor dem in Nürnberg tagenden Internationalen Tribunal zu verantworten und sind am Vortag als »Hauptkriegsverbrecher« schuldig gesprochen worden. Aber sie haben Glück. Während das Gericht zwölf weitere Gefolgsmänner Hitlers zum Tode verurteilt hat, kommen sie mit Freiheitsstrafen davon: Heß, Funk und Raeder sollen lebenslang eingesperrt bleiben, Schirach und Speer werden zu zwanzig Jahren Haft verurteilt, Neurath erhält fünfzehn und Dönitz zehn Jahre.

Als Haftort haben die vier Siegermächte ein Gefängnis in Spandau, im Nordwesten von Berlin, bestimmt. Dorthin rattert ein Konvoi von Militärfahrzeugen durch von Ruinen gesäumte Straßen. Passanten ahnen nicht, daß unter der Plane eines Lastwagens

Albert Speer (stehend) vor dem Kriegsverbrechertribunal

sieben prominente Nazi-Größen sitzen – als Häftlinge an Bewacher gekettet. Auf die Gefangenen wartet ein wilhelminischer Ziegelbau mit meterhohen Mauern, Stacheldrahtarmierung plus Elektrozaun mit 4000 Volt Spannung: die »Festung« Spandau.

In der Kaiserzeit war die Strafvollzugsanstalt für 600 Häftlinge gebaut worden. Das Hitler-Regime nutzte sie als Untersuchungsgefängnis für politische Häftlinge auf dem Weg ins Konzentrationslager. Neben Einzelzellen, Strafzellen und zehn Sälen für jeweils 40 Häftlinge gab es in Spandau einen Galgen und einen Hinrichtungsraum mit Guillotine und Blutrinnen.

Nun haben die Alliierten die Todesstätte in ein Arztzimmer umbauen lassen, in dem sogar operiert werden kann. Denn anders als die Opfer der Nazis sollen die in Nürnberg verurteilten Kriegsverbrecher korrekt behandelt werden. Die sieben sind die einzigen

Gefangenen in dem ausgedehnten Gebäudekomplex, der zwar im britischen Sektor von Berlin liegt, aber von den Siegermächten gemeinsam kontrolliert wird. Deshalb gibt es vier Gefängnisdirektoren, vier verantwortliche Ärzte und vier monatlich wechselnde Wachkompanien aus Briten, Amerikanern, Russen und Franzosen. Tatsächlich funktioniert das Kriegsverbrechergefängnis von Spandau bis zu seiner Auflösung 1987 als Institution der vier Mächte; während des kalten Krieges werden dort in Krisensituationen informelle Botschaften ausgetauscht.

1947 führen Wachsoldaten die sieben Häftlinge in ihre Einzelzellen. Sie sind 3 Meter lang, 2,70 Meter breit und etwa 4 Meter hoch. Die Gefangenen müssen Drillichzeug anlegen, Sträflingskleidung, die einst ausländische Zwangsarbeiter in Deutschland getragen haben. Hemden und Jacken sind auf dem Rücken mit einer Zahl bedruckt: Nummer eins bis sieben. Die Verpflegung der Häftlinge entspricht den Mindestzuteilungen auf den Lebensmittelkarten für die deutsche Bevölkerung. Es sind Hungerrationen. »Ich bücke mich oft, um Brotreste aufzulesen, die vom Tisch gefallen sind«, notiert Häftling Nummer fünf, Albert Speer (1906–1981). »Abends gehe ich hungrig ins Bett; das erste Mal in meinem Leben erfahre ich, was es heißt, nicht satt zu werden.«[1]

Auch sonst erwartet die Gefangenen in ihren kalten Zellen ein strenges Regime. Sie werden nicht mit Namen, sondern mit ihrer Nummer angesprochen. Jede Unterhaltung – auch mit dem Wachpersonal – ist ihnen untersagt. Nur für eine halbe Stunde dürfen sie täglich an die frische Luft. Beim Rundgang um eine Linde auf dem Gelände müssen sie zehn Schritte Abstand voneinander halten; die Hände sind auf den Rücken zu legen. Abgesehen von zensierten Kurzbriefen sind schriftliche Aufzeichnungen verboten. Der Besuch eines Familienangehörigen ist nur alle zwei Monate für die Dauer einer Viertelstunde erlaubt.

Angesichts dieser Haftbedingungen verfallen die einstigen Nazi-Größen in eine depressive Stimmung. Die alliierte Gefängnisleitung ist verunsichert; sie befürchtet Selbstmorde und akzeptiert am 2. August einen Vorschlag des britischen Anstaltsdirektors: Den Häftlingen soll erlaubt werden, täglich mehrere Stunden im

Garten zu arbeiten. »Nur wer will, und gerade so viel, wie Ihnen bekommt. Es wird Ihr Vorteil sein«, zitiert Speer die kurze Ansprache des Engländers. Alle Häftlinge nutzen die Möglichkeit zum Gärtnern. Zwei Tage später notiert Speer: »Nun sind wir täglich in einem Garten von fünf- bis sechstausend Quadratmetern; es gibt zahlreiche alte Nußbäume und Fliederbüsche. Der Garten ist von meterhohem Unkraut bedeckt; seit dem Kriege hat niemand hier gearbeitet. Das Jäten wird nutzlos sein, weil der französische Gefängnisdirektor sich nicht davon abbringen läßt, das Unkraut als Dünger eingraben zu lassen.«

Speer weiß, daß das falsch ist, obwohl er kein erfahrener Gartenpraktiker ist. Zwar gehört zur Villa seiner Eltern in Heidelberg ein riesiger gepflegter Garten. Doch dafür hat er sich wenig interessiert, geschweige denn, daß er selbst Hand angelegt hätte. Als Architekt und Städteplaner beschäftigen ihn später auch Parkland-

Sowjetisches Wachregiment vor der »Festung« Spandau

schaften; um Anregungen zu finden, besucht er den Pariser Bois de Boulogne und in Italien die Gärten auf dem Monte Pincio und die Villa d'Este. 1934 übernimmt er die in Hitlers Einheitsgewerkschaft Deutsche Arbeitsfront angesiedelte Abteilung »Schönheit der Arbeit«, die – unter anderem – anregt, daß Betriebe Blumenrabatten vor ihren Werkshallen anlegen.

Doch handwerkliche Gartenarbeit leistet Speer zum ersten Mal in Spandau. Sie wird wichtigster Teil seiner Überlebensstrategie und soll seinen 20 Jahren hinter Mauern einen Sinn geben. Tatsächlich verwandelt Speer in dieser Zeit ein verwahrlostes Grundstück in einen »Garten Eden«, wie der US-Wachoffizier und spätere Direktor von Spandau, Eugene Bird, berichtet: »Als Speer kam, war der Garten eine richtige Wildnis. Als er ging, glich der Garten einem herrlich gepflegten Park mit einer Fülle von Blumen aller Art, einer Gemüseecke – mit Salat, Tomaten und Beeren – und einem Obstgarten mit Dutzenden von Apfel- und Pflaumenbäumen.«[2]

Eine Oase des Überlebens

Einen Garten zu entwerfen und zu gestalten regt die Phantasie an. »Dieser Garten«, schreibt Speer 1951, »hat den unschätzbaren Vorteil, konkret anfaßbar und jeden Morgen immer noch vorhanden zu sein.« Im Garten findet der Mann, der einst Großbauten errichtete und Zukunftsstädte für die Zeit nach Hitlers »Endsieg« plante, nach seinem tiefen Fall Gestaltungsmöglichkeiten bescheidenerer Art: Speer entwirft Gartenpläne, er legt Blumenbeete an und erlebt, wie aus Samenkörnern kräftige Pflanzen wachsen. Und so enthalten die mehr als 660 Seiten seiner Tagebücher auch eine Art Tätigkeitsbericht über die Arbeit im Garten sowie Beobachtungen und Reflexionen über die Natur.

Für Häftling Nummer fünf und die anderen Gefangenen ist der Garten hinter den Mauern von Spandau eine Oase des Überlebens. Die ersten Haftmonate werden für die Eingesperrten erträglich, weil sie bis in den Herbst hinein auf dem verwilderten Gelände graben, schaufeln und Laub zusammenharken dürfen. Im Winter entfällt der Freigang im Garten. Doch schon im Februar 1948 hat Speer Grund zur Freude: Während die anderen Briefkuverts kleben müssen, soll er im Auftrag der Direktoren einen Gartenplan zeichnen. Und am 12. März notiert Speer: »Bin froh, daß heute die Gartenarbeit wieder begonnen hat.«

Den ersten Tag draußen schildert er geradezu euphorisch: »Das Gras grünt, Roßmist und Kunstdünger sind angefahren, die Spatzen lärmen. Ich stürzte mich, als wir heute morgen in den Garten geführt wurden, gleich auf die Arbeit. Auf der anderen Seite legten Neurath und Dönitz erste Beete an. Raeder streute Kunstdünger, Schirach verteilte ihn mit dem Rechen. Ich selbst begann damit, Laub aus den Blumenbeeten zu rechen. Überall kamen erste Unkrautspitzen aus der Erde. Ich trug das Laub zu einer Feuerstelle. Raeder schleppte mit einer Gießkanne Düngemittel aus dem Keller, die Schirach auf die Schubkarre lud und zum Feld karrte.«

Ein paar Wochen später säen die Gefangenen Gemüse. Speer baut zwei Mistbeete mit Glasfenstern und richtet ein halbverfallenes Gewächshaus wieder her. »Ich bin dabei Maurer, Zimmermann, Glaser und Bauleiter«, notiert er stolz. »Zum ersten Mal in meinem Leben arbeite ich für längere Zeit körperlich. Und schon nach wenigen Tagen sehe ich mich in der Gefahr, weit über das vorgeschriebene und wohl auch zuträgliche Maß hinauszugehen.« Doch durch die Arbeit im Freien fühlt er sich gesund. Die Frühlingssonne bräunt seinen Oberkörper. Zur Ruhe legt Speer sich »zerschlagen, aber zufrieden«. Nachts schläft er fest, morgens wacht er ausgeruht auf.

Bald aber leidet der fleißige Gärtner an Kreuzschmerzen. Speer hat sich übernommen. »Ich wundere mich selber über meinen Furor. Dabei kennzeichnet er schon lange meine Art zu arbeiten«, schreibt er. »Nur anfangs als Schüler, als Student und als junger Architekt war das anders. Aber bald, nachdem Hitler gleichsam Besitz von mir genommen hatte, geriet ich in jenen hektischen und narkotischen Arbeitsrausch, den ich wie eine Droge brauchte. Mein Verhältnis zur Arbeit ist ein Suchtproblem.«

Häftling Speer im Winter in seiner Zelle

Die »Spandauer Tagebücher«

Beim Pflanzen und Graben vergißt Speer die feindselige Atmosphäre in Spandau, die nicht nur von den meisten Bewachern ausgeht: Seine Mitgefangenen ächten ihn als Verräter, denn beim Prozeß in Nürnberg hat sich der Großbaumeister des »Führers« und Rüstungsmanager des Dritten Reiches als verblendeter Technokrat dargestellt. Fixiert auf Fachfragen, habe er sich von einem unmenschlichen System mißbrauchen lassen. Mit dem Bekenntnis: »Ich wußte nichts, aber ich hätte wissen können«, beschreibt Speer, wie er die Judenverfolgung und andere NS-Verbrechen nicht zur Kenntnis genommen und verdrängt habe. Dennoch hat er sich als einziger Nazi-Führer schuldig bekannt – was ihm die Mitgefangenen nachhaltig verübeln. Sie unterstellen Speer, er habe beim Tribunal nur seinen Kopf retten wollen und spekuliere nun auf Vergünstigungen in der Haft.

Tatsächlich wird Speer von den Alliierten nie bevorzugt. Aber möglicherweise erklärt seine Reuehaltung die illegale Hilfe, die dem Häftling in Spandau zuteil wird: Ein junger holländischer Sanitäter, der als Zwangsarbeiter nach Nazi-Deutschland verschleppt, dort von den Menschen aber anständig behandelt worden war, schmuggelt jahrelang Speers Aufzeichnungen aus der Haftanstalt heraus und Briefe und Päckchen für ihn hinein. Als Krankenpfleger im Kriegsverbrechergefängnis fungiert der Niederländer als Verbindungsmann zur Außenwelt.

Dort sammelt der westfälische Architekt Rudolf Wolters, ein Studienfreund und Mitarbeiter Speers aus dem Rüstungsministerium, die meist auf Toilettenpapier gekritzelten Notizen; eine Sekretärin transkribiert sie und tippt sie auf der Schreibmaschine ab. Als Speer 1966 seine Strafe verbüßt hat, erwarten ihn mehr als 20000 Blatt Papier – die Grundlage für seine *Spandauer Tagebücher.* Das Buch mit diesem Titel erscheint freilich erst 1975 nach Durchsicht und gründlicher Bearbeitung der Notizen. Denn zunächst arbeitet der Freigelassene drei Jahre lang an seinen *Erinnerungen.* Sie kommen schon 1969 heraus, und Speer schildert darin sein Leben bis zum Untergang des Hitler-Reiches. Das Buch wird ein Weltbestseller.

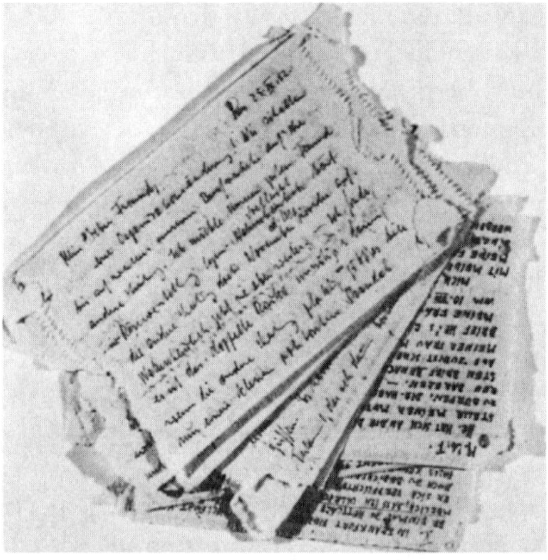

Speers Notizen auf Toilettenpapier

Die *Spandauer Tagebücher* beginnen erst nach dem Zusammenbruch. Doch auch die Zeit des Dritten Reiches und davor wird in ihnen immer wieder lebendig. Denn der 1906 geborene Speer sinniert über seine Herkunft aus dem gebildeten, wohlhabenden Bürgertum; er schildert sein Verhältnis zu Hitler, der den begabten Architekten bewundert und wie einen jüngeren Bruder liebt. Speer erinnert sich an Machtkämpfe und Intrigen im Führungsclan des Dritten Reiches.

Als kultivierter Patrizier unterschied sich der schlanke, hochgewachsene Mann schon äußerlich von den stiernackigen SA-Typen um Hitler. Eher hätte er zu den Offizieren des 20. Juli 1944 gepaßt, die den unaufhaltsam heraufziehenden Zusammenbruch des Reiches kommen sahen und die Katastrophe verhindern wollten. Daß die Verschwörer den ahnungslosen Speer für einen Ministerposten in einer Regierung nach ihrem Putsch vorgesehen hatten, verstärkte Hitlers aufkommendes Mißtrauen gegen seinen Rüstungsmanager.

Bei Kriegsende wird Speer in Norddeutschland von britischen Truppen gefangengenommen. Er beginnt seine Tagebuchaufzeichnungen am 2. Oktober 1946, dem Tag nach der Eröffnung des Internationalen Tribunals von Nürnberg. Aus der Untersuchungshaft am Prozeßort geht es später zur Verbüßung der Strafe nach Spandau. Dort verkraftet Speer den tiefen Sturz vom mächtigen Entscheidungsträger zum eingesperrten Kriegsverbrecher besser als seine Mithäftlinge, weil er sich – zu deren Empörung – als zu Recht verurteilt betrachtet. So lesen sich denn auch seine *Spandauer Tagebücher* nicht wie die Leidensgeschichte eines verbitterten Mannes. Im Gegenteil. Als sachlicher Chronist beschreibt Speer das Leben hinter den Mauern zuweilen sogar mit sarkastischem Humor: die Spannungen unter den sieben Häftlingen; wie unterschiedlich Russen und westliche Bewacher die Gefangenen behandeln; wie die Eingesperrten von Ereignissen draußen erfahren – dem Koreakrieg 1949, Konrad Adenauers Reise nach Moskau 1955, der Kubakrise mit dem drohenden Krieg zwischen den Weltmächten 1962.

Vor allem aber dokumentieren die Tagebücher die Überlebensstrategie eines Mannes, der mit 39 Jahren eingesperrt und erst als

In der Haft gezeichneter Villenentwurf

60jähriger wieder in die Freiheit entlassen wird. Kopf und Körper gesundzuhalten – das ist Speers eiserner Wille. Um den Geist zu beschäftigen, macht er seine Zelle von Anfang an zur Gelehrtenklause; er nutzt die im Laufe der Zeit immer besser werdenden Möglichkeiten, Fachbücher und Zeitschriften über Architektur, Geschichte und Philosophie zu studieren; er liest Werke der Weltliteratur, frischt seine Sprachkenntnisse in Englisch und Französisch auf. Er arbeitet an einem Buch über neue Wege in der Architektur; er zeichnet Grundrisse und Außenansichten von Villen.

Kalter Krieg über Blumenbeeten

Körperlichen Ausgleich findet Speer in der Gartenarbeit. Er beginnt im Oktober 1949, eine Erhebung auf dem Gefängnisgrundstück abzutragen. Mit dem gewonnenen Sand füllt er ein Loch von etwa 150 Kubikmetern. Außerdem hat er sich Laufstrecken abgesteckt, die er gelegentlich heruntersprintet. Er nennt dieses Treiben »mein Durchhalte-Programm«. Es soll Herz und Muskeln stärken, bringt ihm aber geschwollene Knie; der Arzt verordnet Bettruhe und eine Unzahl Pillen.

Speer muß kürzertreten, und so gönnt sich der Workaholic mehr Pausen im Garten und beobachtet zum Beispiel die zahlreichen Vögel, die »einzigen Wesen, die uns ohne Ausweis besuchen können«: tiefschwarze russische Saatkrähen, deutsche Nebelkrähen und ein Turmfalkenpaar, das in einer Dachnische nistet. Speer erkennt ein Wildtaubenpaar wieder, das schon im Jahr zuvor in dem Gefängniskomplex herumgeflogen ist. »Es gibt einige Kohlmeisen, zwei Elstern und neulich gingen sogar zwei Rebhühner im Garten spazieren«, schreibt er. »Ein Nachbar irgendwo in Spandau muß Tauben halten. Von Zeit zu Zeit lassen sie sich auf der sechs Meter hohen Backsteinmauer nieder und sehen unserem Treiben zu. Um das ländliche Idyll zu vervollständigen, bellen sich in der Ferne einige Hofhunde an.«

Freilich holt die Realität des Gefängnislebens die Häftlinge immer wieder ein. Im August 1948 darf plötzlich Gemüse aus dem Garten nicht mehr als Zusatzkost in die Gefangenenküche gehen. Weil sie Hunger haben, helfen sich die Häftlinge nun mit Rohkost im Garten: Sie verschlingen junge Blätter von Kohl und Salaten, knabbern Möhren und neue Kartoffeln. Das ist zwar verboten, aber die meisten Wärter schauen weg. Doch ein besonders scharfer Wachmann, der Russe Taradankin, ertappt Speer beim Entwenden von Blumenkohl. Die Folge für den Mundraub sind acht Tage Arrest: Der Gefangene darf nicht in den Garten gehen. Er wird vom Wecken bis 17.30 Uhr in eine Sonderzelle eingeschlossen, in der sich nur ein Tisch und ein Stuhl befinden. Er darf keine Bücher und kein Schreibmaterial benutzen.

Als die Strafe abgelaufen und Speer wieder im Garten ist, zündet der Wärter Robert Dackermann ein Feuer an, um Frühkartoffeln zu braten. Speer vermerkt beeindruckt, daß ausgerechnet der »jüdische Amerikaner« ihm etliche der knusprigen Erdäpfel schenkt. Sie schmecken dem Gefangenen »wie einst die besten Delikatessen bei

Horcher«, dem berühmten Berliner Restaurant. Nach einiger Zeit kommt der Russe Taradankin in den Garten; er untersucht die Feuerstelle und entfernt übelgelaunt die letzten Kartoffeln.

Die sowjetische Gefängnisleitung beharrt auf der Einhaltung strenger Vorschriften. Und die sieben Häftlinge bekommen die steigenden Spannungen zwischen den früher im Krieg gegen Hitler-Deutschland verbündeten, aber nun zunehmend verfeindeten Mächten zu spüren. »Der verschärften politischen Lage entspricht ein Kleinkrieg, der über unsere Gartenarbeit zwischen West und Ost ausgefochten wird«, schreibt Speer zur Zeit der Berliner Blokkade 1949. »Der russische Direktor fordert, daß einige kleine Blumenbeete, die in voller Blüte stehen, unverzüglich beseitigt werden. Blumen seien in einem Gefängnisgarten nicht angebracht, zudem seien sie in den Regeln nicht vorgesehen.« Die Westmächte, so der Sowjetvertreter, würden unablässig gegen strikte Vereinbarungen verstoßen. Das Palaver endet in einem Kompromiß: Zwar dürfen keine neuen Blumen angepflanzt werden, aber was bereits im Garten wächst, darf stehenbleiben.

Das Gefängnis soll kein Sanatorium, sondern eine Strafanstalt sein, fordern die Russen. Und Moskau wehrt sich stets am beharrlichsten, wenn im Laufe der Jahre immer wieder von prominenten Politikern angeregt wird, diesen oder jenen Spandau-Häftling vorzeitig zu entlassen. So setzen sich der amerikanische Hochkommissar für Deutschland, John McCloy, und 1962 Willy Brandt für Speer ein. Auf der anderen Seite erweisen sich wiederholt sowjetische Wachsoldaten als besonders human. Einige zeigen Speer Fotos von ihren Kindern und erkundigen sich, ob er auch eine Familie habe und wie es der gehe. Zudem beobachtet Speer, daß die meisten Russen in ihrer Freizeit Literatur und Fachbücher lesen, während die Amerikaner Kreuzworträtsel lösen oder Schmöker verschlingen. Speer denkt über die Unterhaltung mit einem sowjetischen Offizier nach, der seine Erfahrungen mit der Mentalität des Nachbarvolkes so zusammenfaßt: »Deutsche unter Hitler unheimlich; Deutsche unter Ulbricht auch. Immer alles perfekt. Immer alles ordentlich.« Und dann der Überraschungssatz: »Sie mit ihrem Garten auch.«

Doch auch den unheimlich-perfekten, von Arbeitseifer getriebenen Gärtner Speer überkommt zuweilen übermütige Gartenlust. So schildert er im September 1948 beglückt, wie er »zum ersten Mal seit einem Vierteljahrhundert in Nußbäumen« herumklettert. Wärter sammeln die Nüsse auf, die er herunterschüttelt. 20 bis 30 davon darf er selbst essen. Amüsiert beobachtet Speer, wie auch Dönitz die verbotenen Früchte konsumiert: Der Großadmiral sucht Deckung unter einem tiefhängenden Ast; sein Kopf und Oberkörper sind dabei durch das Laub verborgen; aber seine die Nüsse knackenden Hände bleiben sichtbar. »Wie ein Kind, das sich die Augen zuhält, um unsichtbar zu sein«, findet Speer.

Im Frühjahr 1949 wird der Garten mit Einwilligung der Direktoren aufgeteilt. Jeder der sieben Gefangenen erhält eine Parzelle entsprechend seiner Arbeitslust. Speer gefällt diese Lösung, »denn bisher mußten die Fleißigen für die Faulen einstehen«. Fortan pflegt jeder Häftling bis zu seiner Freilassung seine eigenen Beete – un-

Speer beim Gärtnern in Spandau

abhängig von der späteren Gestaltung des Gesamtgeländes durch Speer, bei der die anderen mithelfen. Als der unbestritten Fleißigste verteilt Speer im Februar mit der Schubkarre Pferdemist. Er errechnet, daß er dabei täglich neun bis zehn Kilometer zurücklegt. Berechnungen seiner Leistungen ziehen sich wie ein roter Faden durch die Tagebuch-Aufzeichnungen. So notiert er Jahre später: »Einige Stunden schleppte ich heute Wasser für die Ostbäume, den größeren werden drei Kannen, den kleineren ein bis zwei Kannen zugebilligt. 56 Kannen trug ich im Durchschnitt 40 Meter weit; das ergibt, wie ich in meiner Rechenmanie feststellte, 2,2 Kilometer.«

Speer pflanzt Stiefmütterchen, Veilchen, Maiglöckchen und Astern. Dazu legt er eine Baumschule mit 50 einjährigen Nußbäumen an. »Bis die zum Tragen kommen«, sinniert der Gefangene, »sollen zehn bis 15 Jahre vergehen. Ich hoffe, daß irgendwelche Nachfolger die erste Ernte halten werden.« Die Frage nach den Nutznießern der Gartenarbeit taucht in den Tagebüchern wiederholt auf: Unabhängig von der Dauer ihrer Freiheitsstrafe erhoffen alle Gefangenen ihre baldige Freilassung. Deshalb haben sie zu ihrer Arbeit ein gespaltenes Verhältnis, besonders bei Projekten, die erst nach Jahren Erträge bringen.

Als Kanzler Adenauer bei seiner Moskaureise 1955 auch die Freilassung der wegen Kriegsverbrechen verurteilten deutschen Kriegsgefangenen in der UdSSR erreicht hat, blühen in Spandau die Hoffnungen. Speer schildert – am 29. September – einen Dialog mit Dönitz: »Ich legte heute neue Erdbeerbeete an. Als Dönitz das sah, fragte er: ›Für wen pflanzt du denn noch die Erdbeeren?‹ Ich hob die Schultern: ›Weiß nicht! Vielleicht für mich!‹ Dönitz runzelte die Stirn: ›Wieso? Willst du denn nächstes Jahr noch hier sein?‹ Ich gab, über das Beet gebeugt, keine Antwort. Die Pflanzen tragen sogar erst in zwei Jahren.«

Speer hofft wie die anderen; er reicht Gnadengesuche ein – und trotzdem packt er die langfristigsten Vorhaben an. So quälen ihn ganz widersprüchliche Gedanken, als er eine Lieferung junger Bäume auspackt: Einerseits muß er hoffen, »noch jahrelang hier zu sein, um die Verwirklichung meiner Pläne durch die Natur zu erleben«; andererseits aber fürchtet er sich vor dem andauernden Leben hinter Gittern.

Doch die Furcht vor der langen Haft beeinflußt Speers Gartenplanung kaum. Wäre es denn draußen anders? Der Gefangene tröstet sich; er weiß, »daß kein Landschaftsgärtner je in Natur gesehen hat, was ihm vor Augen stand: Zu lange brauchen die Bäume, die Sträucher, die Blumen und die Gräser, um zu einer Landschaft zusammenzuwachsen.« Deshalb arbeitet Speer unverdrossen weiter. 1957 beginnt er damit, den Spandauer Gefängnisgarten systematisch in eine Parklandschaft umzugestalten. Ein britischer Offizier hat ihn dazu aufgefordert, und die Direktoren billigen das Vorhaben. Zwei Jahre später, am 14. April 1959, zieht er eine Zwischenbilanz: »Unebenheiten habe ich in sanfte, belebende Böschungen verwandelt, Rasen gesät, Forsythien, Lavendelbüsche, Hortensien und Rosenstöcke gesetzt. Dazu pflanzte ich 25 selbstgezogene Fliederbäume. Entlang der Wege habe ich zweieinhalb Meter breite und fünfzig Meter lange Blumenbeete mit Iris angelegt.«

»Ein Parteitagsgelände für Gartenzwerge«

Speer kann jetzt »beginnen, einen Landschaftsgarten anzulegen«. Denn die Gefängnisleitung hat junge Kiefern, Birken und Linden bereitgestellt. »Man läßt mir freie Hand«, notiert Speer. Er fertigt zahlreiche Skizzen an, »um wenigstens einmal meinen Park im Bild zu sehen«. Zu seinem Park gehört eine »Nord-Süd-Allee«. Die setzt er 1960 bis zum nördlichen Ende des Gartens fort. Etwa einen halben Meter hoch, führt die Allee wie eine Art Damm durch das Gelände. Nach Osten hin legt er einen vier Meter breiten, mit Steinen umfriedeten Senkgarten an; dafür muß er »große Mengen Sand und Ofenschlacke« heranzukarren.

Als sein »Projekt 1961« hat Speer ein Jahr später einen zweiten Senkgarten in Arbeit. Er hebt eine zehn Meter lange, sechs Meter breite und eineinhalb Meter tiefe Grube aus und fährt Muttererde an. Aus den Trümmern eines abgerissenen Nebengebäudes erhält er etwa 2000 Backsteine für die Blumenterrasse des mit Stei-

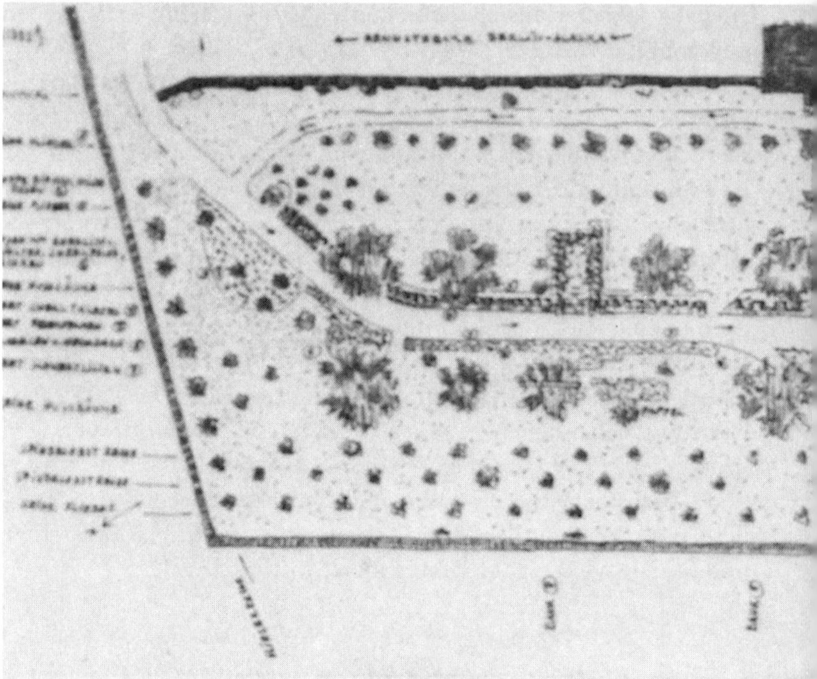

Aus einer Wildnis wurde eine gepflegte Anlage

nen bestückten Senkgartens. Am 16. September verzeichnet Speer: »Der zweite Steingarten ist fertig. Ein regelmäßiges, fast symmetrisches System von Blumenkästen.« Schirach spottet: »Ein Parteitagsgelände für Gartenzwerge.«

Speer kann darüber nur schmunzeln. Er arbeitet unverdrossen weiter. Erst zwei Jahre vor seiner Entlassung, als 1964 »sieben Achtel der Strafe abgegolten« sind, beschließt er, keinen neuen Komposthaufen mehr anzulegen, sondern das Laub zu verbrennen. Noch Ende Mai 1966, vier Monate vor seiner Entlassung, freut er sich über die Ankunft eines »motorisierten Rasenmähers«.

Es ist erstaunlich, wie großzügig die Leitung des Gefängnisses die Gartenaktivitäten der sieben Häftlinge unterstützt. Ab 1947 stellt sie Jahr für Jahr Arbeitsgeräte, Samen, natürlichen wie

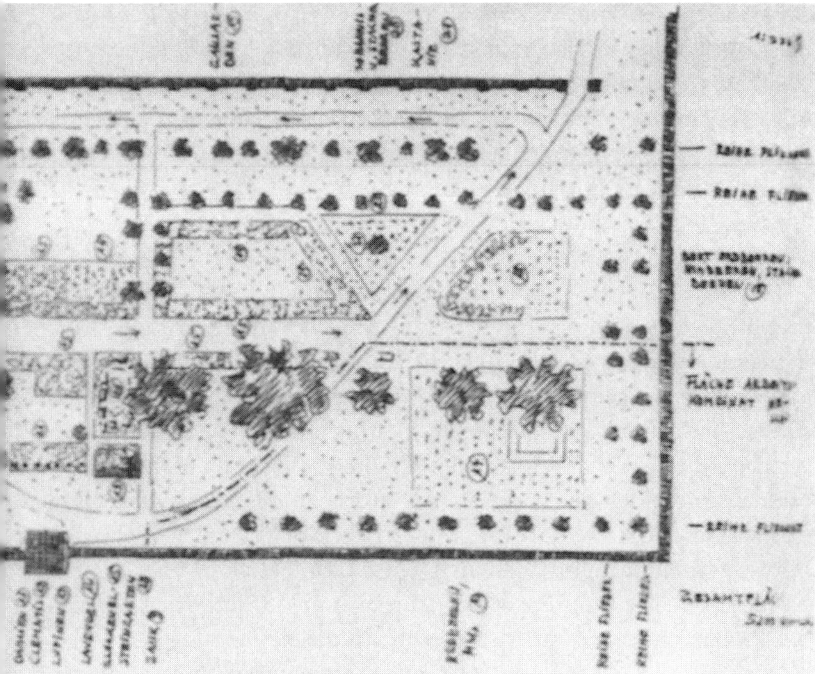

Speers Entwurf für den Garten in Spandau

künstlichen Dünger und Pflanzen bis hin zu jungen Bäumen zur Verfügung. Speer darf Schuppen einreißen und die Ziegel für Rondelle nutzen, nachdem er »wie eine Trümmerfrau« den Mörtel abgeklopft hat. Er entwirft Pläne, die umgesetzt werden. Als Autorität und Aktivist im Garten richtet er üblicherweise die Bestellungen an die Direktoren. Dabei helfen ihm seine ausgiebigen Erfahrungen im Umgang mit Bürokratien: So bestellt er einmal 15 Vogelkästen, wohl wissend, daß nur ein Teil genehmigt wird. Er erhält – wie erwartet – fünf.

Neben der Großzügigkeit der Direktion kommt den Häftlingen zugute, daß es unter den Aufsehern echte Gartenliebhaber gibt. Einer von ihnen, der britische Chefwärter Letham, wird im Mai 1950 durch ein Dekret der Anstaltsleitung für den Garten verantwortlich gemacht und behält diese Funktion über viele Jahre. Aus dem Urlaub im heimatlichen Schottland, wo sein Bruder eine Gärtnerei betreibt, bringt Letham Samen und Blumenpflanzen mit. Der Brite wird zum Fürsprecher der Gefangenen und setzt die Anlage von mehr Blumenbeeten gegen die Bedenken des sowjetischen Direktors durch: Der Russe meint, daß die Arbeiterei im Garten die Bewachung unübersichtlich mache und der Disziplin schade.

Tatsächlich geht es im Garten nicht immer zu wie in einem ordentlichen Gefängnis. So wird der amerikanische Wärter Donaho verwarnt, »weil er auf einem Baum saß und die Laute eines Raben von sich gab«, wie es in einem Sitzungsprotokoll der Spandauer Direktorenkonferenz heißt. Dennoch klettert der Witzbold wieder auf einen Nußbaum und kräht diesmal wie ein Hahn. Darüber amüsiert sich am meisten ein Russe namens Selinawow, der nichts von der strengen Linie seines Direktors hält. Der beliebte Russe erzählt in gebrochenem Deutsch Geschichten von Auerhähnen, Füchsen und Polarbären. Es kommt, so notiert Speer am 7. Oktober 1952, zu unerlaubten Fraternisierungsszenen. Denn bald »schütteln Wärter und Gefangene gemeinsam Nüsse. Nach einiger Zeit hängen alle unsere Gartengeräte oben in den Ästen. Selinawow holt den Gartenschlauch und beginnt die Nüsse einzeln herunterzuschießen.«

In einer anderen Situation wird ein neu eingetroffener amerikanischer Wärter für seine Nascherei im Garten bestraft: Der Aufseher geht jeden Morgen dorthin und verspeist mit Genuß die über Nacht gereiften Erdbeeren. Wachsoldaten geben Speer einen Lippenstift und fordern ihn auf, etliche der noch grünen Beeren rot anzumalen. Das geschieht, und als der Ahnungslose später in die gefärbten unreifen Früchte beißt, verzieht er angewidert sein Gesicht und beginnt wie ein Lama zu spucken. Schadenfroh lachen Wachpersonal und Häftlinge über den Gefoppten.

Freilich kann die Stimmung immer schnell umschlagen, und das fidele Gefängnis mutiert dann schlagartig wieder zum tristen Kerker mit schikanösen Aufsehern. So erhält Häftling Funk im August 1955 den Befehl, unverzüglich seine Sonnenblumen zu

Von Häftlingen gepflanzte Bäume

kappen, die er im Viereck angepflanzt hat und die eine Art Laube bilden. Angeblich behindern die Gewächse die Beobachtung der Häftlinge. »Die Anordnung«, schreibt Speer, »verursachte so etwas wie einen Nervenkollaps bei den meisten.« Der empörte Exwirtschaftsminister Funk will nichts mehr mit seinem Garten zu tun haben, Reichsjugendführer Schirach kappt seine Blumen, die niemand beanstandet hat, und Admiral Dönitz verwüstet seine geliebten Bohnenbeete. »Der Vorfall zeigte«, so Speer, »wie brüchig unser Gleichmut ist und wie dünn geworden unsere Haut.«

In solchen Situationen verstärken sich die zuweilen aufkommenden Zweifel am Sinn der Beschäftigung mit Erde und Pflanzen. »Die Gartenarbeit«, schreibt Speer schon 1951, »wird allmählich zu einer Obsession. Zuerst habe ich sie als Befreiung empfunden. Aber jetzt habe ich manchmal Angst vor der trivialisierenden Wirkung solcher mechanischen Tätigkeit. Bei der ausdauernden Gartenarbeit werde ich womöglich auch intellektuell und seelisch zum

Gärtner. Das Überleben in der Haft ist ein Balanceproblem.« Im Oktober 1955 sinniert Speer vor einer Pappel, die Neurath und Dönitz nach der Ankunft in Spandau vor neun Jahren gepflanzt hatten: »Sie ist unterdessen 15 Meter hoch und für mich das wohl erschreckendste Symbol für die Zeit, die mir hier verrinnt.«

Speer beobachtet Veränderungen im Verhalten der Häftlinge. Er schildert, wie Mitgefangene im Garten eine Spinne ins Netz einer Artgenossin setzen. Sie erwarten einen Kampf auf Leben und Tod. Als nichts passiert, werden Motten und Grashüpfer gefangen und ins Spinnennetz geworfen. Nun verfolgen die Häftlinge fasziniert, wie die Spinne die geschenkte Beute mit einem Biß betäubt, dann einspinnt und fesselt. Spinnenfütterung wird fortan zur Manie Schirachs – und einiger Wachsoldaten. »Gemeinsam im Gras auf den Knien verfolgten heute ein amerikanischer, ein französischer, ein russischer Wärter und Schirach einen Grashüpfer«, beobachtet Speer. Dönitz kommentiert: »Jeder von uns hat seinen Tick bekommen.«

Rudolf Heß, der ehemalige Stellvertreter Hitlers, hat tiefe Vorbehalte gegen das Gärtnern. Zwar findet er den Anbau von Gemüse nützlich; aber Speers buntblühende Beete mag er nicht. »Ich kann keine Freude daran haben, Blumen erinnern mich an draußen«, mosert er einmal mit saurem Gesicht. Ein andermal weist er Speer darauf hin, »daß Gartenarbeit in Nervenheilanstalten meist den Schwachsinnigen verordnet wird«. Seine unausgesprochene Folgerung: Wer gärtnert, verblödet.

Allerdings hilft der zu Depressionen neigende Lebenslängliche Heß dem hyperaktiven Speer einmal mit einer großartigen Idee: Speer hat ausgerechnet, daß er gut acht Kilometer zurücklegt, wenn er auf einem von ihm angelegten 270 Meter langen Weg auf dem Gartengelände 30 Runden dreht. Er tut das mit fanatischer Ausdauer jeden Tag zusätzlich zur Gartenarbeit. Einmal fragt er den auf einer Bank sitzenden Zuschauer Heß, ob er nicht festhalten könne, wie oft er an ihm vorbeikommt, denn beim konzentrierten Schnellgehen würde er sich zuweilen verzählen. Da gibt ihm Heß 30 Erbsen und den Tip: »Die tun Sie in die linke Hosentasche und bei jeder Runde eine davon in die rechte.«

So löst Speer sein Zählproblem, und die Erbsen bewähren sich vorzüglich, als er 1954 seine Gartenrunden zur »Weltwanderung im Kreis« erhebt. Der Gefangene stellt sich vor, daß er seine stupiden Fitneßrunden nicht im Garten der Haftanstalt dreht, sondern zum Beispiel in der märkischen Landschaft von Berlin nach Heidelberg wandert. Er hat sich mit Karten, Reiseberichten und kunstgeschichtlichen Büchern vorbereitet und sieht in seiner Phantasie Wälder, Städte und historische Bauten. Von Heidelberg geht es weiter über die Alpen, den Balkan, die Türkei, quer durch Asien. Über Sibirien kommt Speer nach Alaska. Dann wandert er durch Kalifornien nach Mexiko.

Speer führt genau Buch über seine virtuelle Reise und verzeichnet Mitte 1955 einen Tagesrekord von 24,7 Kilometern; er errechnet einen Stundendurchschnitt von 5,8 Kilometern. Die Literatur zur Vorbereitung der Wanderetappen darf er sich unter anderem aus der Spandauer Stadtbücherei ausleihen. Freund Wolters, der Sibirien kennt, spielt mit und warnt Speer in einem Brief vor Gefahren beim Überqueren der dortigen Flüsse. Ein aus Alaska stammender Wärter leiht Speer ein Dutzend Bücher über den nordwestlichen US-Bundesstaat.

Speers Tagebuch-Aufzeichnungen werden nach Beginn der imaginären Weltumrundung im Gefängnisgarten eine Mischung aus Phantasie und Fakten: »19. Juni 1955: Ich habe die letzten Kilometer nach Wien zurückgelegt und vom Kahlenberge aus die Stadt vor mir liegen sehn. Ich sah, in meiner Vorstellung natürlich, jene Stelle, wo Hitler nach dem Anschluß eine Tafel hatte anbringen lassen, wonach Wien eine Perle sei, der er eine richtige Fassung geben wolle ... 6. August: Flimmernde Hitze über der Pußta, während ich, einige Kilometer von der Donau entfernt, die Strecke von Budapest nach Belgrad zurücklegte. Von der nahen Havel hörte ich das Geräusch der Schleppkähne, die mir zu Donauschiffen wurden ... 24. Dezember: Heute früh verließ ich Europa und ging über die Schiffsbrücke nach Asien. Es will mir nicht gelingen, mir das großartige Panorama vorzustellen: Moscheen und Mina-

Häftling Speer beim Rasenmähen

rette inmitten des Gewirrs von kleinen Häusern. Wieviele Türme hat die Hagia Sofia?«

Am 2. Dezember 1956 notiert Speer: »Heute befinde ich mich 395 Kilometer vor Kabul. Ich rechne damit, daß ich, wenn keine Schneestürme auftreten, Mitte Januar in der Hauptstadt von Afghanistan ankommen werde.« Enttäuschte Erwartungen reflektierend, fügt er hinzu: »Ich hoffe zwar, daß ich nicht mehr bis Kalkutta zu laufen brauche, aber das dachte ich vor einem Jahr von Kabul auch.« Der Marsch wird noch weit über Indien hinausgehen. Am 13. Juli 1959 hat Speer Peking erreicht. Im Stil eines Reporters berichtet er: »Als ich zum kaiserlichen Palast kam, fand auf dem großen Platz gerade irgendeine Kundgebung statt. Zwei-, drei-, vierhunderttausend Menschen – wer will das wissen! In der unaufhörlich hin- und herwogenden Menge verlor ich rasch alle Orientierung; auch ängstigte mich die Uniformität der Menschen. Auf schnellstem Wege verließ ich die Stadt.«

An jenem Tag notiert Speer auch, daß er in den vergangenen Wochen aufgrund intensiver Gartenarbeit mit der Wanderung in Verzug geraten sei. Er hat weniger Kilometer zurückgelegt als vorgesehen, sein Durchschnittstempo pro Stunde ist zurückgegangen. Kein Wunder. Denn jeden zweiten Tag schleppt er fünfzig Kannen Wasser zu je zehn Litern. Das ergibt eine »bewegte Last von 500 Litern oder einer halben Tonne«. Diese Schwerarbeit nimmt er auf sich, weil der automatische Wassersprenger (»System Brill«) ihm nur jeden zweiten Tag zur Verfügung steht und er unbedingt will, daß von den Pflanzen, die er im Frühjahr gesetzt hat, alle angehen. Stolz zieht er Bilanz: Von sechzig sind trotz der tödlichen Hitze nur zwei Pflanzen eingegangen.

In diesem Sommer kann Speer die Grasflächen mit einem leistungsstarken neuen Rasenmäher stutzen. Aber auch der erfordert kräftigen körperlichen Einsatz. »Der Widerstand der Maschine entspricht einem Höhenunterschied von vierhundert Metern«, errechnet Speer und findet wieder einmal einen Vergleich, der Zahlenangaben verständlich machen soll: »Es ist also, als ob ich einen mittleren Berg im Schwarzwald hinaufsteige. In Wirklichkeit habe ich viertausend Quadratmeter gemäht.«

Neben der Trockenheit bedrohen im heißen Sommer 1959 auch wilde Kaninchen die Pflanzen. Sie fressen die Knospen von Speers Nelken. Er hat irgendwo gelesen, daß die eifrigen Nager kein Mottenpulver mögen. Das Abschreckungsmittel wird ihm besorgt. Weil der sowjetische Direktor kein Mottenpulver genehmigt, muß er es verstecken. Später stellt sich heraus: Das ausgestreute Pulver vertreibt die Kaninchen keineswegs; sie bedrohen weiter die Flora in Spandau. Erst 1960, als die Tiere von einer Seuche befallen werden, erledigt sich das Problem. Speer resümiert zufrieden: »Die Blumen sind gerettet.«

Den Mitgefangenen Neurath aber grämt das Verschwinden der Wildkaninchen. Der ehemalige Außenminister ist ein passionierter Jäger und liebt es, die Tiere zu beobachten, wenn er sie schon nicht abschießen kann. Immerhin darf ihm seine Familie seine alte Jagdweste schicken; »ein melancholischer Trost«, findet Speer.

Er selbst beobachtet lieber Pflanzen als Tiere. Und zuweilen beschreibt er Gewächse mit einer Genauigkeit, die gute Botaniker auszeichnet; dazu kommt die Phantasie eines Lyrikers. So schildert Speer im Mai 1956 die Entwicklung einer Knospe an einem von ihm gepflanzten Kastanienbaum, der inzwischen zwei Meter groß geworden ist: »Vor genau einer Woche klappte die harte Winterhülle einer sieben Zentimeter hohen Knospe nach unten. Gestern noch hatte die unterste der drei Etagen die Form einer Zuckerzange, während die oberste einem ägyptischen Kapitell ähnelte. Nun hat sie wie auf einem gut organisierten Bau im gegenseitig sich ergänzenden Rhythmus sinnvoll sechzehn Kastanienblätter entwickelt, von denen jedes Blatt in sieben Einzelteile zerfällt. Hundertzwölf Einheiten. Die Blätter hängen heute schlaff herunter; wie ermüdet vom schnellen Wachstum.«

Seine Beobachtungen regen Speer zu Experimenten an. Im Sommer 1951 legt er Erbsen und Bohnen verschieden tief in die Erde und verfolgt ihre Entwicklung. Verlieren die Keime ihren Richtungssinn nach oben, wenn sie statt sieben Zentimeter vierzig Zentimeter tief eingegraben werden? Wachsen die Triebe auch dann im scharfen Bogen senkrecht nach oben, wenn der Keimansatz nach unten gelegt wird? »Keiner der vielen Triebe verließ die Senkrechte auch nur um einige Grade, selbst nicht diejenigen, die in einer Tiefe von 40 Zentimetern keimten«, findet Speer heraus.

1960 schildert er die Entwicklung einer Goldrute, einer schönen gelbblühenden Wildstaude: Die Wurzel der Pflanze ist zufällig auf den Grund eines Wasserbeckens geraten, das Speer aus einer alten Badewanne errichtet hat. Wenn Speer das Wasser abläßt, neigt sich mit dem sinkenden Wasserspiegel der Stengel. Speer folgert: Die Pflanze habe also die Stabilität ihres Stengels nur nach der für das Wasser erforderlichen Stärke gebildet. Er setzt die Pflanze in eine Wiese um und stellt fest, daß sie nach einigen Tagen so kräftig wie die anderen Goldruten wird und aufrecht im Wind steht. Speer denkt über seine Erkenntnis nach: »Ähnlich mag es sich mit der seelischen Stabilität der Menschen verhalten; sie paßt sich den Umständen an. Dies läßt auch schwache Naturen extreme Belastungen überstehen.«

Speer ist stark und übersteht die Belastungen der Haft vor allem dank seiner Aktivität im Garten. Anders als die stupiden Fitneßrunden im Gefängnishof bedeuten Stunden im Garten schöpferische Kreativität. Im Umgang mit seinen Pflanzen kann der sonst völlig rechtlose Gefangene Entscheidungen treffen. Er kann Gewächse hegen und pflegen; er kann sie ausmerzen, wenn sie nicht wachsen und gedeihen. Im Garten agiert selbst der Gefangene als Herr über die Natur. Speer fiebert der Gartenarbeit immer entgegen.

Die kennt, abgesehen von einigen Winterpausen, keine Unterbrechungen. Und die Arbeitszeit im Garten verschiebt sich während Speers zwei Jahrzehnten in Spandau nur zweimal: Als im Sommer 1957 Arbeiter das Gefängnisdach reparieren, werden die Gefangenen statt morgens erst um sechs Uhr abends auf das Gelände gelassen; die Dachdecker sollen die Häftlinge nicht sehen. Die vorübergehende Regelung verkürzt die Gartenstunden, bringt aber auch einen Vorteil: Zum ersten Mal seit zehn Jahren erlebt Speer Abende im Freien. Dabei nimmt er Farbveränderungen wahr, die er schon vergessen hatte. »Das Grün wirkt kräftiger, das Blau und Rot der Blumen lebhafter und der Gartenraum weit größer«, notiert er. »Wie gern möchte ich einmal im Mondschein spazierengehen.«

Im April 1961 entsteht eine ähnliche Situation, als jenseits der Nordmauer der Haftanstalt ein Neubau hochgezogen wird. Vom Gerüst aus könnten Bauarbeiter – und damit auch Photoreporter – den Garten einsehen. Deshalb dürfen die Gefangenen nur an Samstagen und Sonntagen und werktags nach Feierabend in den Garten. Die Vorkehrungen nützen freilich nichts; im britischen *Daily Express* erscheinen Bilder von den Nazi-Häftlingen. Trotz Verbot zeigen Wärter den Gefangenen die Zeitung. Die freuen sich, doch Speer bewegt in jenen Tagen etwas anderes: »Heute erstmals im Frühdunkel im Garten«, notiert am 3. April, »ich konnte die Venus sehen!«

Was Speer nicht sehen kann, erscheint ihm zuweilen im Schlaf. So träumt er von unerreichbaren Gärten. Einmal ist er über die hohe Gefängnismauer gestiegen und hat auf der anderen Seite Rosengalerien, Blumenbeete und Springbrunnen vorgefunden – »wundervolle Gartenarchitektur, die der im Palacio del Generalife in Granada nicht nachsteht«. Als er den Rückweg zu seiner Zelle nicht findet, erfaßt ihn Panik, und er erwacht mit Herzklopfen aus seinem Traum.

Dagegen kann der reale Garten von Spandau dem rastlosen Mann eine tiefe innere Ruhe geben. »Eine Amsel badete im Badewannenteich und sang danach über mir im Nußbaum. Ein junger Spatz hatte sich unter der Gartenbank verirrt. Fünf Falken übten unterdessen Kunstflug im Wind. Einer von ihnen setzte sich dann einige Meter entfernt von mir auf einen Wasserhahn, flog auf den Rasen, um aus der Badewanne zu trinken.« So schildert Speer einen Sonntag im Gefängnisgarten und zitiert zustimmend Heß, der »fast etwas geniert« sagt: »Wie im Paradies.« In solchen Momenten fühlt sich Speer in einer anderen Zeit und Welt. »Auf der Bank im Garten heute sah ich mich einen Augenblick als Mönch und den Gefängnishof als Klostergarten«, schreibt er. Er denkt darüber nach, ob ihm später einmal »diese ruhigen Tage mit den Büchern und der Gartenarbeit ohne Ehrgeiz und ohne Ärger fehlen werden«.

Gedanken an die Zeit nach Spandau verunsichern Speer. Als er einmal bei einem Feuer im Frühjahr in die Flammen starrt, weiß er nicht mehr, »ob ich die Freiheit noch will«. Seinem Schwiegersohn schreibt er während der letzten Phase seiner Haft: »Es gibt Zeiten, da habe ich Angst vor der Zukunft und denke, es wäre vielleicht das Beste, wenn ich nach meiner Freilassung das Spandauer Leben auf irgendeine Art fortsetzen würde. Ein kleines, abgetrenntes Zimmer irgendwo, eine Art Zelle, ein Garten, Stille und Musik, mit den anderen nur brieflich verkehren – vielleicht würde ich so ein besserer Mensch.«[3]

Speer denkt an seine imaginäre Wanderung um die Welt, als die Zeit in Spandau zu Ende geht. Der Zahlenfanatiker hat die zurückgelegten Kilometer penibel registriert. Bei seiner Entlassung, am 1. Oktober 1966, sind es 31936 Kilometer. Er hat Europa, Asien und Amerika von Alaska bis nach Mexiko hinter sich und damit drei Viertel der Erde umwandert. Seinem Freund Wolters schickt Speer ein Telegramm: »Bitte 35 Kilometer südlich von Guadalajara in Mexiko abholen.« Das sichtbare Ergebnis seiner Haftzeit ist der Landschaftsgarten hinter den Mauern des Gefängnisses. Außer den Wachmannschaften kann den nur noch Rudolf Heß genießen, der allein zurückbleibende Lebenslängliche.

Die Entlassenen läßt der Garten nicht los. Speer hat das schon 1961 aus einem Zeitungsinterview mit dem freigekommenen Neurath erfahren. Der während der Haft mehr an den Wildkaninchen als an Pflanzen interessierte ehemalige Außenminister fragt einen Reporter beunruhigt: »Was wird wohl ohne mich aus meinem Garten?« Nach seiner Freilassung plagen Speer ähnliche Gedanken. »Träume wie diesen habe ich jetzt häufig«, schreibt er im Epilog zu den *Spandauer Tagebüchern*, »um jemanden zu besuchen, kehre ich nach Spandau zurück. Mit Erschrecken sehe ich den verwilderten Garten und die ungepflegten Wege.«

Spandauer Gefängnisgarten am Ende von Speers Haftzeit

Doch während Speer noch von seinem Spandauer Garten träumt, beschäftigt er sich in den ihm verbleibenden 16 Jahren bis zu seinem Tod 1981 nie mehr mit Gartenarbeit oder Gartengestaltung. »Sobald mein Vater aus dem Gefängnis entlassen war, hat er sich für Gärten als Tätigkeitsfeld nicht mehr interessiert«, berichtet Speers älteste Tochter, die Berliner Erziehungswissenschaftlerin und Grünen-Politikerin Hilde Schramm. Statt dessen schreibt »des Teufels Architekt«, wie der Historiker Golo Mann Speer einmal nannte, Bücher über die Hitler-Zeit. Dabei pflegt er seine persönliche Legende vom schuldig-unschuldigen Technokraten, der nur grandiose Bauten errichten will und dabei nicht wahrnimmt, wie er zum Kumpanen von Verbrechern wird[4].

Ein kleines, weniger umstrittenes Denkmal hat sich Speer als Gärtner gesetzt. Doch leider sind von seinem bemerkenswerten Zwischenspiel als Landschaftsgestalter keine Spuren erhalten: Schon in den siebziger Jahren, als in Spandau nur noch Rudolf Heß seine Strafe verbüßt, haben sich die Russen insgeheim mit den Westalliierten verständigt: Wenn der letzte der sieben Kriegsverbrecher stirbt und die Viermächte-Verantwortung für das Gefängnis endet, wird der gesamte Komplex abgerissen. Das passiert blitzartig nach Heß' Tod 1987. Der rote Backsteinbau soll keine braune Kultstätte werden.

Mit den Mauern und Gebäuden verschwinden auch die Bäume, die Speer gepflanzt, die Rondelle und Rabatten, die er angelegt hat. Auf dem Gelände wird zunächst ein Einkaufszentrum für britische Armeeangehörige errichtet. Heute bieten dort ein Media-Markt und eine Lebensmittelkette ihre Waren an. Nur ältere Anwohner im Bereich der Spandauer Wilhelmstraße erinnern sich, daß dort einmal ein Gefängnis stand, hinter dessen Mauern es auch einen großen Garten gab.

»Dann erwärmt sich das Gärtchen vom Wehen des Südwinds«

Der »Hortulus« des Walahfrid Strabo

Gemüse, Gemüse und nochmals Gemüse – eine Insel voller Tomaten, Gurken, Zucchini und Salatköpfe! Wohin man blickt, schieben sich riesige Gewächshäuser ins Bild: Scharf zeichnen sich ihre spitzen Giebel gegen den wolkenlosen Himmel ab, und blendend reflektieren die Glasdächer die Sonne. Zwischen den gläsernen Kathedralen des Gartenbaus liegen ausgedehnte Freilandflächen. Über zwei Meter hoch sind die in Reihen ausgerichteten Tomatenwälder und hängen voller glänzender Früchte in allen Reifungsstadien. Wie riesige Zebrastreifen liegen die Salatfelder in der Landschaft: eine Reihe grüner Eichblattköpfe neben den braunen – genau so, wie die »bunte Mischung« in die Verkaufskartons gepackt wird. Ein Spaziergang durch die »reiche Au«, diesen 430 Hektar großen Gemüsegarten im Bodensee, ist ein Wechselbad der Düfte: dunkelherb, leicht muffig riechen die Tomaten, zwiebelig scharf die gerade abgeernteten Schnittlauchbüschel; Sellerie erinnert an frische Suppe, und gleich daneben stinkt der Kohl.

Die Reichenau – ein einziger großer Garten. Die Inselbewohner pflegen dieses Image auf ihren Feldern genauso wie bei den Sommerblumenbeeten vor ihrer Haustür, und sie berufen sich dabei auf eine lange Tradition: Vor mehr als 1200 Jahren haben Mönche das Land urbar gemacht – Wälder gerodet, Feldfrüchte angebaut und Reben gepflanzt. Noch heute wachsen Gutedel, Müller-Thurgau, Kerner und blauer Burgunder in Hanglagen. Da reifen gute Tröpfchen unter knallblauen Nylonnetzen – begleitet von lauten Böllerschüssen und elektronischem Vogelschreck, denn in dem dichten Schilfgürtel rund um das Eiland nistet allerlei Federvieh, das im See reiche Nahrung findet. Doch zum Leidwesen der Winzer nächtigen dort auch Abertausende Stare, die es tagsüber auf ihre Trauben abgesehen haben.

Lange haben Fische und Wein die Insulaner ernährt. Dann erst kam das Gemüse, das unter dem Motto »... täglich frisch von der Gemüseinsel« vermarktet wird – jedes Jahr 18000 Tonnen! Und auch auf diesem Feld berufen sich die Reichenauer auf das klösterliche Erbe: Hat doch ein Benediktinermönch schon im 9. Jahrhundert hinter den Klostermauern Kräuter und Gemüse gezogen. Sein kleiner Garten ist sogar weltberühmt geworden, weil er ihn im ersten Gartengedicht des deutschen Mittelalters beschrieben hat. Sein *Liber de cultura hortorum*, kurz *Hortulus* genanntes »Buch über den Gartenbau« ist ein Lehr- und Preisgedicht, das den Kräutergarten der Benediktinerabtei auf der Reichenau zum Inhalt hat. In 444 klassischen Hexametern schildert der Dichter die beschwerliche Arbeit im Garten; bildhaft porträtiert er 23 Gemüse- und Heilkräuterpflanzen, indem er sie botanisch beschreibt, ihr therapeutisches Potential auslotet und gleichzeitig den Bogen zur antiken Mythologie sowie zur christlichen Vorstellungswelt schlägt.

Walahfrid heißt der dichtende Mönch mit Pflanzenverstand, der der Nachwelt ein einmaliges Zeugnis der karolingischen Gartenkultur hinterlassen hat. Selbstbewußt muß er gewesen sein und wenig eitel, denn seinen auffälligen Schönheitsfehler hat er im Namen aufgenommen: Walahfrid Strabus, Walahfrid der Schieler. Dabei beweist er Humor, wenn er seinen lateinischen Beinamen in einem Brief an die Kaiserin kommentiert: »Obwohl die Regel fordert, daß man Strabo sagt, will ich mich Strabus nennen; ich soll Strabus sein. Das Werk, das der Schöpfer verdorben hat, wenn ich das sagen darf, das will ich mit einem verdorbenen Namen nennen. Gott sei mir gnädig.«[1]

Ansonsten aber hat der Herr es gut mit »dem Schieler« gemeint und ihn mit zahlreichen Talenten ausgestattet: Walahfrid Strabo ist ein begabter Dichter, ein herausragender Gelehrter, ein anerkann-

Walahfrid Strabo (li.) als Illustration einer mittelalterlichen Handschrift

ter Theologe, ein geachteter Lehrer und ein emsiger Gärtner mit großer Pflanzenkenntnis. Vor allem aber ist er ein Mann des Klosters – Mönch und später Abt des Klosters auf der Reichenau, eines der bedeutendsten Benediktinerklöster im Deutschland des frühen Mittelalters.

Frühlingserwachen

Von seiner Zelle aus kann Walahfrid den Wechsel der Jahreszeiten in seinem Garten beobachten. Wenn erste Sonnenstrahlen die Nebel über dem See vertreiben und das Frühjahr ankündigen, steht der Abt an der Tür, die Hände unter dem Skapulier verborgen, und blickt stumm in den von Mauern umschlossenen kleinen Garten. Es ist ihm die liebste Zeit des Jahres, wenn der Winter »bei Ankunft des Frühlings in die tiefsten Gründe der Erde vertrieben ist und sich dort verkriecht, und wenn der Lenz in erneuter Gestalt sich rüstet, die starren Spuren des gierigen Winters zu tilgen und den matten Fluren ihren alten Glanz wiederzugeben« (22)[2].

Der Mönch lauscht den munter singenden Vögeln. Die dunkle Jahreszeit ist vorbei, »wenn Kräuter und Blumen, von Zephyr gelockt, aus den Wurzeln zarte Triebe senden, die, aus Haß auf die eisgrauen Fröste, sich lang im dunklen Erdenschoß bargen. Und wenn die Wälder mit Laub, die Hügel mit saftigem Gras und üppige Wiesen mit prangendem Grün sich verjüngen« (28), dann drängt es den Mönch hinaus, denn schon »erwärmt sich das Gärtchen vom Wehen des Südwinds und warmen Sonnenstrahlen« (35).

Die Winterruhe ist beendet. Sauzahn, Spaten und Karre stehen bereit. Ein wenig drängt die Zeit, denn es gibt viel zu tun: Brennesseln »sind auf der Fläche des kleinen Feldes gewachsen

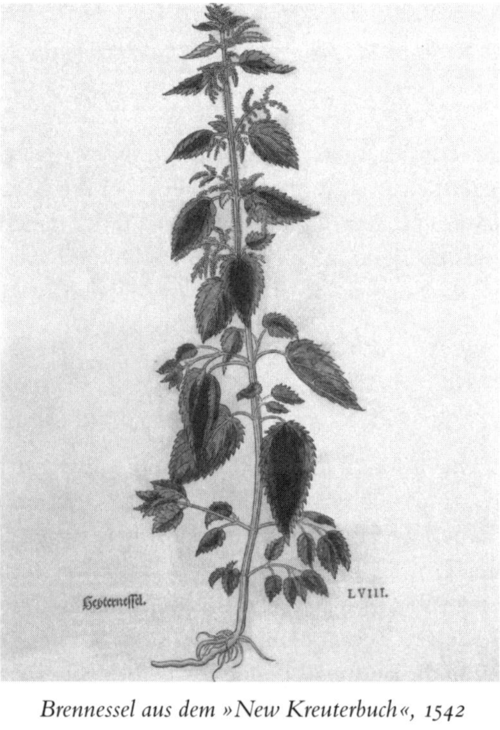

Brennessel aus dem »New Kreuterbuch«, 1542

wie Pfeile, die mit brennendem Gift bestrichen sind«. Brennendes Gift – brennende Lust oder schmerzliche Liebe – die Volkssymbolik kennt beide Bedeutungen. Im *Alten Testament* hingegen zeugen Nesseln vom Laster der Faulheit. »Was sollte ich tun?« fragt der Gärtner, »ganz dicht waren Wurzeln im Erdreich verkettet« (35).

Beherzt rückt er dem Unkraut zu Leibe, denn angesichts des verwilderten Klostergartens fühlt sich der gärtnernde Mönch doppelt gefordert, will er doch durch sein Wirken der rechten (göttlichen) Ordnung zum Sieg verhelfen: Durch das Gebet will er als Mönch das Böse vernichten, durch die »cultura hortorum« als Gärtner die Nesseln ausmerzen und als Dichter durch Verse das Profane veredeln: »Also säume ich nicht und gehe den Schollen mit Saturns gezahntem Werkzeug zu Leibe, breche das starrende Erdreich auf, zerreiße die verfilzten Wurzeln der von selbst wuchernden Nesseln, zerstöre die Gänge, in denen die lichtscheuen Maulwürfe hausen, und hole die Regenwürmer ans Tageslicht« (41).

Mehr als 1 200 Jahre sind diese Verse alt, und trotz aller Metaphorik sind sie so wirklichkeitsnah, daß sie nur jemand geschrieben haben kann, der tatsächlich im Schweiße seines Angesichts schon einmal Brennesseln gehackt hat. Darüber hinaus gehören Wildwuchs und lichtscheues Getier zur Geschichte der Reichenau: Als der wandernde Missionar Pirmin 724 die Insel mit einem Kahn ansteuert, um dort ein Kloster zu gründen, ist sie seit Jahrhunderten unbewohnt. Das sumpfige Gelände ist dicht mit Gestrüpp bewachsen, in dem wilde Tiere, Kröten und Schlangen hausen – ein ziemlich unwirtliches Terrain, doch in seiner Abgeschiedenheit ein idealer Ort für ein Kloster! Und siehe da, als der fromme Pirmin seinen Fuß auf das Eiland setzt, stürzt sich das eklige Getier fluchtartig ins Wasser. Drei Tage und drei Nächte, so will es die Legende, soll die Flucht gedauert haben. Danach kann Pirmin mit 40 Männern beginnen, die Wälder zu roden, um die Insel urbar und bewohnbar zu machen.

Als Walahfrid Strabo 808 geboren wird (andere Quellen legen seine Geburt auf das Jahr 809), gehört die Abtei schon zu den mächtigsten, reichsten und einflußreichsten Klöstern des Karolingerreichs, denn Karl der Große (747–814) hatte sie zum Reichskloster erhoben und 780 mit erheblichen Privilegien ausgestattet. Überhaupt hätschelt der 800 zum Kaiser gekrönte Karl die Klöster, denn er braucht die Mönche als Kolonisten und Missionare an den Rändern seines Riesenreiches, das aus den heutigen Gebieten von Deutschland, Frankreich, der Schweiz und Norditalien besteht. Außerdem sollen die schreib- und lesekundigen Mönche bei der Verwaltung helfen und in ihren Klöstern die Kinder des Adels unterrichten.

Mit acht Jahren haben die Eltern ihren Sohn Walahfrid in die Obhut der Mönche gegeben. Offenbar stammt der schielende Novize im Unterschied zu seinen adeligen Klosterbrüdern aus kleinen Verhältnissen. »In Armut verbrachte ich meine Jugend«, schreibt er an einer Stelle, und viel mehr erfahren wir auch nicht über seine Herkunft. Etwa 100 Mönche leben zu seiner Schulzeit hinter den Mauern der Abtei, die enge personelle Verbindungen zum Kaiserhof in Aachen pflegt: Walahfrids Lehrer Grimald und der Abt Wetti gehören zu den angesehenen Intellektuellen des Reiches; andere aus der Führungsriege des Klosters beraten den Kaiser, leisten ihm geistlichen Beistand, übernehmen diplomatische Missionen. Sie mischen kräftig in der Politik mit, und durch großzügige Schenkungen adeliger Gönner wächst der Grundbesitz des Bodenseeklosters beträchtlich.

Inmitten dieser einflußreichen Männergesellschaft erhält Walahfrid eine umfassende theologische Bildung. Der Novize paukt die Ordensregeln des Benedikt von Nursia (480–547) und die Psalmen, die er sein Leben lang nun täglich wiederholen wird – in einem strengen Zyklus, der vor Sonnenaufgang beginnt und erst nach Sonnenuntergang endet. Außerdem lernt er, fehlerfrei Latein zu sprechen, klar in der Aussprache und sauber in der Grammatik. Dazu Rhetorik und Dialektik als Hauptfächer, später stehen auch Mathematik, Geometrie, Astronomie und Musik auf dem Lehrplan.

Im Alter von 15 Jahren wird er Armut, Keuschheit und Gehorsam geloben, um als Mitglied des Benediktinerordens ein gottgefälliges Leben zu führen. Die Reichenau wird Walahfrids Heimat: »Dort, wo der Rhein von den Alpen aus Italien herabströmt, breitet er sich nach Westen hin aus wie ein gewaltiges Meer«, beschreibt er ihre Lage: »Inmitten der Flut erhebt sich eine Insel, Augia heißt sie mit Namen, um sie herum liegt Deutschland.«[3]

Der dichtende Mönch

Schon als Klosterschüler fühlt der Novize sich zu Höherem berufen: »Ein Funke steckt in mir und bedarf des Zunders!«[4] prahlt er, und tatsächlich ist der Junge ein heller Kopf mit sprachlichem Talent. Schon bald schreibt er kleine Texte für seine Klosterbrüder, die sich gern damit schmücken. Die Dichtung wird Walahfrids Muse, und mit knapp 18 Jahren tritt er erstmals mit einem literarischen Werk vor ein größeres Publikum: Die *Visio Wettini* ist die in 900 Verse gefaßte Todesphantasie seines verstorbenen Abtes Wetti.

Der fromme Poet ist stolz auf sein Werk, gleichzeitig aber plagt ihn die Angst vor seinem Abt und seinem Lehrer, die ihn streng kontrollieren und uneingeschränkten Gehorsam fordern. Walahfrid weiß, daß die beiden das Verseschmieden ihres begabten Schülers eher skeptisch betrachten und es ihm schlimmstenfalls ganz verbieten können. Deshalb schickt er seinen Text an Grimald, seinen früheren Lehrer, der es inzwischen zum Kaplan am Kaiserhof gebracht hat, und bittet ihn, den Text auf Fehler durchzusehen, denn sonst, so fürchtet der junge Dichter, drohen ihm Prügel. Seine Oberen, schreibt er an Grimald, seien zwar »in dieser Kunst [des Dichtens] wie auch in anderen bestens ausgebildet, lieben sie aber nicht sonderlich«[5].

Es scheint, der junge Walahfrid ist in einen Richtungsstreit geraten, der unter den Benediktinern herrscht, seit Ludwig der Fromme (814–840), der Sohn Karls des Großen, regiert: Darf ein Mönch Künstler sein? Eine konservative Fraktion betrachtet jegliche individuelle Kunstleistung mit Skepsis. Verführen denn nicht besondere Begabungen und die Entfaltung des Ichs zur Selbstgefälligkeit? Widerspricht nicht Walahfrids lustvolle Beschäftigung mit den antiken Dichtern Vergil oder Ovid dem Gebot der Askese? Verstößt nicht der Stolz auf das eigene Werk gegen das Gesetz der Demut? Nur Gott zum Ruhm soll ein Mönch dichten, nur ihm soll das Werk gefallen. Die Ordensleute, so wollen es die Konservativen, sollen sich in der Weltabgeschiedenheit hinter den Klostermauern ganz auf das spirituelle Leben – auf den Gottesdienst und das Gebet – konzentrieren.

Tatsache ist, daß Walahfrid nicht lange nach der Veröffentlichung der *Visio Wettini* die Reichenau verläßt. Nicht ganz freiwillig, wie einige Forscher meinen, zieht er in die große Abtei von Fulda um. »Tiefgebeugt von bittrer Armut«, muß der Jüngling dort seinen Lehrer schriftlich daran erinnern, daß er ihm zum Herbst ein neues Paar Schuhe versprochen habe[6]. Der Dichter-Mönch ist todunglücklich: »Meine Tränen fließen, denk ich, / Wie mir einst so wohl gewesen, / Da die Reichenau dem Knaben / Noch, die sel'ge, Obdach gönnte.« Einsam und verlassen verzehrt Walahfrid sich in Heimweh nach der »insula felix«, der glücklichen Insel: »Immer steht nach dir mein Sehnen, / Dein gedenk ich tags und nächtens, / Die du uns versorgt mit allem, / Das wir brauchen, sel'ge Insel.«[7]

Unbeirrt schreibt der zum Dichten Berufene Gedichte, verfaßt poetische Briefe, kleidet die Lebensgeschichten von Heiligen in Verse und schreibt schließlich sein heute bekanntestes Gedicht, den *Hortulus*, das »Buch über den Gartenbau«. Es ist ein sehr lebendiger, persönlicher Text: Walahfrid schreibt über sich selbst. Er ist der gärtnernde Mönch, der sich mit geradezu zärtlicher Hingabe seinem Garten widmet und sogar schmutzige und anstrengende Gartenarbeit mit Freude verrichtet.

Daß es den so besungenen Garten auf der Reichenau wirklich gegeben hat, ist in der Forschung unbestritten. Dagegen sind die Wissenschaftler uneins, wann und wo das Gedicht entstanden ist. Ist es ein Werk, das der junge Walahfrid in Fulda geschrieben hat? Oder ist es – wie die meisten Forscher annehmen – ein Spätwerk, das er als Abt des Klosters auf der Reichenau geschrieben hat? Dafür spricht vieles.

Zum Beispiel die Widmung für seinen Vertrauten Grimald, der inzwischen Abt im Nachbarkloster Sankt Gallen geworden ist. Es ist ein anrührend idyllisches Bild, das Walahfrid von Grimald zeichnet, der als alter Mann im Baumgarten »unter schattigen Obstbäumen mit laubigen Wipfeln« sitzt. Es herrschen

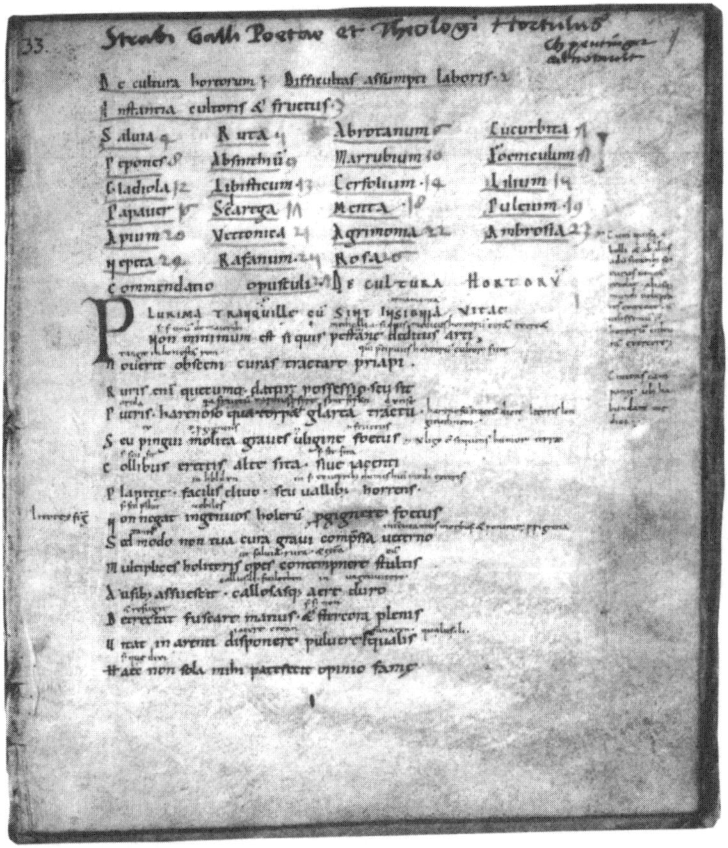

Titelblatt der Leipziger Handschrift des Hortulus

Ruhe, Gelassenheit, aber auch Melancholie, wenn Jung und Alt unter dem Pfirsichbaum aufeinandertreffen. Es ist die Lebensernte, wenn »spielende Knaben, deine fröhlichen Schüler, das weißliche, zartpflaumige Obst auflesen, dir die riesigen Früchte in die mächtigen Hände legen und die großen Pfirsiche zu umgreifen versuchen« (435).

Meist ist die Stimmung des Gärtners jedoch heiter. Er betrachtet seine Pflanzen und spricht sie an, als seien sie menschliche Gegenüber. Er amüsiert sich über den dicken »Bauch« und den »dünnen Hals« des Flaschenkürbis, in den Zweigen der Eberraute sieht er »feines Haar«, und die Melone vergleicht er mit einem »rollenden Ei« – aus vollem Herzen liebt er diese Geschöpfe, und er äußert sich mit einer solchen Naturbegeisterung, wie man sie im »dunklen frühen Mittelalter« kaum erwartet.

Dabei verzichtet der Mönch nicht auf die spirituelle Einbettung seiner Gartenlust. Durch religiöse Anspielungen, Metaphern und christliche Symbole gibt er dem Gedicht eine zusätzliche tiefere Bedeutung. Außerdem will er belehren und knüpft deshalb immer wieder bei der Antike an, schlägt den Bogen zum Frühmittelalter und entspricht damit perfekt den kulturellen Bestrebungen der Karolingerzeit. Trotzdem verliert Walahfrid die Freude am Thema und die Lust an der Sprache nicht aus den Augen. Das Poetische überwiegt, denn im Laufe der Jahre hat Walahfrid Strabo den Gebrauch des Lateinischen zu einer hohen Kunst entwickelt, und spätere Literaturwissenschaftler nennen ihn den »Dichterfürsten des Inselklosters«, mit »dem die literarische Tradition der Karolingerzeit einen Höhepunkt erreicht«[8].

Überhaupt erlebt die Reichenau zu Walahfrids Lebzeiten ihr »goldenes Zeitalter«. Die steinernen Zeugen jener Zeit, in der die Reichenau ein politisches und geistig-kulturelles Zentrum des riesigen Karolingerreiches war, stehen heute inmitten der Gemüsefelder: zwei romanische Kirchen, die eine mit beeindruckenden Wandmalereien aus dem 10. Jahrhundert, eine imposante romanische Basilika und ein Klostergebäude ungefähr da, wo im Frühmittelalter die einflußreiche Benediktinerabtei der Reichenau gestanden hat. Dichter und Gelehrte, die weltberühmte Bibliothek und die stilprägende Reichenauer Buchmalerei – bis ins 11. Jahrhundert hat die Blütezeit des Inselklosters angehalten.

Im Jahr 2000 hat die UNESCO das einzigartige Ensemble aus Architektur, Kunstwerken und gewachsener Kulturlandschaft zu einem Weltkulturerbe der Menschheit ernannt und damit bestätigt, was der Dichter-Mönch Walahfrid Strabo vor mehr als 1 000 Jahren stolz und nicht ohne Überheblichkeit an Papst Gregor IV. geschrieben hat: »Unser Ort nimmt in diesem Teil der Erde den ersten Rang ein; die Fülle unserer Weisheit nährt die Lande ringsum mit reicher Lehre.«

Der Hortulus auf der Reichenau

Gleich hinter dem mächtigen Münster erstreckt sich heute auf dem alten Klosterbezirk eine große grüne, öde Wiese. Der Walahfrid-Strabo-Weg führt mitten hindurch. Und wenn am Wochenende die Freizeitradler über die Insel herfallen, holpern sie quietschbunt und vergnügt auf ihren Rädern durchs Gelände. Vor wenigen Jahren stand dort noch Gemüse großflächig in Reih und Glied. Jetzt gibt es nur noch im hinteren Eck ein kleines Gärtlein.

»Ich bin doch schon über 80!« sagt der alte Gärtner, der gerade seine Gießkannen verstaut. »Ich mach' das nur noch für meine Kin-

Strabos rekonstruierter Garten auf der Reichenau

der.« Fast entschuldigend erzählt er, wie er jedes Jahr ein größeres Stück Pachtland an die Kirche zurückgegeben hat, weil ihm die Arbeit zuviel wurde. Ob er den Walahfrid kenne? Und ob, eigentlich habe er ja dessen Gartenland jahrzehntelang bewirtschaftet! Und wenn er zum Mittagessen nach Hause geht, liegt gleich rechts, hinter den Resten der alten Klostermauer, der zehn mal zehn Meter große Kräutergarten des berühmten Reichenauer Mönchs, den die Gemeindeverwaltung originalgetreu hat rekonstruieren lassen.

Es ist Hochsommer. Der Mohn ist verblüht und streckt die Samenkapseln in den Himmel, ganz so, wie es der Dichter im 9. Jahrhundert sah: »Der Mohnkopf, gefüllt mit Samenkörnern, pflegt sich auf vorgeneigtem, schwachem Hals zur Höhe zu heben« (270). Zwei Beete entfernt hängt der Flaschenkürbis voller bauchiger Früchte, die »wie gedrechseltes Holz« aussehen, und zwischen den Ranken der Melonen reifen die runden Früchte am Boden.

Über allem liegt das Summen der Insekten, die hier einen reichgedeckten Tisch finden, denn duftend blühen Salbei, Polei- und Katzenminze, Andorn, Muskatellersalbei, Rosen und Lilien. Dabei gibt es nicht nur eine Pflanze von jeder Art, sondern jeweils ein ganzes Beet – wie im Original und auch in der gleichen Anordnung. Welch ein sinnlicher Genuß, wenn man die Blätter von Liebstöckel, Raute oder Wermut zwischen den Fingern zerreibt und daran schnuppert. 24 Kräuter – 24 Düfte, ein betörendes Potpourri! Walahfrid liebte den Duft seiner Pflanzen weitaus mehr als die Formen und Farben der Blüten, und wieviel intensiver noch müssen sie in seinem von Mauern umschlossenen »Gärtlein« geduftet haben!

Dagegen ist der Staketenzaun, der heute das Gelände einfriedet, nicht mehr als ein Kaninchenschutz und entspricht wohl eher der derzeitigen Vorstellung von einem Kräutergarten als der historischen Vorlage. Wie die ausgesehen hat, wissen wir ganz genau: Walahfrids Hortulus ist quadratisch und liegt in östlicher Richtung gleich vor seiner Zelle. Eine Tür führt direkt in den Garten, in dem er die Pflanzen nicht etwa wie die sprichwörtlichen »Kraut und Rüben« durcheinander, sondern in einer strengen Ordnung gepflanzt hat.

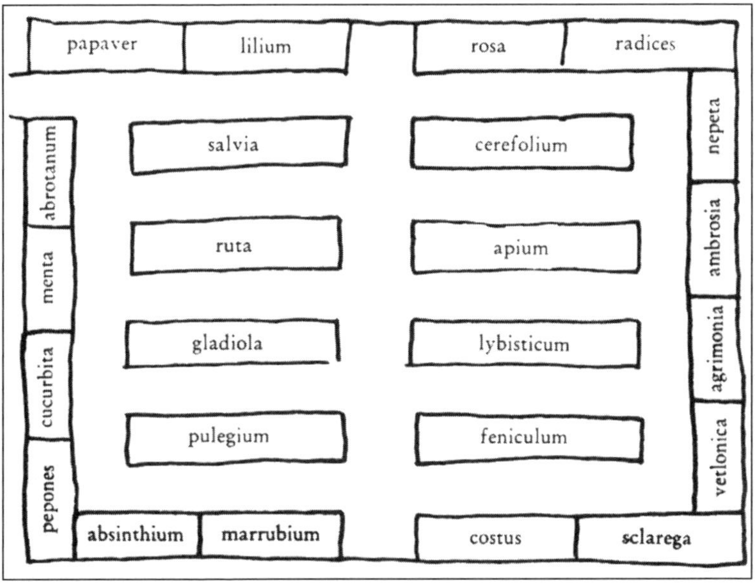

Der Plan des Hortulus
Die äußeren Beete im Uhrzeigersinn: Schlafmohn, Lilie, Rose, Rettich, Katzenminze, Ambrosia, Odermennig, Betonie, Muskatellersalbei, Frauenminze, Andorn, Wermut, Melone, Flaschenkürbis, Minze, Eberraute
Die inneren Beete von oben nach unten, links: Salbei, Weinraute, Schwertlilie, Poleiminze; rechts: Kerbel, Sellerie, Liebstöckel, Fenchel

Es gibt vierundzwanzig Beete; sechzehn davon rundherum entlang den Mauern sowie acht schmale Beete rechts und links der Mittelachse und im rechten Winkel dazu. Jede Pflanzenart hat ihr eigenes Beet. Ein Teil des Geländes ist überdacht. Bis auf einen Zugang zum restlichen Klostergelände ist der Garten ganz von einer Mauer umschlossen, ein klassischer »Hortus conclusus« innerhalb der Klausur, dem wiederum von Mauern umgebenen Klosterbereich, zu dem nur die Mönche Zutritt haben.

Ausdruck dieser strikten Abschottung eines Benediktinerklosters nach außen ist der sogenannte Sankt Gallener Klosterplan, der um 825 im Scriptorium der Reichenauer Abtei angefertigt wurde. Dieser Grundriß zeigt das Kloster als eine in sich geschlossene Welt hinter Mauern: Da gibt es Häuser für Kranke und Gäste, eine Schule und eine Unterkunft für Novizen; Wasser, Mühle, Ställe, Werkstätten und Gärten – ein in sich geschlossener Wirtschaftskreislauf, denn so schreibt es Benedikt von Nursia vor, alles Lebensnotwendige soll innerhalb der Klostermauern liegen: »So brauchen die Mönche nicht draußen herumzulaufen, denn das ist für sie überhaupt nicht gut.«[9]

Wahrscheinlich ist dieser Idealplan einer Abtei nie so umgesetzt worden, doch er erzählt viel über das Leben der Benediktiner. Im Hinblick auf die Gartenanlagen ist der Plan sogar eine Sensation, denn er enthält die ersten frühmittelalterlichen Gartenentwürfe Mitteleuropas: Vier unterschiedliche, getrennt voneinander liegende Gartentypen sind innerhalb der Klostermauern zu erkennen, und wenn es reale Vorbilder dieser Gartenanlagen gegeben hat, dann muß man sie in der Abtei der Reichenau suchen.

Der Kreuzgang *(claustrum)* als spirituelles Zentrum des Klosterkomplexes ist von gemauerten Arkadengängen umgeben. Ein Wegekreuz teilt die Fläche in vier Quadrate. Streng, asketisch – ein architektonischer Garten und ein Ort absoluter Stille. Betend oder meditierend bewegen sich hier die dunkelgewandeten Mönche im Schatten des Wandelgangs und schauen ins Licht des zum Himmel geöffneten Gartenraums. Scheint die Sonne, können sie an ihrem Stand die Uhrzeit ablesen, damit sie pünktlich zu den Messen und Stundengebeten kommen.

In der Mitte die einzige Pflanze in diesem Geviert – ein immergrüner Sevebaum *(Juniperus sabina)*. Warum haben die Reichenauer den Sankt Gallener Mönchen ausgerechnet einen Baum empfohlen, aus dem man im Mittelalter ein bekanntes Abtreibungs- und Wurmmittel gewann[10]? Ein schlechter Scherz vielleicht, oder glaubten sie, der sogenannte Mägdebaum oder die Jungfernpalme sei ganz allgemein wirksam gegen böse Geister[11]?

Das Wechselspiel von Licht und Schatten wie im Kreuzgang begegnet uns noch einmal im Baumgarten. Der ist auf dem Grundriß im Osten der Klosteranlage in unmittelbarer Nähe zur Kirche eingezeichnet und erhält eine ganz besondere Bedeutung, weil er zugleich der Friedhof der Mönche ist. Wohlgeordnet sind auf dem Plan vierzehn verschiedene Bäume, auch Obstbäume, eingezeichnet. Dazwischen die Gräber der Verstorbenen; im Zentrum ein Kreuz und ein Text: »Unter diesen Bäumen der Erde ist der heiligste immer das Kreuz, von dem duften die Früchte des ewigen Heils.«

Durch die rund um das Kreuz geschriebenen Zeilen erhält der Garten eine metaphysische Bedeutung, denn weiter heißt es: Um das Kreuz, den heiligen Baum, »sollen liegen die Leiber der verstorbenen Brüder; wenn es wieder erglänzt, mögen sie empfangen die Reiche des Himmels«. Dieser Garten ist voller Symbole, er steht für Trauer und Hoffnung, Tod und Auferstehung; er ist sowohl Paradies als auch Garten Gethsemane, in dem die Leidensgeschichte Christi beginnt. Auf jeden Fall wird der Baumgarten mit Recht als ein erster christlich-abendländischer Gartenentwurf interpretiert.

Neben diesen beiden spirituell bedeutungsvollen Gärten enthält der Klosterplan von Sankt Gallen zwei schlichte Nutzgärten, einen für Würz- und Heilkräuter, einen für Gemüse. Im Gemüsegarten, dem Hortus, zu dem auch ein Gärtnerhaus gehört, wachsen Zwiebeln, Lauch und Kohl sowie ein paar Gemüsearten, die auch in Walahfrids Kräutergarten stehen. Insgesamt sind achtzehn verschiedene Gemüsesorten auf dem Plan verzeichnet, jede auf einem separaten Beet. Doch auch hier hat der Zeichner zwischen die Beete einen Vers gesetzt: »Hier grünen die hübsch aufwachsenden Gemüsepflanzen.«

Ein schönes Bild: Es ist Frühjahr, die Beete sind frisch gehackt, die Saat ist aufgegangen, die Pflänzchen haben gewurzelt, und das erste Grün schießt. Der Vers vermittelt die Aufbruchstimmung, wie sie auch Walahfrid verspürt, wenn er im Frühjahr mit der Gartenarbeit beginnt. Diese Zeile fügt der schlichten Gartenzeichnung und der Auflistung wichtiger Nutzpflanzen ein ästhetisches Moment hinzu. Ganz so wie in Walahfrids Gedicht, das auch weit mehr ist als eine Aufzählung von Pflanzen und ihrer medizinischen Wirkung.

Der zweite Nutzgarten, der Herbularius, liegt Richtung Osten (wie auf der Reichenau) – ein kleiner Garten gleich neben dem Haus des Arztes, mit sechzehn Beeten für Pfefferkraut, verschiedene Minzen, Salbei, Liebstöckel und andere Kräuter. Man könnte meinen, Walahfrids Kräutergarten hätte Pate gestanden, denn die beiden Gärten sind sich in Anlage, Pflanzenwahl und Pflanzenanordnung außerordentlich ähnlich. So wachsen beispielsweise hier wie dort Rosen und Lilien an einem herausragenden Platz an der Stirnseite des Gartens, während der Salbei *(Salvia officinalis)* in beiden Gärten an erster Stelle gleich am Eingang neben der Raute steht.

Der Salbei – auch eine politische Metapher

»Vorn an der Stirn des Gartens blüht leuchtend der Salbei, der süß duftet, bedeutende Kraft besitzt und heilsamen Trank gewährt« (77). Poetisch, ganz im Ton des Dichters beginnt Walahfrid die Reihe seiner 23 Pflanzenporträts. Er setzt den Salbei an den Anfang, genau wie Karl der Große, der ihn als erste von den 73 Pflanzen nennt, die er seinen Untertanen anzubauen befahl. Schon im Altertum war Salbei als Heilpflanze genutzt worden, die Römer nannten die Art Salvia, von lateinisch *salvus*, was heil oder gesund bedeutet.

Doch der therapeutische Einsatz des Salbeis interessiert Walahfrid nur am Rande, vielmehr haben viele Interpreten diese Strophe als politische Metapher gelesen. Der Salbei nimmt eine Sonderstellung ein, denn »da er sich bei vielen Leiden der Menschen als hilfreich erwies, verdient er es, sich ewig grünender Jugend zu erfreuen« (79). Anders als die meisten anderen Pflanzen ist er nicht dem Wachsen und Absterben mit den Jahreszeiten unterworfen. »Doch leidet der Strauch an innerem Streit, denn grausame Sprossen lassen den Haupttrieb verdorren, wenn man sie nicht entfernt, und bringen voller Mißgunst die alten Zweige zum Absterben« (81).

Zwischen den Zeilen kann man hier einen Kommentar zum blutigen Erbschaftsstreit lesen, den Ludwig der Fromme (der »Haupttrieb«) und seine Söhne (die »grausamen Sprossen«) um die Aufteilung des Reiches geführt haben. Dieser Familienzwist hat Walahfrids Leben direkt beeinflußt, weil er eindeutig Partei für Ludwig den Frommen ergriffen hat. Walahfrid fühlt sich dem Kaiser dankbar verbunden, seit der ihn 829 als Hauslehrer für seinen jüngsten Sohn Karl an den Hof nach Aachen berufen hat. Als Karl (später Karl der Kahle genannt) 838 volljährig wird, bedankt

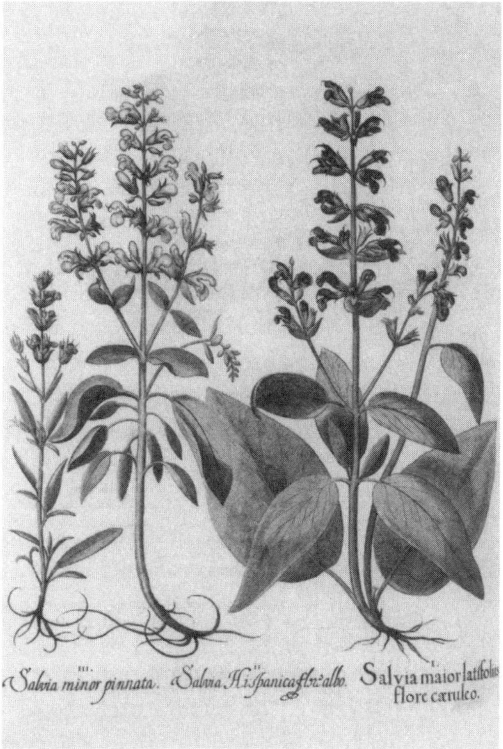

Salbeisorten aus dem Blumenbuch »Hortus Eystettensis«, 1613

sich der Kaiser bei Walahfrid mit der Ernennung zum Abt der Reichenau.

Doch Walahfrid kann sein Amt vorerst nicht antreten, weil die Bodenseeinsel im Machtbereich des abtrünnigen Sohnes Ludwig des Deutschen liegt. Als Abt ohne Kloster lebt er mehrere Jahre im »Exil«: »Armut, Wehmut, Trauer, Ängste, Schrecken: Als Fremdling und Flüchtling irre ich in fremden Wohnstätten umher«[12], klagt der Verbannte in einem Gedicht. Erst als Ludwig der Fromme gestorben ist, gelingt es Grimald, dem treuen Förderer Walahfrids, die Versöhnung zwischen ihm und dem neuen Kaiser einzufädeln: Endlich kann Walahfrid Strabo sein Amt antreten – 842 kehrt er als Abt in die Abtei auf seiner geliebten Reichenau zurück.

Der fromme Gärtner

Sitzt man heute auf der Bank in Walahfrids rekonstruiertem Garten, wirkt die Basilika mit dem wuchtigen Turm und dem großen Chor aus dieser Perspektive monumental. Wenn dann die Glokken in voller Lautstärke ertönen, ahnt man, wie beherrschend das Kloster auf dieser Insel war und wie sehr diese kulturelle Vergangenheit noch bis in die Gegenwart hineinwirkt. Und wenn später der Chorgesang herüberweht, fällt es leicht, sich in den frommen Gärtner zu versetzen, der in seinem Gedicht so viel von der Stimmung hinter den Klostermauern eingefangen hat.

Irritierend ist, daß in Walahfrids beschaulichem Gärtchen offenbar eine Figur des »garstigen« Gottes Priapus gestanden hat, ein Abbild des antiken Potenzprotzes, der mit seinem mächtigen Penis die Fruchtbarkeit eines Gartens garantieren sollte. Als roh behauene obszöne Holzplastik stand der Priapus in vielen spätantiken Gärten und erinnerte an die religiös-magischen Kräfte, die er als Gott einmal besessen hat. Doch was hatte er im Klostergarten zu suchen?

Walahfrid erweist ihm gleich in der ersten Strophe seine Referenz und lobt den Priapus für seine »sorgsame Gartenpflege«. Fruchtbarkeit hat allerdings für den frommen Gärtner nichts mit sexueller Potenz zu tun, sondern mit anhaltendem Fleiß und ausdauernder Pflege: Auch wenn das Gelände ungünstig oder der Boden schlecht ist, schreibt der Mönch, »nie weigert er sich, die Früchte einheimischer Pflanzen zu tragen, wenn nur deine Sorgfalt nicht in lähmender Trägheit ermattet« (10).

Müßiggang ist im Kloster verpönt, und Walahfrid der Gärtner packt kräftig zu. Niemand hilft ihm, wenn er die Brennesseln jätet oder die rechteckigen Saatbeete anhäufelt. Sie sollen höher als die Wege liegen und werden mit Brettern eingefaßt, damit der Regen die eingesäte Erde nicht wegschwemmen kann. »Dann wird die Erde mit krummer Harke fein zerkleinert und gärender fetter Dünger darüber gestreut und eingebracht« (49). Der Mönch drückt sich auch nicht vor niederen Arbeiten, schämt sich nicht, »die schwieligen Hände in scharfer Luft sich bräunen zu lassen« oder »Mist aus vollen Körben auf dünnes Erdreich zu streuen«. Schwere Gartenarbeit ist eine Übung in Askese, unangenehme, schmutzige Arbeit eine Übung in Demut. Welch ein gottgefälliges Beispiel, wenn sogar der Abt sich nicht scheut, sich die Hände schmutzig machen!

»Die Kultivierung des Bodens hat für uns eine besondere Bedeutung«, sagt eine Ordensschwester von heute, »weil der Gedanke der Demut in unserem Regelwerk eine große Rolle spielt. Es ist Teil des Lebens in einem Benediktinerkloster, sich um die Umwelt zu kümmern, sie zu pflegen, alles, was zum Kloster gehört, zu hegen, und das gilt natürlich auch für das Land.«[13] Liebe zu den Menschen, Liebe zur Natur – hegen und pflegen und dienen, das sind Tugenden der Mönche.

Fürsorge ist auch für Walahfrid ein Schlüsselwort des Gärtnerns: »Weigerten aber dann wieder trockene Zeiten hilfreichen Tau, fürchtete ich, die zarten Wurzelfasern könnten vor Durst vertrocknen, und die Liebe zu meinen Pflanzen trieb mich an, mit viel Eifer und Mühe reines Wasser in bauchigen Krügen herbeizutragen; mit eigenen Händen goß ich es tropfenweise an, damit nicht ein heftiger Schwall zuviel Wasser anschüttete und die gelegten Samen wegschwemmte« (55). Die Belohnung kommt prompt: »Und es dauert nicht lang, so bekleidet sich die ganze kleine Fläche mit zarten Keimen« (62).

Mönch bei der Gartenarbeit: umgraben …

Zu groß darf die Liebe zu den Pflanzen aber nicht werden, nie darf es nur um das Vergnügen, den Nutzen oder den Genuß der Schönheit gehen. Nie darf die Naturbegeisterung des gärtnernden Mönchs den spirituellen Bezug zu Gott verlieren. Wehe dem, der seinen Garten zu sehr liebt, dem ergeht es wie dem Mönch in einer bekannten mittelalterlichen Geschichte, der auf der Tugendleiter schon bis auf die oberste Sprosse gelangt ist. Doch dann schaut er sich um, sieht sein blühendes Gärtchen und sehnt sich dahin zurück. Das darf nicht sein, und die Strafe folgt auf dem Fuße: Weil er das irdische dem himmlischen Paradies vorgezogen hat, stürzt der Mönch kopfüber die Leiter hinab und landet in seinen Beeten[14].

… und Körbe mit Mist schleppen

Auf keinen Fall darf die Gartenarbeit mit den mönchischen Pflichten konkurrieren. Eine der wichtigsten Benediktinerregeln lautet zwar »Ora et labora!« (Bete und arbeite!), doch nicht umsonst steht das Beten an erster Stelle. Die Anwesenheit bei den Offizien ist Pflicht, Unpünktlichkeit wird bestraft – wenn die Glocke ertönt, gilt es, jede andere Arbeit zu unterbrechen, um zum Gebet zu eilen.

»Man könnte sagen, der heilige Benedikt habe die geregelte Arbeitszeit erfunden«, schmunzelt Alfons Weißer, Priester im Münster auf der Reichenau. »Der regelmäßige Wechsel zwischen Arbeits- und Ruhezeiten kommt nicht nur dem Lebensrhythmus des Menschen entgegen, vielmehr werden die Mönche so immer wieder daran erinnert, wem sie mit ihrer Arbeit dienen sollen!« Hinter Klostermauern ist auch Gärtnern Gottesdienst.

Der umschlossene, von der Außenwelt abgekehrte Klostergarten ist ein Raum der Stille, der Einkehr und Besinnung. Er bietet sich an als Ort der Meditation, der kontemplativen Naturbetrachtung und nicht zuletzt als idealer Ort für das Zwiegespräch mit Gott inmitten der natürlichen Schönheit seiner Schöpfung.

Andererseits aber lauert auch in der Gartenidylle die Versuchung. Hat nicht ein blühender, fruchttragender Sommergarten etwas Verführerisches? Welch sinnliche Verlockung geht von der Schönheit der Blüten und den lieblichen Düften der Blumen und Kräuter aus. Sind nicht wohlriechende Blumen auch Sinnbild weiblicher Schönheit oder die »riesigen«, »zartpflaumigen« Pfirsiche für den alten Grimald ein Symbol voller Erotik? Und schließlich, wer sitzt nicht gern im Schutz der Mauern, die Hände im Schoß, in der wärmenden Sonne und träumt in den Tag hinein?

Doch Müßiggang ist verboten, er »ist der Seele Feind«[15], sagt Benedikt, denn er birgt Gefahren: »Der arbeitende Mönch wird von einem, der müßige aber von unzähligen Teufeln geplagt!«[16] Deshalb gilt Gartenarbeit als körperlicher Ausgleich zu unziemlichen Gelüsten: »Jeder Faule ist voller Verlangen, wer aber einen Garten umspatet, kann auch nichts Törichtes treiben.«[17] Und, so könnte man hinzufügen, fällt nach den abendlichen Gebeten in einen gesunden, traumlosen Schlaf.

Heilung aus dem Hortulus

Die Glocken des Münsters läuten kräftig. Sie rufen nicht wie früher die Mönche zum Stundengebet, sondern die Gläubigen zum Gottesdienst. »Betreten Sie diese Kirche in Ehrfurcht und Stille«, mahnt ein Schild am Hauptportal: »Seit über 1200 Jahren ist dies eine Stätte des Gebets.« Es ist Sonntag, der 15. August, Mariä Himmelfahrt – einer der drei wichtigsten Feiertage auf der Reichenau. An diesem Tag werden in einer prächtigen Prozession die sieben goldenen Reliquienschreine aus dem ehemaligen Klosterbesitz durch die Straßen getragen.

Es ist Hochsommer, und die Kräuter verströmen ihren stärksten Duft. Vermutlich deshalb hat man den Tag der Kräuterweihe in den August gelegt. Seit dem Mittelalter jedenfalls bringen an Mariä Himmelfahrt Katholiken überall in Deutschland Kräutersträußchen zur Segnung mit in den Festgottesdienst, in dem die Aufnahme Marias in den Himmel gefeiert wird. Welche Kräuter gesegnet werden, ist regional verschieden, auf der Reichenau sind es Salbei und Wermut, Minze und Fenchel – Pflanzen, die in den üppigen Bauerngärten der Insel und in Walahfrids Garten wachsen.

Vor allem die Frauen unter den Gläubigen eilen an diesem Vormittag mit kleinen Gebinden in der Hand zum Hochamt im blumengeschmückten Münster. »Durch die Heilkräuter und Blumen schenkst du uns Gesundheit und Freude«, heißt es im Gebet gleich zu Beginn des Gottesdienstes: »Segne diese Kräuter und Blumen. Sie erinnern uns an deine Herrlichkeit und an den Reichtum deines Lebens. Schenke uns auf die Fürbitte Marias Dein Heil.« Weihrauch erfüllt die Luft. Der Geistliche tritt vor den Altar und besprengt die Kräuter mit Weihwasser, damit ihre Heilkraft durch die Vermittlung der Kirche auf die Gläubigen übergeht.

Seit Menschengedenken kennt man die geheimnisvollen Kräfte der Naturkräuter – sowohl ihre vergiftende, ja tödliche als auch ihre segensreiche, heilende Wirkung. Im Altertum werden diese Kräfte Göttern, Geistern oder der Magie zugeschrieben, und man versucht sie mit geheimen Formeln und Zaubersprüchen zu bannen. Dann bringt das Christentum den Glauben, daß Gott den Gewächsen diese wunderbaren Kräfte eingegeben hat, doch im Volk erweisen sich Reste des Aberglaubens als äußerst langlebig. Die Kräuterweihe kommt dem entgegen, und noch jahrhundertelang werden die gesegneten Kräuter zum Schutz vor Gefahr und Hexerei zu Hause in den Ställen, unterm Kopfkissen oder in den Wiegen der Neugeborenen aufbewahrt.

Dagegen geht es den Ordensleuten schon früh um die Wissenschaft: Altes medizinisches Wissen zu sammeln, griechische Quellen zu übersetzen, um die Erkenntnisse im Sinne des neuen

Dichter und Gelehrter – Walahfrid Strabo auf einer Ofenkachel des 18. Jahrhunderts

Glaubens weiterzuentwickeln, das haben sich viele Klöster zur Aufgabe gemacht. In der Abtei auf der Reichenau stehen Tag für Tag Walahfrids Ordensbrüder im Scriptorium an ihren Stehpulten; Stunde um Stunde schreiben sie die wichtigsten Werke der Antike ab, bebildern die Texte mit reichlich Mennige und Blattgold und entwickeln das, was als Schule der Reichenauer Buchmalerei weltberühmt wird.

Daneben besitzt das Kloster eine weithin bekannte Bibliothek: 421 wertvolle Folianten enthält der Katalog, den Reginbert, der Bibliothekar, 821 zusammenstellt. »Du lieber Freund«, mahnt er den Bibliotheksbenutzer, »bedenke die schwierige Mühe des Schreibens: Nimm und öffne das Buch, lies schonend, dann schließ und verwahr es.«[18] So begehrt sind die Bücher, daß Reginbert sogar eine Bibliotheksordnung erläßt: Damit ein Werk »nicht doch gelegentlich gehe verloren«, beschwört er die Leser »beim liebenswerten Namen des Herrn: Keiner soll je dieses Werk einem anderen nach auswärts vergeben, wenn er zuvor nicht Treue gelobt oder Pfand hinterlegt hat, bis der dem Kloster die Leihgabe unversehrt wieder zugestellt hat.«[19]

Walahfrid gehört offensichtlich zu den regelmäßigen Bibliotheksbenutzern – denn er hat fast alles studiert, was vor ihm über Heilkräuter und ihre Wirkung geschrieben worden ist. Verwunderlich ist das nicht, denn die Krankenpflege gehört als praktizierte christliche Nächstenliebe zum Klosterleben: »Die Sorge für die Kranken soll über allem stehen«, heißt es in Kapitel 36 der Benediktinerregeln: »Man soll ihnen so dienen, als seien sie wirklich Christus; hat er doch gesagt: Ich war krank, und ihr habt mich besucht, und: Was ihr einem dieser Geringsten getan habt, habt ihr mir getan.«

Als Abt ist Walahfrid verantwortlich für die seelische und körperliche Gesundheit seiner Mitbrüder sowie der dem Kloster nahestehenden Laien. Dabei stehen ihm Ärzte und Krankenpfleger zur Seite. Zweimal am Tag besucht der Abt zusammen mit dem Kellermeister die Patienten – der eine bringt den Wein, der andere den Segen.

Wenn damals über Krankheit oder Gesundheit gesprochen

wird, dann geht es immer um die vier Körpersäfte: Befinden sich Blut, Schleim, rote und schwarze Galle im Gleichgewicht, fühlt der Mensch sich wohl. Dagegen macht die Unausgewogenheit der sogenannten Kardinalssäfte krank, und eine Therapie muß die Balance der Säfte wiederherstellen. Eine regelmäßig angewandte Methode, um ein Zuviel an schädlichen Säften abzuleiten, sind Klistiere, vor allem aber Aderlässe. Sie werden gegen zu hohen Blutdruck, Fieber und sexuelle Gelüste verschrieben. So häufig wird das Öffnen der Venen praktiziert, daß auf dem Sankt Gallener Klosterplan sogar ein separates Aderlaßhaus eingezeichnet ist.

Bei Walahfrid geht es weniger blutig zu, wenn er den Kerbel empfiehlt, weil das Kraut »in leichter Gabe genommen gewöhnlich Blutwallungen im ganzen Körper zu dämpfen« vermag (245). Er setzt die Heilpflanzen aus dem Klostergarten ein und schimpft auf den »törichten Leichtsinn, die Schätze des Gärtners zu mißachten« (12). In Indien, schreibt er, sei erfahrenen Ärzten die Poleiminze *(Mentha pulegium)* soviel wert »wie bei den Galliern ein ganzer Sack schwarzen indischen Pfeffers«. Kein Zweifel, »daß dieses Kraut zahlreiche Leiden zu lindern vermag« (305). Als Tee oder Sud, als Wurzelextrakt, Umschlag oder gestößelte Samenkörner werden seine Rezepturen den Patienten verabreicht. Als quasi homöopathischen Aderlaß empfiehlt er die Raute *(Ruta graveolens)*, die »vielfach wirkende Kraft im Innern trägt« und in seinem Garten selbst bei leichter Berührung »schwere Düfte« verbreitet, denn »sie bekämpfe vor allem verborgene Gifte und vertreibe schädliche Stoffe aus befallenen Eingeweiden« (89).

Husten, Fieber oder Blasenkatarrh, Bauchweh, Verdauungsstörung, offene Wunden oder Vergiftungen – für zahlreiche der damals im Kloster häufig vorkommenden Krankheiten verspricht der Klostergarten Heilung, wenngleich die Nachwelt nicht alle im *Hortulus* genannten Gewächse eindeutig identifizieren kann – Costus zum Beispiel, die sogenannte Frauenminze, oder Ambrosia, die »duftende Götterspeise«. Ist damit nun die Schafgarbe, der Rainfarn oder der klebrige Gänsefuß gemeint[20]?

Trotz aller Gelehrtheit, auch Walahfrid weiß nicht alles: »Wer aber Kräfte, Arten und Namen der Minze vollständig aufzählen kann«, heißt es mit Humor und Selbstironie, »weiß auch bestimmt, wie viele Fische im Roten Meer sich tummeln« (296). Nur vom Hörensagen kennt er den Ratschlag, sich einen Zweig Poleiminze hinters Ohr zu stecken, »damit dir nicht etwa Sonnenhitze den Kopf verwirrt, die unter freiem Himmel auf dich eindringt« (324).

Dagegen weiß der Mönch aus eigener Erfahrung, daß Wermut äußerst bitter schmeckt, daß das Laub der Eberraute *(Artemisia abrotanum)* duftet und daß der Fenchel *(Foeniculum vulgare)* gegen Blähungen hilft. Doch daß ein Trunk des heilsamen Andorn *(Marrubium vulgare)* die tödliche Gefahr abwendet, »wenn einmal feindselige Stiefmütter Gift zusammensuchen und dir ins Getränk mischen, wenn sie schädlichen Eisenhut in trügerische Speisen geben« (205), das ist nicht mehr als ein Gerücht, denn gegen den Eisenhut *(Aconitum)* ist im wahrsten Sinne des Wortes »kein Kraut gewachsen«. Seit altersher gilt die blaublühende Staude als eine der gefährlichsten Giftpflanzen, mit der man Verbrecher hinrichtete und Todfeinde blitzschnell beseitigen kann.

Erstaunlicherweise sind zahlreiche Beobachtungen und therapeutische Empfehlungen des *Hortulus* auch nach mehr als 1200 Jahren noch gültig. So lobt der Heiler den Schlafmohn *(Papaver somniferum)* als ein Narkotikum, das einer trauernden Mutter »erwünschtes Vergessen« bringt und »ihr Herz von maßlosem Kummer« befreit (265). Und Fenchelsamen soll, »getrunken mit der Milch einer Mutterziege, Blähungen im Bauch lindern, soll auch prompt die Verstopfung des zaudernden Leibes lösen. Zudem vertreibt die Wurzel des Fenchels, vermischt mit Lenaeischem Trank [Wein], den keuchenden Husten« (213). Später hat auch Hildegard von Bingen (1098–1179) den Fenchel als besonders wohltuend empfohlen, denn er »hat eine angenehme Wärme, schadet auch roh genossen dem Menschen nicht. In jeglicher Zubereitung heitert er den Menschen auf. Bewirkt wohltuende Wärme und Schweiß und fördert die Verdauung.«[21]

Der Magen ist laut Walahfrid der »König unseres Leibes«, und häufig geht es in seinen Ratschlägen darum, zwackendes Rumoren und »würgenden Brechreiz« zu besänftigen. Bei so viel Verdauungsstörungen und Bauchweh fragt man sich nach der Kost im Kloster. Nein, es soll nicht geschlemmt werden, das läßt das Gebot der Askese nicht zu. Hauptsächlich Vegetarisches kommt auf den Tisch, ein reiches Angebot an Getreidearten bildet die Grundlage, denn das schont die Klosterkasse: Vegetarier brauchen nicht aus der Räucherkammer zu leben, sagt der Volksmund, und der Küchengarten wird die »zweite Speckseite« genannt. Nur die Kranken und die frisch zur Ader Gelassenen erhalten Fleisch, wobei böse Zungen behaupten, manch ein Mönch hätte sich auf die Krankenstation einweisen lassen, um in den Genuß der eiweißreichen Sonderbehandlung zu kommen.

Beim Gemüse gibt es recht wenig Abwechslung, zumal die Gewächse aus der Neuen Welt zur Zeit Walahfrids noch fehlen. Erbsen, Pferdebohnen, Kohl, Kraut und Rüben – aus der sogenannten Hofgüterverordnung Karls des Großen wissen wir, was in den Gärten und auf den Feldern seines Karolingerreiches angebaut wird: Im 70. Kapitel des 795 herausgegebenen *Capitulare de villis* legt der Kaiser seinen Untertanen den Anbau von 73 verschiedenen Kräutern, Gemüsen, Obst- und Fruchtgehölzen ans Herz. Von **A**nis bis **Z**aunrübe ist darin alles aufgelistet, was jahrhundertelang in Bauerngärten angebaut wurde oder in besseren Züchtungen bis heute in unseren Nutzgärten wächst.

Als Rarität kultiviert Walahfrid zwei damals gar nicht alltägliche Gewächse: Flaschenkürbis *(Cucurbita lagenaria)* und Melone *(Cucumis melo)*. Beide sind frostempfindlich und brauchen die sonnenreiche Sommerwärme der Bodenseeinsel, um reif zu werden. Ausführlich hat der Gärtner den Wuchs des Flaschenkürbisses studiert, und anschaulich vergleicht der Dichter ihn mit dem des Efeus und der Weinrebe. Fasziniert von der Ranktechnik dieses wuchsfreudigen Kletterers, beobachtet er bis ins unscheinbare Detail, wie sich der Kürbis an den Gerüsten emporschwingt: »Wie Mädchen beim Spinnen die weiche Wolle auf die Spindel hinüberziehen und im weiten Kreisen der Spindel den Faden Reihe um Reihe in schönen Windungen aufspulen, so umschnüren die greifenden Ranken mit windenden Fesseln die runden Zweige des Klettergerüstes und umwickeln sie augenblicklich« (120).

Liebevoll spricht der Dichter von den Kürbissen, als seien sie Lebewesen, die »an dünnem Hals gewaltige Körper« tragen, die sich zu einem »gewichtigen Wanst« weiten. Diese dünnhalsigen »Pilgerflaschen«, an denen man Schnüre zum Tragen befestigen kann, eignen sich aber auch prächtig zum Essen: »In heißer Pfanne saugen sie sich mit fettem Schmalz voll, und häufig bieten die vollgesogenen Scheiben einen köstlich mundenden Nachtisch« (141).

Auch die Melone ist ein saftiger Genuß: »Zerteilt man dann die hohle Frucht mit der Hand in zahlreiche Stücke, erhält der fröhliche Gast herrliche Leckerbissen aus dem Garten; das weißschimmernde Fruchtfleisch und sein Geschmack erfreuen den Gaumen,

Flaschenkürbis aus dem »New Kreuterbuch«, 1542

und solche Speise macht den harten Backenzähnen keine Mühe, nein, leicht gekaut und geschluckt, kühlt sie aus natürlicher Kraft die Eingeweide« (176). Zwar hat der heilige Benedikt den Klöstern die Gastfreundschaft als Gebot der Nächstenliebe vorgeschrieben, und alle Gäste, egal, ob arm oder reich, Mönch, Pilger oder Bettler, »sollen aufgenommen werden wie Christus; denn er wird einmal sagen: ›Ich war fremd, und ihr habt mich aufgenommen.‹«[22] Doch nicht alle essen alles am gleichen Tisch. So speist der Abt mit den vornehmen Gästen, und kulinarische Besonderheiten wie Flaschenkürbis und Melone bleiben für seinen Tisch reserviert, erst recht, wenn hoher Besuch zu bewirten ist.

Rose und Lilie

Doch zurück in den Klostergarten und zu den Blumen, die dort wachsen. Auch sie versprechen Heilung, bestechen aber zusätzlich durch ihre duftende Schönheit: »Der Rose gegenüber bieten die ruhmreichen Lilien ihre Blüten dar, deren atmender Duft die Lüfte noch weiter durchdringt« (406). Auch die Schwertlilie *(Iris germanica)* will er nicht missen: »Du läßt mir die Pracht deiner purpurnen Blüte sprießen und übernimmst im Frühsommer die erfreuliche Aufgabe des dunklen Veilchens« (220). Ganz ohne Nutzen ist diese Schöne nicht: Mit Hilfe der Wurzel kann man »den stechenden Schmerz der Blase« bekämpfen. Und da die Iriswurzel bis zu 50 Prozent Stärke enthält und ein nach Veilchen duftendes ätherisches Öl, »macht der Walker [damit] glänzend weiße Leinengewebe steif und läßt sie deinen süßen Duft annehmen« (227).

In noch höheren Tönen preist der Dichter die Schönheit der Lilie *(Lilium candidum)*: »Ihr Weiß gleicht glänzendem Schnee, der süße Duft ihrer Blüte gleicht dem der Wälder von Saba« (251). Weder diese Weihrauchwälder im südlichen Arabien noch die Weiße des legendären Statuenmarmors von Paros, noch der betörende Duft der Narde, der damals als feinstes Parfüm gerühmt wurde, können die Lilie übertreffen. Seit Jahrhunderten gehört sie zu den weitverbreiteten Zierpflanzen; im Christentum ist sie ein Symbol für Reinheit und Jungfräulichkeit geworden.

So emphatisch der Dichter die Schönheit der Lilie preist, so wortgewaltig hebt er ihre Heilkraft hervor: »Und wenn eine arglistige Schlange mit angeborener Tücke gesammeltes Gift aus verderblichem Maul spritzt und grausamen Tod durch kaum sichtbare Wunde ins innerste Herz sendet, dann zerstößt man am besten Lilien mit schwerem Mörser und trinkt den Saft mit Falerner [damals ein wohlschmeckender Wein]« (255). Lilie und Schlange, Unschuld und Verführung – die Metapher aus der christlichen Bildersprache liegt auf der Hand.

Gleichsam als Höhepunkt kommt in der letzten Strophe die »Blume der Blumen« ins Spiel, die Rose *(Rosa gallica)*, die uns »jährlich in Fülle ihren purpurroten Blumenflor« schenkt, »von dem man sagt, er habe gleich anfangs die Blüten aller Pflanzen an Kraft und Duft übertroffen« (398). Purpurrot und blutrot, Rosenkranz und Dornenkrone – die Rose ist das Sinnbild des Martyriums. Im Duft kann es nur die Lilie mit der Rose aufnehmen. Doch sobald jemand ihre wohlriechenden Blütenblätter zerreibt, verliert die Lilie ihren Duft: »Ging jedoch die Zier ihrer Reinheit verloren, wird ihr Duft in üblen Geruch umschlagen.«

Walahfrid selbst liefert die Interpretation der Symbole als »Sinnbilder der höchsten Ruhmestitel der Kirche, die im Blut des Martyriums die Gabe der Rose pflückt und die Lilie als leuchtendes Zeichen strahlenden Glaubens trägt« (417). So beendet der Mönch sein Gedicht mit einem glühenden Glaubensbekenntnis und erhebt das »Buch über den Gartenbau« zu einem Preislied auf die Kirche in der Nachfolge Christi.

Und weil die purpurroten Rosen und die schneeweißen Lilien in Walahfrids Garten stehen, sogar an der Stirnseite des ummauerten Raums einen Sonderplatz einnehmen und alle Blicke auf sich ziehen, gilt die religiöse Überhöhung auch für den realen Hortulus. Die beiden Pflanzen setzen ein deutliches Zeichen, daß der Kräutergarten des Walahfrid Strabo kein bloßer Nutzgarten ist. Der spirituelle Bezug ist eindeutig: Der Garten hinter Klostermauern ist ein heiliger Raum, eine Kirche – Gottes Haus.

Sieben Jahre lang kann der fromme Gärtner darin wirken: Brennesseln hacken und Mist verteilen, Pflanzen hegen und pflegen, meditieren, dichten und beten. Dann wird Walahfrid auf eine Gesandtschaftsreise zu seinem früheren Schüler Karl dem Kahlen geschickt. Auf dem Weg dorthin ist er am 18. August 849 in der Loire ertrunken. Er ist erst 40 Jahre alt. Bestattet wird er in seiner Abtei auf der Reichenau. Sein Grab aber hat man nie gefunden.

»... nicht ganz so hoch wie die Chinesische Mauer«

William Beckford, der Kalif von Fonthill Abbey

Es ist ein berauschendes Fest. Ganz intim. Nur wenige Gäste sind geladen. Sie betreten den schloßähnlichen Landsitz in der englischen Provinz und finden sich in einem prunkvollen orientalischen Märchenwunderland wieder. Die Hallen, Galerien und Korridore sind raffiniert beleuchtet: Steile Treppenfluchten verlieren sich im Nichts, dunkle Gewölbe locken, Säulenbögen, Pfeiler – alles wird durch unzählige Spiegel verdoppelt. Ein Labyrinth, in dem sich die Gäste verlieren.

Unter der Regie eines bekannten Londoner Bühnenbildners zaubern ausgeklügelte Lichteffekte bewegte Bilder in den Raum; von passenden Geräuschen begleitet, verwirren sie die Sinne. Hier ein Sonnenaufgang, dort ein Sonnenuntergang; mit bemalten Linsen vor starken Laternen wird die Illusion eines Vulkanausbruchs oder einer mondbeschienenen Lichtung erzeugt. Eine phantastische Sinnestäuschung in einer Zeit, die noch keine bewegten Bilder kennt.

Die Schleppen der seidenen Gewänder, in denen die Gäste sich durch eine Zauberwelt wie in *Tausendundeiner Nacht* treiben lassen, schleifen über safranbestreute Böden. Aus Rauchgefäßen steigen aromatische Dämpfe, und in den Messingbecken verbrennt wohlriechendes Aloeholz. In langen Bahnen hängen Samt und Seide an den Wänden, und auf wundersame Weise gleiten festliche Tafeln mit duftenden Blumen daraus hervor. Es sind magische Momente, wenn aus einem entfernten Raum Orgelmusik ertönt oder von irgendwoher der Gesang von Europas berühmtesten Kastraten erklingt – dann sind die Gäste zu Tränen gerührt.

Draußen ist es winterlich kalt, es stürmt, und im Park liegt Schnee – es ist Weihnachten: Weihnachten 1781. Eine Woche dauert der Rausch – eine Orgie aus Schauspiel, Musik und Liebesspiel in einer kleinen, nach außen abgeschlossenen Welt des extravaganten Vergnügens, der exklusiven Sinnlichkeit und der romantischen Gefühle. Diese exzentrische Weihnachtsfeier, die eigentlich eine Geburtstagsparty ist, geht in die Geschichte ein. Auch in die Chronique scandaleuse der englischen Society, und die wilden Gerüchte, die sich um die erotischen Abenteuer hinter den verschlossenen Fenstern ranken, werden das Geburtstagskind, den britischen Millionär William Beckford, noch lange begleiten. Er feiert mit diesem Fest seinen 21. Geburtstag.

Damit ist der junge Nabob volljährig geworden und darf das väterliche Erbe antreten, denn sein Vater, Alderman Beckford, ist schon zehn Jahre tot. Er soll der reichste Mann Englands gewesen sein und hinterläßt William, seinem einzigen legitimen Sohn, Fonthill House, das die Leute wegen seiner Pracht »Fonthill Splendens« nennen, die dazugehörigen riesigen Ländereien in Wiltshire, ein Vermögen von etwa eineinhalb Millionen britischen Pfund sowie das stattliche Einkommen von mindestens 70000 Pfund im Jahr.

Ursprung dieses ungeheuren Reichtums ist eine Zuckerrohrplantage, die Williams Großvater auf Jamaika angelegt hatte, als er Gouverneur der Karibikinsel und Herr über unzählige Sklaven war. Sein Sohn, Alderman Beckford, ist schließlich nach England zurückgekehrt und in die Politik gegangen. Er wird Abgeordneter im Parlament und ist zwei Legislaturperioden lang Lord Mayor von London; währenddessen werden die Einnahmen aus dem Zuckergeschäft gewinnbringend in Britanniens neue Industrien investiert, und Alderman Beckford legt sich den Lebensstil eines britischen Gentleman zu, der zwischen seinem Haus in der City und seinem luxuriösen Landsitz pendelt.

Schließlich heiratet er die verwitwete Maria Hamilton, Tochter des Parlamentsabgeordneten George Hamilton und Enkelin des 6. Earl of Abercorn. Sie bringt eine Tochter und ein klein wenig aristokratischen Glanz mit in die Familie. Obwohl Alderman Beckford hin und wieder noch die ungeschliffenen Umgangsformen eines Sklavenhalters an den Tag legt, hat er doch einen Sinn für die Künste. Nachdem sein erstes Landhaus abgebrannt ist, läßt er, ganz im Geschmack der Zeit, ein klassizistisches Gebäude errichten und den Park modernisieren, damit er dem aktuellen ästhetischen Empfinden entspricht.

So wächst William als verwöhntes Einzelkind heran, in einem schloßähnlichen Landsitz voller exquisiter Kunstschätze, die zu gebildeter Betrachtung animieren und seinen Geschmack prägen. Eine erhabene »Ägyptische Halle« und ein orientalisch dekorierter »Türkischer Salon« beflügeln seine Phantasie. Wenn er sich in den verspiegelten Fensterläden betrachtet, zur mit Blumen und Arabesken bemalten Decke hinaufschaut oder sich auf samtbezogene Ottomanen bettet, dann träumt sich der Junge in ferne exotische, aber auch unheimliche Welten.

Das Schaurig-Schöne im Garten der Kindheit

Lancelot, genannt »Capability« Brown (1716–1783), ist der tonangebende Landschaftsgestalter der Zeit, und seine sanften Landschaftsbilder mit Seen und Baumgruppen, deren Arrangements ganz natürlich wirken, machen Schule. So etwas will Beckford senior auch haben, und er beauftragt 1764 einen gewissen Richard Woods, ihm einen solchen See anzulegen, wobei Woods' Spezialität langgezogene Gewässer sind, die wie Flußläufe aussehen, mit kleinen Inseln, sanft geschwungenen Uferpartien und idyllischen Bootsanlegern. Das sogenannte Bootshaus im Park von »Fonthill Splendens« wird eine Mischung aus Tempel und Nymphengrotte, aus Badehaus und Landungsbrücke.

Um mit der Entwicklung der Gartenmode Schritt zu halten, erhält die arkadische Landschaft noch ein paar pittoreske Einspreng-

Der Knabe William Beckford

sel, die das Wilde und Schauerlich-Schöne in den Park bringen. So entstehen dunkle Tunnel, steile Klippen, ein Steinbruch mit übereinandergetürmten Felsbrocken, Eremitenklausen und Grotten. Josiah Lane und sein Sohn, zwei begnadete Grottenbauer, beziehen eine Werkstatt auf Beckfords Grundstück und sind unermüdlich damit beschäftigt, die Grotten und Klausen weiter zu verzieren. Von außen sehen diese wie natürliche Berghöhlen aus, und wagt der Besucher den unheimlich dunklen Gang zu betreten, der in den Berg hineinführt, so öffnet sich nach ein paar Metern überraschend eine phantastische Welt aus glitzernden Mineralien, Fossilien und Muscheln.

Hier unterhält Alderman Beckford im Sommer seine Gäste. Wasser sprudelt in ein marmornes Becken, in einem Kamin kann er ein wärmendes Feuer entzünden, wobei die Flammen geheimnisvolle Schatten werfen, während die fröhliche Gesellschaft sich zu einem geselligen Picknick niederläßt. Hinter ihnen lagert, in Stein gemeißelt, Neptun mit dem Zepter in der Hand, und daneben beugt sich der Eremit – oder ist es Merlin, der Zauberer? – über seine Bücher.

Von Kindesbeinen an ist William gern draußen in der Natur. Häufig verbringt er seine Tage im Park, reitet umher, schwimmt im See, beobachtet die Wasservögel und das Wild oder versteckt sich in den geheimnisvollen Höhlen. In diese Grotten wird er später immer wieder zurückkehren. Dann füllt er die Blumenvasen, die in den Boden und die Wände eingelassen sind, mit stark duftenden Blumen aus seinem Gewächshaus: Ist die Saison für die Veilchen und Maiglöckchen vorbei, verbreiten Tuberosen, Jasmin oder Orangenbäumchen ihren betörenden Duft. Auch Besucher werden in diesem exotischen Ambiente empfangen, sie dürfen von einem Tisch voller Ananas und Weintrauben naschen und Erfrischungen aus goldenen Bechern trinken.

William Beckford ist erst zehn Jahre alt, als sein Vater stirbt; danach bemüht sich die Mutter – mit wenig Erfolg –, aus ihm einen echten britischen Country Gentleman zu machen. William, der seine Mutter »die Begum« nennt, hat zwar das aufbrausende Temperament seines Vaters geerbt, ansonsten aber ist er ein zarter Junge mit eher femininen Zügen, von hoher Sensibilität und einer überspannten Vorstellungskraft.

Der Junge ist begabt und wird von den besten Privatlehrern unterrichtet. Englisch, Französisch und Italienisch spricht er fließend; zusätzlich lernt er Spanisch, Portugiesisch, Deutsch, Persisch und Arabisch. Die Geschichten aus *Tausendundeiner Nacht* kann er im Original lesen. Seine musischen Talente sind vielfältig. Als Fünfjähriger soll er von Wolfgang Amadeus Mozart im Klavierspiel unterrichtet worden sein. Auch wenn das möglicherweise eine Legende ist, ist er doch ein hervorragender Spinett- und Klavierspieler geworden, und die Liebe zur Musik wird ihn sein Leben lang begleiten. Darüber hinaus verschreibt Beckford sich ganz der Literatur; er liest, was ihm in die Hände fällt, schwärmt von Goethes *Werther*, schreibt pausenlos lange Briefe und beginnt schon als 17jähriger sein erstes Buch zu schreiben.

Ausgedehnte Reisen führen ihn an die Stätten klassischer Bildung und in die imposanten Landschaften, die im 18. Jahrhundert die Gemüter bewegen. Er lernt Deutschland, die Schweiz und die Alpen kennen, Frankreich, vor allem das Paris der Revolution, und Italien bis hinunter nach Neapel, Spanien und Portugal – die sogenannte Grand Tour, die Bildungsreise auf dem Kontinent, die jeder angehende britische Gentleman zu absolvieren hat, macht er gleich mehrmals. Von seinen Landsleuten hält er sich allerdings fern, denn er verachtet ihre Bierseligkeit und ihren Sportfanatismus.

Zum Entsetzen der »Begum« lehnt er es zu Hause sogar ab, wie ein echter Country Gentleman auf die Jagd zu gehen. Lieber sieht er, daß die Kaninchen ihm aus der Hand fressen, und gern gibt er sich der schwärmerischen Naturbetrachtung hin – seine Briefe sind voll davon: »Sehnsüchtig erwarte ich den Frühling und beobachte jede schwellende Knospe mit der allergrößten Ungeduld; ich sitze stundenlang und lausche auf das Murmeln der Nacht – auf die vorbeiwehende Brise und den fernen Wasserfall.«[1]

Schon als Jüngling träumt er von kontemplativer Abgeschiedenheit in der Natur: »Nachrichten aus der Welt berühren mich nur halb so viel wie das Tschilpen der Spatzen oder das Rascheln vertrockneter Blätter.«[2] Daß der junge William keinerlei Interesse zeigt, sich wie sein verstorbener Vater oder andere Familienmitglieder politisch zu betätigen, ist ebenfalls eine herbe Enttäuschung für seine Mutter. »Gib mir und meinen Lieben einen sicheren Rückzugsort«, schreibt Beckford 1780 an die Schriftstellerin Fanny Burney, »umgib mich mit undurchdringlichen Wäldern, und halte die Welt draußen: Halte Minister, Generäle, Senatoren, Sportler, Höflinge, Pedanten und Sekretäre draußen.« Schon damals heißt es: »Laß mich meine Existenz in den Schoß der Einbildungskraft hinwegträumen. Laß mich die Natur 10000mal schöner vorstellen, als sie ist, und sag mir nicht, daß es erhabenere Schauspiele gibt als einen Sonnenuntergang oder eine wertvollere Beschäftigung, als diesen zu betrachten.«[3]

Liebe, Tod und Teufel

Trotz aller Exzentrik steht diesem reichen und brillanten Millionär die Welt offen. Beckford ist ein attraktiver junger Mann, eher klein, aber schlank mit einer etwas zu groß geratenen Nase, darüber stahlgraue Augen, aus denen er sein Gegenüber ein wenig arrogant anschaut, während ein spöttisches Lächeln seinen Mund umspielt. Vor allem aber ist dieser Junggeselle eine außerordentlich gute Partie, und das läßt in den besten Kreisen die Herzen aller Mütter von unverheirateten Töchtern höher schlagen.

Eine heikle Affäre mit Louisa, der Ehefrau eines Cousins, sorgt für Unbehagen in der Familie. Schlimmer noch, mit 19 Jahren hat sich William Beckford unsterblich in den erst elf Jahre alten William Courtenay verliebt. Anfangs als jugendliche Schwärmerei abgetan, bleibt das Verhältnis zunächst unentdeckt, obwohl es Mitwisser gibt: Louisa läßt sich als Mittlerin benutzen, und in Briefen oder Kassibern wird der Angehimmelte zur Tarnung in eine »Kitty« umbenannt.

Auch Lady Margaret Gordon, eine hübsche und charmante 20jährige, weiß, worauf sie sich einläßt, als sie 1783 den drei Jahre Älteren heiratet. Die Eheschließung lenkt von hin und wieder aufkeimenden Gerüchten über dessen homoerotische Neigungen ab und gibt seinem Leben eine respektable Fassade. Beckford ist sogar auf dem besten Weg, geadelt zu werden, als seine verbotene Liebe ihn für immer ins gesellschaftliche Abseits katapultiert: Der 24jährige Beckford und sein acht Jahre jüngerer Geliebter werden in flagranti erwischt – und sei es auch nur durchs Schlüsselloch.

Der Skandal ist nicht mehr abzuwenden. Die Zeitungen sind voll von zweideutigen Anspielungen auf den Millionär und »seine Kitty«. Beckfords Ruf ist unwiderruflich dahin. Bis zum Ende seines Lebens wird er von der High Society geschnitten. Wer mit ihm verkehrt, hat ebenfalls mit gesellschaftlichen Sanktionen zu rech-

Der 40jährige Beckford, von John Hoppner gemalt

nen. Vermutlich wegen mangelnder Beweise hat niemand Anklage gegen Beckford erhoben. Sein Glück, denn Homosexualität wird im damaligen England als Kapitalverbrechen geahndet und mit dem Tode bestraft.

Eine Weile stehen Beckford und seine Familie den Skandal durch, doch dann verläßt er England und läßt sich mit seiner Frau in der Schweiz nieder. Die imposanten Berglandschaften versetzen ihn immer wieder in Hochstimmung. So tief prägen sich ihm die Bilder ein, daß er später bei der Gestaltung seines Parks darauf zurückgreifen wird. Als seine Frau Margaret bei der Geburt ihrer zweiten Tochter stirbt, zieht Beckford weiter nach Portugal, wo er mit Unterbrechungen zehn Jahre lebt.

Hier beendet er schon bald sein berühmtestes Werk, die autobiographische Novelle *Vathek. Eine orientalische Erzählung*. Der Autor zeichnet sich darin als den in jeder Hinsicht maßlos gierigen Kalifen Vathek, der einen überdimensional hohen Turm baut, um in die verbotenen Geheimnisse des Himmels vorzudringen, und der einen faustischen Pakt mit Eblis schließt, dem Herrscher der Unterwelt, um am sagenhaften Reichtum und den exzessiven sinnlichen Freuden der Unterwelt teilzuhaben. Dafür opfert der Kalif die 50 schönsten Knaben seines Reiches; auf dem Weg in die Unterwelt verführt er die begehrenswert schöne Prinzessin Nouronihar und sticht damit den bildschönen Knaben Gulchenrouz aus, der mit der Prinzessin verlobt ist. In dieser »zartesten und schönsten Kreatur der Welt« ist nur unschwer »Kitty« Courtenay zu erkennen. Er entkommt als einziger der Hölle, während Vathek, seine Mutter und Prinzessin Nouronihar Höllenqualen leiden, weil sie, mit lichterloh brennenden Herzen gestraft, zu ewiger Verdammnis verurteilt sind.

William Beckford hat später behauptet, seine märchenhafte Geburtstagsfeier habe ihn zu dieser Novelle inspiriert, und tatsächlich kann das orientalisch dekorierte »Fonthill Splendens« Vorlage für die magisch beleuchtete labyrinthische Unterwelt in seiner Erzählung gewesen sein. Auch Vatheks himmelstürmender Turm findet eine Entsprechung in der Realität, allerdings erst ein paar Jahre später. Auf jeden Fall ist *Vathek* die verrückte Geschichte eines aufbegehrenden romantischen Helden: Wißbegierig, böse und gegen die Konventionen verstoßend, ist Vathek der Prototyp des finsteren Helden, wie er wenig später den englischen Schauerroman beherrscht. Ein wenig hat Beckford sich immer als Vathek stilisiert, durch ihn ist er in die Literaturgeschichte eingegangen, und ihm verdankt er den Beinamen: der »Kalif von Fonthill Abbey«.

»Hast Du wohl von dem Sonderling Beckford je gehört, eine Art Lord Byron in Prosa, der das prachtvolle Schloß in England baute, seinen Park aber mit einer zwölf Fuß hohen Mauer umgeben ließ und ebenso viele Jahre niemand den Eintritt darin verstattete?«[4] Kein geringerer als Hermann Fürst von Pückler-Muskau amüsiert sich in den *Briefen eines Verstorbenen* über Beckford, diesen britischen »Sonderling«, der sich auf seinem Landsitz regelrecht eingemauert hat.

Noch bevor Beckford endgültig aus dem portugiesischen »Exil« nach England zurückkehrt und sich nach »Fonthill Splendens« zurückzieht, hat er mit dem Bau der Mauer begonnen. »Ich kann nicht behaupten, daß ich auf meinem Weg zur Popularität recht vorangekommen bin«, schreibt er in einem Brief, »denn ich habe gerade den Freunden der Fuchsjagd das Vergnügen durch eine Mauer verlegt, die nur eben, nicht ganz so lang und ganz so hoch, aber besser gebaut ist als die Chinesische Mauer. Vergeblich habe ich ihnen ins Gewissen geredet. Aber sie wollen mein Nein nicht akzeptieren, und doch kommen sie sich wie Gentlemen vor. So treiben sie es immer weiter und ängstigen und hetzen die armen Hasen zu Tode in ihren roten Joppen. Ich werde eine Mauer aufrichten und sie draußen halten.«[5]

Zunächst läßt Beckford die Einfriedungen ausbessern, die die Orte seiner Kindheit einschließen – den langgezogenen See, das Bootshaus, die Grotten. Doch dann wird weitergebaut, wildes unbebautes Land hinter dem Schloß und der kahle Höhenzug des Stops Beacon verschwinden hinter einer 3,60 Meter hohen Mauer. Insgesamt wird das Bauwerk zwölf Meilen (achtzehn Kilometer) lang und umschließt die riesige Fläche von 800 Hektar. Es gibt sieben Tore, aber alle sind verschlossen oder gut bewacht, und die Mauer wird sogar ganz wehrhaft von Eisenspitzen gekrönt.

Diese 800 Hektar hinter Mauern sind William Beckfords ganz private Welt: Sie sind das Gefängnis des gesellschaftlich Geächteten, aber auch das Versteck, in dem er seine verbotene Sexualität leben kann; sie sind das Refugium dessen, der die Einsamkeit in der

»Fonthill Abbey« im Landschaftspark

Natur sucht, aber auch die Bühne der Selbstinszenierung, auf der der Genius seine Visionen und Obsessionen umsetzt. Gern empfängt er seine wenigen Freunde, doch gegen zudringliche Nachbarn gilt es diese Welt zu sichern.

Dazu weiß Fürst Pückler die folgende Anekdote zu berichten: »Als er [Beckford] in Fonthill wohnte, plagte die Neugierde, dies zu sehen, einen benachbarten Lord so sehr, daß er in der Nacht eine Leiter an die hohe Parkmauer legen ließ und darauf hineinstieg. Er wurde jedoch bald entdeckt und vor Herrn Beckford gebracht, der ihn nach Nennung seines Namens wider Vermuten sehr artig aufnahm, selbst am Morgen überall herumführte, hierauf fürstlich bewirten ließ und dann erst sich zurückzog, indem [er] beim Abschied sich dem Lord noch auf das verbindlichste empfahl. Dieser wollte nun, ganz vergnügt über den wohlgelungenen Zweck, nach Hause eilen, fand aber alle Tore verschlossen und niemand da, sie zu öffnen. Als er deshalb zurückkehren mußte und sich im Schloß Hilfe erbat, sagte man ihm, Herr Beckford ließe ihn ersuchen, da hinauszugehen, wo er hereingekommen wäre, die Leiter stünde noch am bewußten Ort angelehnt. Der Lord äußerte sich zwar sehr anzüglich, es half aber nicht, er mußte sich bequemen, die Stelle seines verbotenen Entrées wieder aufzusuchen und die Leiter wieder hinaufzuklettern. Unter Verwünschungen des boshaften Menschenfeindes verließ er, für immer von der Neugierde, Fonthill zu besuchen, geheilt, das verbotene Paradies.«[6]

Die Mauer zu bauen dauert etwa ein Jahr. Währenddessen verhandelt Beckford schon mit dem bekannten Architekten James Wyatt über den Bau einer dieser modischen Ruinen, die sich die Gentry allerorts als romantisches Accessoire in ihre Parks bauen läßt. Eine Art mittelalterliche Abtei soll es werden. Um aber etwas Einmaliges und Außergewöhnliches zu haben, will Beckford ein paar Räume darin unterbringen, die klein, aber trotzdem so komfortabel sein sollen, daß er sich bei Wind und Wetter dorthin einen Tag zurückziehen kann, um zu lesen, zu musizieren oder einfach nur nachzudenken.

Gleichzeitig geht er daran, sein »verbotenes Paradies« hinter den hohen Mauern aufzuforsten, und zwar mit der ihm eigenen Ungeduld und der entschlossenen Konsequenz eines Mannes, der genaue Vorstellungen von seinem Garten hat und die auch noch zu Lebzeiten vollendet sehen will. Stolz berichtet er seiner Mutter wenig später (1796): »Ihre Vermutung, liebe Mutter, das Nahen des Winters hätte die Intensität meiner Bemühungen in Fonthill erlahmen lassen, ist ganz falsch. Alles geht mit der gleichen zügigen Energie voran wie in den Tagen, als Sie und meine lieben Kinder hier waren. Seither habe ich die Front meiner Abtei im Wald auf gut 200 Fuß erweitert, und ein beträchtlicher Teil des Baus hat schon das erste Geschoß erreicht. Mit dem Gewächshaus und dem Blumengarten, der es umgeben wird, wurde begonnen. Mein Reit- und Wanderweg, der – wie Ihr Euch erinnern werdet – einmal über mehr als 20 Meilen durch und um meine Wälder führen soll (die ich übrigens soeben durch einen Kauf noch erweitert habe), hat schon eine Länge von fast neun Meilen erreicht. Die Jahreszeit erweis sich als wunderbar für das Pflanzen, und bleibt das Wetter bis Weihnachten so gut, dann wird Vincent um diese Zeit, wenn ich ihm alle Arbeitskräfte zur Verfügung stelle, als

Jahresertrag mehr als eine Million Bäume in den Boden gebracht haben.«[7]

Landschaftspark als Paradiesgarten

Vincent ist der Gärtner seines Vertrauens. Von seinem ersten Obergärtner, einem Mr. Milne, spricht Beckford nur abfällig als Schuft oder Schurken, dem er nicht über den Weg traut. Mit Vincent hingegen verbindet den Hausherrn ein fast freundschaftliches Verhältnis, und der junge Mann tritt schließlich die Nachfolge des griesgrämigen Mr. Milne an. 50 Jahre lang arbeitet Vincent für Beckford, der große Stücke auf ihn hält, und er ist offenbar der einzige, der ganz offen mit Beckford reden darf. Auf die Frage: »Vincent, hältst du mich eigentlich für verrückt?«, hat man den Gärtner antworten hören, »Ja, Euer Gnaden.«[8]

Vincent weiß nicht nur seinen Herrn zu nehmen, er hat ein enormes gärtnerisches Wissen, ist begabt, einfallsreich und überwindet jedes Hindernis. »Vincent hat, wie in diesen Fällen üblich, wieder einmal Wunder bewirkt«, lobt Beckford, und Vincent wird mit dem pragmatischen Satz zitiert: »Wenn Sie das Geld auftreiben, Herr, dann werde ich die Bäume finden.«[9] Es sieht so aus, als habe Vincent genau verstanden, worauf es Beckford ankommt, und die Vorstellungen seines Meisters mit einem sicheren Gespür für Proportionen gekonnt umgesetzt.

Beckford ist zwar launisch und unberechenbar, doch er weiß, was er will; er pflanzt zwar maßlos, aber nicht planlos. Das Bild, wie sein Park einmal aussehen soll, hat sich langsam vor seinem geistigen Auge entwickelt. Eine Landschaft soll es werden, so natürlich wie möglich, erhaben und abgeschieden vom Getümmel der sich industrialisierenden Welt. Ein Wildgehege, in dem Rehe, Füchse, Hasen und Kaninchen sich von Jägern unbehelligt tummeln können; wo außerdem Reiher, Schwäne und allerlei andere Wasservögel den See bewohnen; und wo Rebhühner, Pfauen und Fasane Zuflucht finden. Einen Garten Eden, wo ihm das zahme Wild aus der Hand frißt, hatte er sich schon als Junge gewünscht!

Und gibt nicht zuletzt die Mauer seinem Park die Abgeschlossenheit des Paradieses?

Dabei hat sein Paradies nichts Niedliches: Vielmehr sind es die erhabenen, unberührten Landschaften, die ihn auf seinen Reisen inspiriert haben; immer wieder hat er in Briefen und in Reiseskizzen Szenerien entworfen, in denen die Naturkräfte walten, die banale Realität der Normalsterblichen aber ausgeklammert scheint.

Dabei hat William Beckford mehrfach betont, daß er Landschaften »mit dem Auge eines Malers« betrachte. Vor allem die Bilder von Claude Lorrain, Nicolas Poussin und Salvatore Rosa prägen seine Vorstellungen von Komposition, Farbgestaltung sowie Licht- und Schattenwirkung. Darüber hinaus hat der Weitgereiste bestimmt alle wichtigen Gärten des Kontinents besucht (er schwärmt für den Boboli-Garten in Florenz), und selbstverständlich kennt er die stilprägenden englischen Anlagen, beispielsweise »Painshill«, das Anwesen seines Großonkels Charles Hamilton, das damals als gelungenstes Beispiel für einen wilden alpinen Garten gerühmt wird; oder das berühmte »Stourhead« in der unmittelbaren Nachbarschaft von »Fonthill«. Die Linien »zu gerade«, die Pflanzungen »zu regelmäßig«, urteilt Beckford: »Ich mag es nicht, ich kann es auch nicht bewundern.«[10]

Und schließlich gibt es noch die Literatur, wobei man davon ausgehen kann, daß Beckford jeden bezaubernden Garten der Weltliteratur kennt und alles über die Theorie der Gartenkunst liest. Vor allem der 1794 veröffentlichte Aufsatz von Uvedale Price *Essay on the Pittoresque* hat ihn tief beeindruckt.

Doch auch in der Gartenpraxis ist er kein Dilettant. Er kann sehr wohl einen Mohn als *Papaver corniculatum* und eine Lupine als *Lupinus luteus* identifizieren; seiner Tochter schenkt er eine *Amaryllis fothergillii* (heute *Nerine curvifolia*); und er beklagt, daß alle Welt nur exotische Neuheiten haben will und man deshalb in den Gärtnereien kaum noch so gewöhnliche Pflanzen wie Jasmin und Gardenien »in der Qualität bekommt, die sie eigentlich haben müßten. Und nirgends findet man mehr die schöne *dolichos* [Helmbohne], die an der Mauer von Monserate [sein Haus in Portugal] so wunderbar geduftet hat.«[11]

Von überallher treffen Bäume und Sträucher ein. Als Beckford beispielsweise vom Tod der Tochter König Georgs II., Prinzessin Amelia, liest, befiehlt er einem seiner Agenten, keine Zeit zu verlieren und sofort »für fünfzig oder hundert Pfund die größten Orangenbäume, Oleander und Myrtenbüsche« zu kaufen[12]. Auf Auktionen ersteigern seine Beauftragten Pflanzen en masse; unter großen Mühen werden ausgewachsene Bäume aus aufgelassenen Besitzungen herbeitransportiert, und aus Amerika kommen Hunderte exotische Pflanzen in »Fonthill« an.

Jeden Morgen reitet Beckford mit Vincent über das Gelände und arbeitet an der Verwirklichung seiner Vision. Vor Ort wird besprochen, was zu tun ist und was fehlt. Wo muß ausgelichtet, wo neu gepflanzt werden? Hier wären Rhododendren passend, in jener Lichtung könnte man all die Haselnußarten zusammenfassen; und da das Grün der schottischen Fichte so wunderbar dunkel neben dem zarten Farbton der Lärche wirkt, sollte man diese Kombination noch häufiger pflanzen. Sie schmieden immer neue Pläne und entscheiden, wo noch weitere Pfade angelegt oder aus bestehenden Waldstücken freigeholzt werden sollen.

Es entsteht ein regelrechtes Labyrinth von Wander- und Reitwegen, die kreuz und quer über das Gelände führen. Beckfords kleiner Hofstaat – sein Arzt, ein Zwerg, ein paar Freunde und das zahlreiche Personal – bewegt sich mit Ponys auf dem Gelände. Die seltenen Besucher können in Ponywagen spazierengefahren werden. Einmal am Tag prescht der Hausherr in scharfem Galopp übers Gelände – eine sportliche Übung, die er sich bis in hohe Alter zur Pflicht gemacht hat. Insgesamt kann man 27 Meilen zurücklegen, immerhin rund 40 Kilometer, ohne einen Weg zweimal gegangen oder geritten zu sein.

Alle Wege haben einen ganz natürlich wirkenden Verlauf, denn der Lehrsatz, die Natur verachte »den Horror der geraden Linie«, wird im »Fonthill«-Park konsequent beachtet. Besonders natürlich wirken all die breiten Wege und schmalen Pfade durch die abwechslungsreichen Unterpflanzungen der Bäume. Daß die Sträucher wegen ihrer farbigen Schönheit ausgesucht und gepflanzt worden sind, ist auf den ersten Blick nicht zu erkennen. So selbst-

Der Zwerg Perro

verständlich ranken sich Geißblatt und Jasmin in die Höhe, stehen Rosen und Rhododendren in großen Mengen unter Fichten, Laubbäumen und immergrünen Lärchen, daß der Eindruck entsteht, als sei hier bloß ein Weg durch die natürliche Vegetation geschlagen worden.

Selbst bei der eigentlichen Zufahrt, der sogenannten Great Western Avenue, die vom großen Steinernen Tor im Westen zur »Abbey« führt, ist das gelungen. Wie auf einem bewaldeten Bergkamm geht es bergauf, dann senkt sich der Weg auf halber Strecke in eine Mulde. Drei Meter breit und etwa eine Meile lang ist diese alleeartige Zufahrt, wobei auf beiden Seiten das dichtbewaldete Gelände abfällt (Abb. S. 165). Hier ragen dunkle Nadelbäume mit ihren Spitzen in den Himmel und gaukeln dem Wanderer eine alpine Landschaft vor, in der rechts zwischen den Bäumen das Wasser eines Sees aufblitzt.

Nahe der Abtei öffnet sich die »Avenue« wie zu einer großen Lichtung. John Claudius Loudon (1783–1843), Landschaftsarchitekt, Gartenschriftsteller und Verehrer der Beckfordschen Gartenkunst, schreibt später noch ganz begeistert: »Diese Lichtung ist durch locker gepflanzte einheimische Bäume und Büsche so wunderbar gestaltet, daß der Betrachter nicht einen Moment daran zweifelt, daß die Gründer des Klosters den heimischen Wald gefällt haben, um dort die Abtei zu bauen.«[13]

Ein babylonisches Bauwerk

Während an der Abtei noch kräftig gebaut wird, begibt der Bauherr sich durchaus auf ausgiebige Reisen und holt sich Anregungen auf dem Kontinent. Entscheidend ist der Besuch der beiden portugiesischen Klöster Alcobaça und Batalha. Danach wächst die für »Fonthill« geplante bescheidene Ruine zu einer Vision von einer Abtei in gigantischen Dimensionen: mehrere hundert Meter lange Seitenflügel, im Zentrum ein oktagonaler Saal, sechs Stockwerke hoch, und ein Turm – höher als die Kathedrale von Salisbury.

Um die Größenwirkung seiner Abtei noch zu steigern, beschließt Beckford, sie an der höchsten Stelle des Geländes zu errichten. Nach dieser Entscheidung kann es ihm gar nicht schnell genug gehen. Ganze Heerscharen von Arbeitern werden eingestellt: Das Gelände wird gerodet; Sand, Zement und Holz, Ziegel und Bruchsteine – alles muß mit Pferd und Wagen den Hügel hinaufgeschafft werden; Fundamente werden gelegt, Gerüste gebaut, Mörtel gemischt; es wird gezimmert und gemauert, und je weiter die Arbeiten voranschreiten, desto mehr Menschen und Material fordert Beckford an.

Jeder Tagelöhner in den umliegenden Dörfern wird eingestellt, jede Art von Fahrzeug wird für den Materialtransport requiriert. Vergessen scheinen die Schauergeschichten, die im Dorf über den »Kalifen von Fonthill« und seine jugendlichen (Liebes-)Diener im Umlauf sind. Da der Millionär mehr bezahlt als andere, dazu reichlich Essen und Bier ausgibt, mal 200 warme Decken, mal säckeweise Kohle verschenkt, laufen die Dorfbewohner in Scharen zu ihm über. Die Landwirtschaft soll zeitweise sogar darunter gelit-

Die Ruinen von »Fonthill Abbey«

ten haben. Die Lokalpresse berichtet über das sensationelle Projekt, und als der »Kalif von Fonthill« die Parole ausgibt, es solle 24 Stunden am Tag gebaut werden, glaubt die Nachbarschaft, nun sei der seltsame Mann endgültig übergeschnappt.

Die Männer arbeiten in Schichten. Tatsächlich kann man nachts von weitem große Feuer brennen sehen und bewegliche Lichter, die hoch oben wie Irrlichter in der Finsternis tanzen. Das sind die Arbeiter, die mit Fackeln in der Hand über »dem Abgrund« auf dem »gigantischen Spinnennetz des Gerüsts« herumklettern. Dem Regisseur dieses Spektakels soll es ein Vergnügen gewesen sein, besonders nachts der Verwirklichung seines Traums zuzusehen, und man kann sich vorstellen, wie er einsam auf einer der Erhebungen sitzt, um den »in der Stille der Nacht widerhallenden Stimmen« zu lauschen und fasziniert das Tanzen der Lichter und Schatten auf dem Hintergrund des fast schwarzen Waldes zu betrachten.

Die Schreckensmeldung, daß der Turm seines babylonischen Bauwerks kurz vor der Fertigstellung im Frühjahr 1800 durch ein paar kräftige Böen zu Fall gebracht wird, kann ihn nicht erschüttern. Sein Enthusiasmus ist ungebrochen, als sei der Neubau für den Besessenen eine willkommene neue Herausforderung: Seine Bauwut erklärt er selbst einmal mit dem lapidaren Satz: »Einige Leute trinken, um zu vergessen, daß sie unglücklich sind; ich trinke nicht, ich baue.«[14]

Der neue Turm muß sofort in Angriff genommen und in noch größerer Eile fertiggestellt werden als der erste. Denn die Zeit drängt, weil für Weihnachten die Einweihung der Abtei geplant ist und Admiral Lord Nelson (1758–1805) sein Kommen zugesagt hat. Der Held vom Nil, der durch den Sieg über die Franzosen die britische Seeherrschaft im Mittelmeer gesichert hat, wird mit seiner Geliebten Emma Hamilton und deren Ehemann, dem alten Sir William Hamilton, erwartet. Dazu Benjamin West, Direktor der Königlichen Akademie. Die Einweihung von »Fonthill Abbey« in Anwesenheit eines so prominenten Gastes ist für William Beckford ein ungeheuer wichtiges Ereignis, bedeutet doch der Besuch des Kriegs- und Volkshelden Nelson eine gesellschaftliche Anerkennung, die dem homosexuellen Millionär seit 20 Jahren vorenthalten worden ist.

Noch eine legendäre Party

Salutschüsse und eine Band, die »Rule Britannia« schmettert – Beckford und sein »Hofstaat« bereiten dem hohen Gast einen würdigen Empfang. Wieder ist es kurz vor Weihnachten, wieder wird ein legendäres Fest auf »Fonthill« gefeiert. Drei Tage verbringt die erlauchte Gesellschaft mit erlesenen Vergnügungen – Konversation, Musik, Kartenspiel und Schach, dazu Speis und Trank vom Feinsten; doch dieses Mal richtet sich die Inszenierung des Festes auch an die Öffentlichkeit außerhalb der Mauern, und es gibt nichts Anstößiges zu berichten.

Selbstverständlich präsentiert der Schöpfer von »Fonthill Abbey« mit Stolz seinen Park, in dem vieles schon prächtig herangewachsen ist. Auf den Wanderwegen tun sich in wohlkalkulierten Abständen Lichtungen auf, in denen selbst das Winterlicht helle Akzente auf die dunklen Bäume zaubert. Die Wege machen genau da eine Biegung, wo sich ein wunderbarer Ausblick auf die Landschaft außerhalb der Mauer bietet. Der von dichtbewachsenen Ufern umgebene Bitham Lake bildet – wie auf einem Landschaftsbild – einen herrlichen Vordergrund für den hohen Turm der Abtei, der sich aus einer Masse von Türmchen und Zinnen erhebt.

Höhepunkt der drei Tage ist die Einweihung der »Abbey« am letzten Abend, am 23. Dezember. Längst ist das Gebäude noch nicht fertig, doch das wird man nicht bemerken. Alles ist bestens präpariert, und die Bediensteten haben herbeigeschafft, was für ein Bankett erster Klasse benötigt wird.

Die grandiose Inszenierung beginnt um 17 Uhr mit Einbruch der Dunkelheit. Kutschen sind am alten »Fonthill House« vorgefahren, wo die Bewohner der umliegenden Ortschaften auf Wunsch William Beckfords nahezu vollständig angetreten sind, um Nelson mit Hochrufen zu begrüßen. Als die vornehme Gesellschaft im gleißenden Licht des großen Portals erscheint, bricht lauter Jubel los. Der Gastgeber steigt zusammen mit Nelson und den Hamiltons in die erste Kutsche, und langsam setzt sich eine kleine Karawane in Richtung »Abbey« in Bewegung. Eine dreiviertel Stunde dauert die ausgedehnte Fahrt kreuz und quer durch den Park.

Beckford hat sich Phantastisches einfallen lassen, um seine Gäste auf eine Zeitreise zu schicken, die sie weit zurück in ein frühmittelalterliches Kloster entführen soll. Um die Illusion zu schüren, man lebe in einem anderen Jahrhundert und nähere sich einer uralten Abtei, begleiten Fackelträger die Kutschen durch die Finsternis, während ein Orchester getragene Musik spielt; etwas weiter auf dem gewundenen Pfad sind plötzlich die Zweige der schwarzen Kiefern mit Myriaden kleiner Lampen behängt, und der scharfe Kontrast von Licht und Schatten wird dadurch betont, daß hin und wieder kleine Trupps von Fackelträgern in Rüstungen durch den Wald ziehen oder in weiter Ferne auf einer Lichtung erscheinen. Über allem liegt ein andauernder dumpfer Ton, der aus vielen Trommeln von Hügel zu Hügel läuft.

Hin und wieder blitzt die hell erleuchtete Abtei mit ihrem Turm und ihren Zinnen hinter den Bäumen auf. Goldener Kerzenschein dringt sanft aus jedem Fenster. Selbst als sich die Karawane dem nagelneuen Gebäude nähert, kaschiert das Flackern der Fackeln und Kerzen das Neue der Wände. Die Illusion ist perfekt. Durch ein Spalier von Soldaten betritt die Gesellschaft eine gotische Halle, um dann im überaus prächtigen Bankettsaal zu verschwinden.

Über viel Prachtvolles könnte man noch berichten: über die Tapisserien und den Damast an den Wänden, über die schweren silbernen Schüsseln, die köstlichen Speisen, die hübschen Diener in ihren knallroten tressenbesetzten Livreen; über die »Schloßführung«, die der stolze Gastgeber nach dem Dinner unternimmt, und über den kulturellen Höhepunkt des Abends – die umwerfende Aufführung der schönen Emma Hamilton, die das Publikum

Nächtliches Spektakel – die Einweihung der Abbey

Beckfords Blick in den Landschaftspark

mit ihren Tableaux vivants griechischer und römischer Damen begeistert.

Doch auch das schönste Fest geht einmal zu Ende: Gegen 23 Uhr hat sich die illustre Gesellschaft zum Supper wieder in »Fonthill Splendens« eingefunden. Das Landvolk, das die Fackeln getragen und die Ritter im Wald gespielt hat, liegt längst in den Betten, während im Speisesaal des Landsitzes noch lange über die Faszination des Schaurig-Schönen und des Erhabenen gesprochen wird sowie über die gelungene Zeitreise ins gotische Mittelalter.

Rasenmähen bei Nacht

Am nächsten Morgen liegt »Fonthill Abbey« wieder in winterlicher Einsamkeit in den Hügeln von Wiltshire. Keine Menschenseele ist zu sehen. Einzig die Laute der Wasservögel und das Platschen, wenn sie auf dem See landen, durchbrechen die Stille. Das nächtliche Spektakel ist vorbei. Doch auch im Tageslicht entsteht der Eindruck »einer wilden, hügeligen und dünnbesiedelten Landschaft, in der ein klösterliches Gebäude liegt, so wie es vielleicht vor drei oder vier Jahrhunderten existiert haben könnte«[15].

Diesen Eindruck hat jedenfalls Charles Loudon, der »Fonthill Abbey« zweimal besucht hat. Der Gartentheoretiker empfiehlt jedem, der an Landschaftsgestaltung interessiert ist oder darüber noch etwas lernen will, sich Beckfords Landsitz anzusehen, denn nirgends in England fände man eine so konsequent einheitliche Gestaltung: Alles in dem Park sei charakteristisch für eine Landschaft, wie man sie nur noch in bestimmten Bergregionen katholischer Länder auf dem Kontinent antreffe, schreibt Loudon im *Gardener's Magazine* von 1835. Nichts neumodisch Artifizielles kann er entdecken. Eine Art Klostergärtchen mit Sonnenuhr, Kräutern und Blumen paßt hierher. Keine exotischen Gewächse in der Nähe der Abtei, außer einem Aprikosen- und einem Feigenbaum an der Südseite, »wobei man sich vorstellen kann, daß irgendein Mönch die Samen der Früchte aus einem italienischen oder Schweizer Kloster mitgebracht hat«[16].

Beckford hat tatsächlich alles darangesetzt, um dieses Bild der natürlich wilden Landschaft keinesfalls stören zu lassen. Kein Weg im Park ist gepflastert oder mit Kies belegt. Leicht federnd schreitet man im »Clerk's Walk« oder auf der breiten »Great Western Avenue« über das Gras. Daß sich eine Schar von Gärtnern täglich bemüht, die sorgfältig genährte und willkürlich angelegte Wildnis in Schuß zu halten, ist auf den ersten Blick nicht zu erkennen, denn alle Spuren gärtnerischer Tätigkeiten werden sofort beseitigt. Hat der Herr von »Fonthill« sich Veränderungen in den Kopf gesetzt, muß nachts gearbeitet werden. Beim Ausritt am nächsten Morgen will er nichts mehr davon sehen. Auch Vincent darf nur nachts das Gras auf den Wegen und Lichtungen mähen, um tagsüber den Eindruck der reinen Natur nicht zu stören.

In dieser exzentrisch anmutenden Verordnung äußert sich das wichtigste Axiom der Beckfordschen Gartentheorie: Jeder künstliche Eingriff in die Landschaft zerstört ihren Zauber. Weg mit den modischen »Clumps«, den wirkungsvoll plazierten Baumgruppen; weg mit den wohlkalkulierten Sichtachsen, den Tempeln und Eremitenklausen, den Gedenksteinen und Amphoren! Dankend lehnt Beckford das Angebot des damals berühmtesten Gartenkünstlers, Humphry Repton (1752–1818), ab, ihm bei der Verschönerung seines Parks zu helfen. Natur und nichts als Natur, lautet die Devise in »Fonthill Abbey«!

Deshalb werden vor allem einfache einheimische Bäume gepflanzt: schottische Fichten, Eichen, Birken, Lärchen; unter den Sträuchern überwiegt so Alltägliches wie Hasel, Weißdorn, Ilex und Stechginster. Fremdländische Bäume hat Beckford mit Absicht in den Hintergrund, an fast versteckte Plätze gepflanzt. Loudon entdeckt sie mitten im Wald auf Lichtungen. Das gemähte Gras erlaubt es, herumzuspazieren und die Exoten eingehend zu betrachten. Meisterhaft habe der Besitzer hier Nebenszenen komponiert, schreibt der Gartenschriftsteller, und eigentlich würden nur Dendrologen erkennen, daß hier das Prinzip der Natürlichkeit zugunsten der Vielfalt unterbrochen werde.

William Chambers (1723–1796), britischer Hofarchitekt, Verfasser eines berühmten Essays über die orientalische Gartenkunst und Befürworter des Chinesischen im englischen Landschaftspark, schlägt William Beckford vor, wie in den berühmten Wörlitzer Anlagen einen Vulkan zu bauen, den man mechanisch zum Ausbruch bringen kann. Doch das ist dem Romantiker zu vulgär; solche künstlichen Nachbildungen lehnt er ab. Statt dessen baut er einen vorhandenen Fischteich zu einem See aus, in dem er bis in den Oktober hinein jeden Morgen schwimmend seine Runden dreht.

Wie der Krater eines erloschenen Vulkans wirkt der Bitham Lake, und wie die Kraterwände ragen besonders dunkle Fichten am Ufer auf. Eine gekonnte Komposition, die dem schwarzen Gewässer eine bodenlose Tiefe verleiht: »Der See sieht aus, als habe Gott ihn geschaffen, er ist so natürlich, zeigt nicht die kleinste Spur von Künstlichkeit«, schwärmt Beckford, doch trotzdem ist er noch nicht ganz zufrieden: »Ich sage nicht, er ist wunderbar, denn die Ufer sind zu flach, aber wie er daliegt, ist einfach grandios, und die Schwäne darauf sehen aus, als seien sie im Paradies.«[17]

Der Gartengestalter sieht sich selbst gern als genialen Schöpfer, dem es gelingt, die Natur seiner Vision vom Paradies zu unterwer-

»Amerikanischer Garten« mit Bitham Lake

fen: eine blühende Wildnis, eine Landschaft voller Überraschungen, in der idyllische Szenen den Betrachter zu Tagträumen anregen. So gibt es einen üppig blühenden Rosengarten, einen gefährlich stacheligen Dornengarten und, als glänzenden Höhepunkt, den »American Garden«, in dem ausschließlich exotische und farbenprächtige Gewächse aus den Kolonien wachsen.

Diese »Amerikanischen Gärten« kommen soeben in Mode, denn eine ungeahnte Vielzahl unbekannter Gewächse wird um die Jahrhundertwende nach England importiert. Weiße Magnolien, die weiße *Magnolia denudata*, mauvefarbene Rhododendren, Erdbeerbäume *(Arbutus)*, Portugiesischer Lorbeer *(Prunus lusitanica)*, Angelikabäume *(Aralia)*, Rosmarinheide *(Andromeda)*, Karolina-Nelkenpfeffer *(Calycanthus floridus)* bilden ein dichtes Gehölz, durch das man sich auf schmalen Pfaden bewegt, die von englischen und ausländischen Eriken gesäumt sind. So nähert man sich der »Norwegischen Hütte«, die, von ferne betrachtet, mit der raffinierten Komposition aus Pflanzen zu einem einheitlichen Landschaftsbild verschmilzt.

Es gibt Zeiten, da genießt Beckford seinen Garten in vollen Zügen: »Das Wetter ist angenehm, um spazierenzugehen«, schreibt er seinem Vertrauten Chevalier Franchi und schwärmt: »Die Spaziergänge sind göttlich schön – überall Rosen, *azareiri*, der portugiesische Lorbeer, mit Blüten übersät; Wolkenberge am Himmel, die von den Sonnenstrahlen vergoldet sind – der brillanteste Helldunkel-Effekt *(chiaroscuro)*, den ich seltsamer noch nie gesehen habe. Ich wünschte, Du könntest hier sein, um diesen pittoresken Dunst zu sehen und vor allem den Duft von Sintra [sein Wohnort in Portugal] einzuatmen ...«[18]

Beckfords Stimmungen schwanken zwischen »himmelhoch jauchzend« und »zu Tode betrübt«. Ist das Wetter schlecht, kann er niedergeschlagen sein und seiner Waldeinsamkeit überdrüssig werden: »Die Wolken produzieren Wasser, und die Pfauen schreien so klagend, daß ich verrückt werden könnte. Die Gleichförmigkeit dieser ewigen, dichten dunklen Wälder zermürbt mich bis zur Auslöschung aller geistigen Kräfte. Alles wird von der Vegetation erwürgt und erstickt. Zu schneiden ist sinnlos – je mehr man schneidet, desto mehr wächst es. Man müßte 2000 Fichten abschlagen, um wieder Luft zum Atmen zu haben.«[19]

Geht es ihm dagegen gut, jubelt er enthusiastisch, die Sonne habe sein Paradies in Gold getaucht, »und die Luft war voller süßer Düfte nach Ananas, Veilchen und Cyclamen; die Weinstöcke und die Obstbäume treiben Knospen; an jedem Tag wird dieser Ort großartiger und schöner!«[20]

In Beckfords Paradies muß alles großartig und außergewöhnlich sein. So gibt es beispielsweise den Zwerg Perro (auch Pierro oder Nanibus genannt), eine Art Hofnarr, den der Hausherr sich aus der Schweiz mitgebracht hat. Der hat einen eigenen kleinen Blumengarten mit einem Gewächshaus. Und man erzählt sich, daß der kleinwüchsige Mann Besuchern die meterhohen Tore der Abtei geöffnet hat, damit diese noch höher und imposanter wirken.

Wie Beckford seine Gartenmauer an der Chinesischen mißt, seinen angeblich 83 Meter hohen Turm an dem von Babel und an der Kathedrale von Salisbury, so mißt er schließlich seinen Garten an der göttlichen Schöpfung: Als Gartengestalter vollendet und vervollkommnet der Schöpfer Beckford, was Gott als Gärtner begonnen hat.

Abschied von »Fonthill«

Hochmut kommt vor dem Fall, besagt ein Sprichwort, das sich auch auf Beckford beziehen läßt: Denn seine hybriden Schöpfungsphantasien für das Gesamtkunstwerk »Fonthill Abbey« setzen den nie versiegenden Geldfluß aus dem Geschäft mit Zucker und Sklaven voraus. Und das gerät zu Beginn des 19. Jahrhunderts in schweres Fahrwasser.

Erstens haben Beckfords Geschäftspartner in der Karibik ihn hintergangen und mindestens ein Drittel seiner Besitzungen und einen Großteil der Sklaven in ihren Besitz gebracht. Das allein macht 30000 Pfund weniger Einkommen im Jahr. Dann folgt 1807 die Abschaffung der Sklaverei, und damit verliert der ihm verbliebene karibische Besitz weiter an Wert. Als auch die Zuckerpreise (bis auf zwei Ausnahmejahre) beständig fallen, lebt der Millionär über seine Verhältnisse. Er muß Kunstschätze und Ländereien veräußern; kurzzeitig wird für die »Abbey« ein Baustopp verhängt; Pferde werden verkauft, die Ausgaben für den Garten und den Kauf schöner Dinge zusammengestrichen. Auf »Fonthill« lebt man jetzt von der Hand in den Mund: Wenn der Holzpreis gut ist, werden alte Eichen oder Fichten gefällt. Mit dem Verkaufserlös kann der Bauleiter dann zum Kauf von Kupferdraht geschickt werden.

Doch alle Sparappelle und guten Vorsätze haben nicht lange Bestand. Es ist wie eine Sucht. Auf dem französischen Kunstmarkt sind nach der Revolution Möbel und Porzellan, Bilder und ganze Bibliotheken zu Spottpreisen im Angebot. Also geht William Beckford in Paris auf Schnäppchenjagd, um die Säle, Salons und Galerien von »Fonthill Abbey« auszustatten. Seit 1802 wohnt er mit seinen Getreuen in dem riesigen Palast: Im Winter zieht es aus allen Ritzen und Ecken, unheimlich pfeift der Wind durch das Gemäuer und beschert dem Hausherrn manch schlaflose Nacht: »Ich bildete mir ein, den Geist von Volugenso zu hören – sein Schlurfen und Stöhnen und Todeswimmern.« Bei solchem Wetter bringen selbst die 60 ständig beheizten Kamine keine wohlige Wärme in sein Traumdomizil.

Der Herrscher über »Fonthill Abbey« leidet in den überdimensionierten Räumen wie selten zuvor unter der Einsamkeit: »Meine Gesundheit und meine Moral sind in einem schlechten Zustand«, klagt er in einem Brief an seinen treu ergebenen Freund Franchi: »Ich leide nicht wenig unter der gräßlichen Langeweile und unter der Einsamkeit dieser Gruft von Abtei; das Schlimmste aber ist, daß man in dieser Gruft nicht die Ruhe findet wie in jedem anderen Grab.«[21]

Als Beckford älter wird, kommt es vor, daß er beim Haushofmeister ein Dinner für zwölf Personen ordert und die Dienerschaft in vollem Putz antreten läßt. Dann sitzt er allein an dem für ein Bankett gedeckten Tisch, stochert ein wenig in einem der zahlreichen Gerichte herum und entfernt sich wieder. Seine Schulden steigen derweil weiter. Oft verweigert selbst der Garten Trost: »Ich werde jetzt meinen Weg durch diese See von Grünzeug bahnen, dieses Universum an Blättern, diesen immensen Friedhof, der mehr eine Vorhölle als ein Elysium ist!«[22]

1822 steht der Entschluß: Sotheby's soll »Fonthill Abbey« versteigern. Eine Sensation! Die Vorbesichtigung wird ein gesellschaftliches Ereignis. Für den stolzen Preis von drei Pfund werden Eintrittskarten verkauft – und die Menschen strömen in Scharen herbei, so daß der *Morning Chronicle* berichtet, die Straßen seien von Kutschen verstopft. Endlich können die Neugierigen hinter die hohen Mauern schauen, endlich mit eigenen Augen diesen von phantastischen Legenden und Skandalgeschichten umwobenen Tempel des »Kalifen von Fonthill« betrachten.

Der läßt sich selbstverständlich nicht blicken, diese Entweihung seines Lebenstraums durch eine Menge neugieriger Landsleute hätte er nicht ertragen. Er zieht im Hintergrund die Strippen und landet einen großen Coup: Für 330 000 Pfund verkauft er »Fonthill Abbey« an einen Privatmann. Die Versteigerung wird abgeblasen, und John Farquhar, ein neureicher Munitionsfabrikant, zieht ein.

»Fonthill« soll versteigert werden – Ticket zur Vorbesichtigung

Er ist alt und gebrechlich. Seine Diener müssen ihn im Rollstuhl durch die Säle, die Galerien und den Park fahren.

An dem Tag, als der »Kalif« sein Reich räumen muß, wartet die Kutsche am Morgen vor der Abtei. Doch William Beckford setzt sich ein letztes Mal auf sein Pony und reitet – wie jeden Morgen – mit seinem Gärtner Vincent durch den Park, um mit ihm, als ginge alles so weiter wie bisher, Neupflanzungen und andere Verschönerungen zu besprechen. Zurück am Haus, besteigt Beckford die wartende Kutsche und kommt nie wieder nach »Fonthill Abbey« zurück. Als der Turm seiner Abbey drei Jahre später endgültig zusammenstürzt, hat ihr Schöpfer nur bedauert, daß er das Schauspiel verpaßt hat.

Die Kutsche bringt Beckford nach Bath. »Jetzt bin ich das heilige Grab los«[23], mit diesem Stoßseufzer wirft der 63jährige sich in eine neue Lebensphase: Er kauft ein Haus, dann ein zweites gleich nebenan und schließlich ein drittes; er erweitert das Grundstück am Landsdown Crescent durch den Zukauf großer Ländereien, und Vincent legt in kürzester Zeit einen zauberhaften Garten an – noch mehr »blühende Wildnis« und noch »natürlicher« als in »Fonthill«. Von dort schafft der begabte Gärtner ausgewachsene Apfelbäume herbei; die tragen zwar keine Früchte mehr, aber »sie blühen im Frühjahr und sehen wunderschön aus, und das ist alles, was den Meister interessiert«[24].

»Der Meister« beginnt wieder zu bauen: eine hohe Mauer um seinen neuen Besitz, den er listig »Landsdown Baghdad« nennt, und einen hohen Turm. Alles etwas bescheidener als vorher, aber stabiler. Bis kurz vor seinem Tod reitet William Beckford jeden Morgen zu seinem Turm, steigt die Treppen hinauf, genießt das Panorama, arrangiert einen Blumenstrauß oder greift zu einem Buch. An einem dieser Morgen im April 1844 erkältet er sich im eisigen Ostwind; vierzehn Tage später ist er tot. William Beckford, der »Kalif von Fonthill Abbey« und »Landsdown Baghdad«, ist 84 Jahre alt geworden.

»Hier bin ich allein mit der Sehnsucht meines Herzens«

In der Sommerfrische des Kaisers Kangxi

Die riesigen Holztore der »Verbotenen Stadt« öffnen sich, und ein nicht enden wollender Zug von Menschen und Tieren quillt aus dem »Mittagstor«. Die Ehrengarde ist aufgezogen, eine Abordnung mit den kaiserlichen Insignien reitet vorüber. Die Leibgarde mit der Leopardenschwanz-Standarte und der Uniform in kaiserlichem Gelb kündigt das Erscheinen des Herrschers an: Kangxi (1653–1722) sitzt auf einem weißen Roß, und sein Diener hält den gelbseidenen Ehrenschirm über sein Haupt. Ihm folgen bewaffnete Truppen; neun Elefanten warten am Straßenrand, um sich mit ihren Soldatentrupps dem Zug anzuschließen, wenige Meter weiter vier gewaltige Staatskarossen, zwei, die von Elefanten, und zwei, die von Pferden gezogen werden.

Der Kaiser geht auf Reisen!

Bevor die unerträgliche Sommerhitze Beijing heimsucht, verlegt der Sohn des Himmels seinen Hof, der zugleich Mittelpunkt der Welt ist, vorübergehend in den Norden des Reiches. Hohe und niedere Beamte, Minister und Mandarine, Eunuchen, Köche und Diener, vor allem aber Soldaten – etwa 30000 Menschen sollen es gewesen sein, die jedes Jahr Ende April Beijing verlassen, um Kaiser Kangxi in die Sommerfrische nach Jehol, dem heutigen Chengde, zu begleiten.

Verläßt der Herrscher die »Verbotene Stadt«, so ist seine Abreise ein Stunden dauerndes Zeremoniell mit Wagen, Schirmen, Fahnen und Bannern. Schon erklingen die Glocken, Trommeln und Pfeifen der Kapelle. Eine berittene Eskorte hat dafür gesorgt, daß die Straßen der Hauptstadt frei und die Geschäfte geschlossen sind. Die Menschen in den Häusern haben die Fenster verhängt, denn sie dürfen den Kaiser nicht sehen: Das gemeine Volk darf dem Herrscher über das Reich der Mitte nicht ins Angesicht schauen, denn er ist ein Sohn des Himmels, und als Mittler zwischen Göttern, Ahnen und Menschen hat er das himmlische Mandat, die Erde zu regieren, also die gesamte damals bekannte Welt.

Der Kaiser wird von seiner Familie begleitet. Seine Mutter, seine Gemahlinnen und seine Konkubinen sitzen hinter Seidenvorhängen verborgen in eleganten Wagen – weit über 100 Frauen und Mädchen gehören zu Kangxis weiblichem Gefolge. Mit seinen 30 Frauen hat er 56 Kinder gezeugt, aber nur die Hälfte erreicht das Erwachsenenalter. Die Prinzen dürfen mit in die Sommerfrische. Tausende Wagen, Kamele, Maultiere und Pferde transportieren das kaiserliche Gepäck. »Allein die Zahl der Kamele beläuft sich auf 600«[1], staunt Matteo Ripa, ein neapolitanischer Missionar, der 13 Jahre lang als Maler an Kangxis Hof gelebt und häufig die Sommer mit ihm in Jehol verbracht hat.

Dort hat Kangxi sich zwischen 1703 und 1711 eine Sommerresidenz bauen lassen. »Bishu shanzhuang« hat er sie genannt, was soviel bedeutet wie »Bergvilla, um der Hitze zu entfliehen«. Sie ist ihm von seinen zahlreichen Palästen der liebste, denn Kangxi liebt die Natur, und hier kann er jagen, reiten und bogenschießen. Gern macht er mit seinen Söhnen Ausflüge in die fast menschenleeren Gebiete der Mongolei und der Mandschurei.

Hier hat er Muße, kann sich mit Literatur, Mathematik und Musik beschäftigen oder in luftigen Pavillons sitzen, um sich in den Anblick der Landschaft zu vertiefen. Aber auch die Regierungsgeschäfte führt er weiter: Für ein paar Monate wird er das Reich von seinem Sommerpalast im Norden aus regieren: »Jehol ist der himmlischen Hauptstadt benachbart«, beruhigt er mögliche Bedenkenträger, »es zu erreichen kostet nur zwei Tage. Das Land

Kaiser Kangxi in Staatsrobe

ist weit und dünn bevölkert. Wenn ich aber hier, in der einsamen Wildnis, mein Herz sammele, wie kann ich da die Erfüllung meiner Pflichten vernachlässigen?«[2]

Ein Mandschu auf dem Drachenthron

Langsam bewegt sich der kaiserliche Zug durch eine weite Ebene. In regelmäßigen Abständen, erzählt der westliche Augenzeuge Ripa, stehen von Mauern umgebene kleine Palais an besonders schönen Plätzen – in einem schattigen Hain, in einem lieblichen Tal, an einer kühlen Quelle. Hier gibt es Erfrischungen, und hier kann die kaiserliche Familie auf dem Weg nach Norden übernachten.

Die Präfektur Jehol liegt etwa 250 Kilometer nordwestlich von Beijing jenseits der Großen Mauer, die auf Chinesisch die Lange Mauer heißt. Das mittelalterliche Bauwerk beeindruckt Matteo Ripa so sehr, daß er von einem der Weltwunder spricht. Dahinter verändert sich die Landschaft merklich: »Auf der anderen Seite des Tores«, schreibt er in seinem Reisebericht, »sah man nichts als Berge, und die Straße führte durch Täler und Engpässe, die zwischen den Felsen auf beiden Seiten eingemauert schien.«

»Erst wenn man jenseits der Langen Mauer ist, erquicken Luft und Erde den Geist«, schreibt der Kaiser froh, »man verläßt die feste Straße und bahnt sich seinen Weg durch unberührte Natur; die Berge sind dicht bewaldet, so grün und undurchdringlich wie Getreide auf dem Feld. Noch weiter nördlich öffnet sich die Landschaft und gibt den Blick über Hunderte von Meilen frei: Man fühlt sich nicht mehr eingeschlossen, sondern frei!«[3]

Dagegen ist im Leben hinter den hohen roten Mauern der »Verbotenen Stadt« alles vorgeschrieben – der Tagesablauf, die Mahlzeiten, die Kleidung, die Audienzen. Regierungsgeschäfte, religiöse Zeremonien und die ritualisierten Beziehungen zwischen den Mitgliedern der kaiserlichen Familie nehmen Kangxi in Anspruch. Ständig muß er auf der Hut sein: Welchem seiner Beamten kann er trauen? Welcher Eunuch spinnt gerade wieder ein verhängnisvolles Lügennetz? Denn wie das Licht die Fliegen, zieht ein Kaiser Lug und Trug, Heuchelei und Intrige an.

Kangxi ist ein Zeitgenosse des Sonnenkönigs Ludwig XIV. (1638–1715). Intelligent, geistig offen und anpassungsfähig agiert dieser Himmelssohn wie ein aufgeklärter Despot. Er ist oberster Priester, oberster Gesetzgeber, oberster Richter und oberster Prüfer bei den staatlichen Auswahlexamen für künftige Beamte. Sein Tag hinter den purpurroten Mauern der »Verbotenen Stadt« ist prallvoll mit Eingaben, Dekreten und Audienzen, denn will ein chinesischer Kaiser dieses Riesenreich mit damals 150 Millionen Einwohnern wirklich regieren, so muß er hart arbeiten. In dieser Hinsicht hat Kangxi einen guten Ruf: Er ist ein verantwortungs-

und pflichtbewußter Herrscher, der diszipliniert arbeitet und, wie er selbst sagt, mindestens 50 Eingaben pro Tag erledigt.

Jetzt endlich die Freiheit in der Weite der Landschaft – Kangxi ist in der Heimat seiner Vorfahren angekommen! Er ist ein Mandschu und bekennt sich stolz zu seiner Herkunft, obwohl Chinesen die Welt hinter der Großen Mauer immer mit der Barbarei gleichgesetzt und verächtlich auf die angeblich unzivilisierten Reitervölker der Steppe herabgeschaut haben. Doch nun herrscht Kangxi über die Chinesen, denn seine Vorfahren, die vermeintlichen Barbaren von jenseits der Mauer, haben in knapp einem halben Jahrhundert das Reich der Mitte unterworfen.

Die Eroberung ist noch nicht vollständig abgeschlossen, als Kangxi 1653 geboren wird[4]. Nach dem Tod seines Vaters wird er mit nur acht Jahren als zweiter Kaiser der Qing-Dynastie auf den Drachenthron gehoben. 61 Jahre lang wird er Kaiser von China sein. Allerdings führen zunächst vier Mandarine die Regierungsgeschäfte, bis Kangxi 1667 heiratet und mit 14 Jahren die Macht persönlich übernimmt. Um das Mißtrauen von Chinas traditioneller Führungs- und Bildungsschicht gegenüber einem Mandschu auf dem Drachenthron zu überwinden, gibt Kangxi sich betont chinesisch: Er achtet die Riten, betont die chinesische Lebensart, und vor allem fördert er chinesische Kultur und Gelehrsamkeit.

Gleichzeitig pflegt er stabile Beziehungen zu den Völkern jenseits der Großen Mauer, demonstriert ihnen gegenüber aber auch seinen Machtanspruch. Deshalb reist er so häufig mit seinen Truppen nach Jehol und empfängt Vertreter der Mongolen und Tibeter in seiner Sommerresidenz. Dabei versteht der Kaiser das Angenehme mit dem Nützlichen zu verbinden, denn gern kehrt er der »Verbotenen Stadt«, wo er in einen Kokon aus Ritual, Zeremoniell, Intrigen und Etikette eingesponnen ist, für ein paar Monate den Rücken, um in Jehol befreit durchatmen zu können.

O hoher Berg, der zu grünen Hügeln abfällt,
o blaue Ströme, die ihr brausend in die Tiefe schießt!
Seht, der Fisch läßt sich spielend von euch des Weges tragen,

und der Kranich sitzt im hohen Baum.
Ich aber habe diese Landschaft immer geliebt,
hier bin ich allein mit der Sehnsucht meines Herzens.

Kangxi[5]

Ein luftiger Sommerpalast

Kangxis Sommerpalast in Jehol liegt am Ufer eines Flusses, der im Park zu einem großen See gestaut wird. Jehol bedeutet »Warmer Fluß«, und tatsächlich gibt es an dieser Stelle warme Quellen, die verhindern, daß der See im Winter zufriert. Bewaldete Hügel umspielen das kaiserliche Anwesen »wie die Wellen der endlosen See«, und geradezu hymnisch preist Kangxi diese Landschaft, die ihn vielleicht an das Land seiner Vorfahren erinnert: »Wo sich der Goldene Berg erhebt, wo die warmen Quellen fließen, wo die Wolken über den Talgründen hängen, wo die klaren Bäche eilen, wo die kleinen Seen zwischen den Felsen blinken und üppiges Grün sproßt, wo die Flüsse so breit sind und das Gras so saftig, wo der Ackerbau blüht, wo die Luft so klar ist und der Sommer so kühl, wo es so herrlich ist zu ruhen und sich zu erquicken – Jehol, eine Gegend, von der Natur für ihre Lieblinge geschaffen!«[6]

Eine auffällige Landmarke ist ein steil aufragender Felsen. Als Matteo Ripa diesen Kegel 1711 zum ersten Mal sieht, fühlt er sich an die »sagenhafte Keule des Herkules« erinnert. Andere nennen ihn den »Hammerstein« oder sehen in dem Felsen einen Stock, mit dem beim Waschen die Wäsche geschlagen wird; wieder andere denken eher an ein phallisches Symbol und meinen sogar, dies könnte den Kaiser bewogen haben, genau hier einen Palast zu errichten. Wie dem auch sei, der Felsen ist die herausragende Landmarke der Gegend, und manche Forscher vermuten, daß die Achse zwischen dem Felsen und zwei buddhistischen Tempeln eine nach den Regeln des Feng-shui kosmologische Bedeutung habe.

Der Kaiser zieht von Süden her in das rund 550 Hektar große Palastgelände ein. An dem mächtigen dreiteiligen Tor grüßt ihn der Wahlspruch der Residenz: »Sonne und Mond stehen gemeinsam am Himmel« – ein Zeichen vollkommener Harmonie der Gegensätze. Das letzte Stück bis zum Palast läßt Kangxi sich in einer Sänfte tragen. Dabei kommt er durch ein zweites, kleineres Tor, auf dem in einer eigenhändig von ihm angefertigten Kalligraphie der Name seiner Lieblingsresidenz steht: »Bishu shanzhuang«.

»Bergvilla, um der Hitze zu entfliehen«, schon der Name verspricht für die Sommermonate eine angenehme klimatische Alternative zur »Verbotenen Stadt«: »Es mag Hochsommer sein, und doch liegt Tau auf den Blättern der Bäume, die sich zum Teil schon gelb färben, als sei es später Herbst.« Kangxi genießt die Frische und das kühle Klima des Nordens: »In den Frühstunden muß man eine Pelzjacke tragen, während es in Beijing so heiß ist, daß man zögert, bei der Rückkehr seine Frauen von den Eunuchen zum Empfang aus den Palasträumen führen zu lassen.«[7]

Außerdem klingt in dem Namen schon eine leichte, heitere Stimmung an. Und wenn Kangxi gegen Ende April in »Bishu shanzhuang« eintrifft, wird er von einem orangegelben Blütenmeer begrüßt: Die Trollblume blüht, die Lieblingsblume des Kaisers[8]. Die hübschen Zwiebelpflanzen *(Trollius chinensis)* gehören zur klassischen Flora der Region, und in den flußnahen, ehemals sumpfigen Teilen des Palastbezirks wachsen sie wild. Daß die Blumen pünktlich zu Kangxis Ankunft blühen, gehört zu den zahlreichen Sorgen der kaiserlichen Gärtner.

Die klimatischen Bedingungen in Jehol sind extrem. Obwohl der Park im Westen und Norden von Bergen geschützt ist, fegt der Wind im Winter und im Frühjahr mit hohen Geschwindigkeiten durch das Tal. Die Durchschnittstemperatur liegt im Sommer bei plus 30, im Winter bei minus 23 Grad. Aber das Thermometer kann auch auf minus 40 Grad sinken, und die starken Fröste dauern oft wochenlang an. Diese enormen Temperaturschwankungen bei nur 500 Millimeter Niederschlag im Jahr machen der Vegetation zu schaffen und bereiten den Gärtnern Kopfzerbrechen. Viele Ziergewächse können sie nur mit Mühe in den Gewächshäusern über die kalte Jahreszeit retten.

Um so größer ist die Freude, wenn die ersten Blüten an den sehr frostharten Prunus-Arten erscheinen, die hier zu Hause sind. Die

Blüte des ersten Monats im Mondkalender ist Mei, die ganz frühe Winterkirsche *(Prunus mume)*, die eigentlich eine Aprikose ist und fälschlicherweise mit »Pflaumenblüte« übersetzt wird. Sie eröffnet den Reigen der Baumblüte und wird deshalb besonders verehrt. Künstler malen ihre fünfblättrigen Blüten häufig vor berstendem Eis; das, sagt man in China, sind die Tage, an denen die ersten Blüten auf die letzten Eisschollen der Flüsse fallen. Hat der Kaiser seine »Bergvilla« bezogen und sein Hofstaat sich eingerichtet, öffnen langsam auch die Pflaumen-, Kirsch- und Pfirsichbäume ihre Knospen und hüllen allmählich das Seeufer nebst den geschützten Tälern von »Bishu shanzhuang« in zarte Blütenwolken.

Doch bevor sich dieser traumhafte Anblick bietet, muß man den Hauptpalast durchqueren. Hier stehen entlang einer Nord-Süd-Achse zahlreiche eingeschossige Wohngebäude, die auf fast meterhohen Steinterrassen ruhen. Einige sind durch Wandelgänge miteinander verbunden, so daß die Herrschaften auch bei Regen trockenen Fußes von einem Haus zum anderen kommen, die frische Luft genießen oder auch lustwandelnd dem Regen lauschen können.

Zum Bau hat man *Machilus nanmu* verwendet, ein Edelholz, das aus den Südprovinzen stammt. Es ist hart und haltbar, vor allem aber strömt es in lauen Sommernächten einen angenehmen Duft aus. In den Höfen zwischen den Gebäuden zwitschern Ziervögel, und im Frühjahr blühen Forsythien und Mandelbäumchen unter den mehrstämmigen Silberkiefern *(Pinus bungeana)*. Die werden wegen ihrer optisch attraktiven Stämme in die Nähe von Palästen und Tempeln gepflanzt: Wenn nämlich ihre Borke in kleinen Schuppen abblättert, bleibt ein buntscheckiges Rindenbild, das mit zunehmendem Alter immer heller wird, bis schließlich ein 100jähriges Exemplar einen silbrigweißen Stamm hat. Da der Baum erst in hohem Alter seine größte Schönheit erreicht, steht er selbstverständlich für Lebenskraft und ein langes Leben. Im Hof der Kaiserinmutter stolzieren sogar Kraniche unter den Kiefern – und verdoppeln das Symbol für ein langes Leben.

In allen Höfen werden wohlriechende Blumen in kunstvoll gefertigten Keramiktöpfen gezogen. Orchideen zum Beispiel, die

Zweig eines blühenden Pflaumenbaums, 1782

kleinen Cymbidien mit den unscheinbaren grünlichen Blüten. Wie Dichter und Maler vor ihm mag der Kaiser von der zarten Anmut der Pflanzen angetan sein und von ihrer Natürlichkeit. Vor allem aber wird ihr intensiver Duft gepriesen: »Wenn die Orchidee sich in einem tiefen und stillen Tal befindet, wird sie überall duften. Wenn sie im kaiserlichen Hof wächst, so stellt sie ein glückliches Vorzeichen des Königs dar«, schreibt Kangxis Hofmaler Chang Chao auf seinem Bild *Die Topforchidee*, das er nach einem Sommeraufenthalt in »Bishu shanzhuang« gemalt hat[9].

Allergrößter Beliebtheit erfreuen sich die Penjings, diese traditionellen Miniaturgärten, die, wörtlich übersetzt, »Topflandschaften« heißen. Berge, Wasser und Bäume – alles im Kleinstformat. Die Züchtung der Zwergbäume, die bei uns unter dem japanischen Begriff Bonsai bekannt sind, ist eine alte chinesische Kunst. Geboren aus dem Denken, daß die Kraft des Großen auch im Kleinen verborgen ist, enthalten diese »Landschaften in der Schale« alles, was zu einem chinesischen Garten gehört und in »Bishu shanzhuang« in Originalgröße zu sehen ist.

Landschaften hinter Mauern

Hinter dem Hauptpalast öffnet sich das Gelände, und sogleich umfängt die Sommergäste eine helle, luftige Atmosphäre. Unterschiedlich große Wohngebäude, Pavillons, Pagoden und Tempel verteilen sich in einer idyllischen Gartenlandschaft mit Wiesen, Hügeln und Felsen, mit einem See und drei Inseln, mit Mauern und Höhlen, Pfaden und Brücken. Der Kaiser persönlich hat den Gebäuden malerische Namen gegeben, zum Beispiel »Bei Birnbaumblüten genießt man den Mondschein«; ein Pavillon an einer mit Lotos bedeckten Bucht des Sees heißt »Lotosduft des gewundenen Wassers«, und ein Gebäude, das wie ein Schiff aussieht, hat er »Mondschiff mit den Wolkensegeln« genannt.

Kein Gebäude gleicht dem anderen, berichtet der Maler Matteo Ripa, alle seien geschmackvoll gebaut, und alles sei sehr sauber: »Die Sommerhäuser sind auf allen Seiten mit Seidenvorhängen ausgestattet, so daß man von außen nicht hineinsehen kann, rundherum gibt es Sitzmöglichkeiten, ein Tisch oder ein Bett steht in der Mitte. Alle diese Pavillons und Sommerhäuser stehen dem Kaiser zur Verfügung, damit er sich mit seinen Frauen darin zurückziehen kann.«

Auf den ersten Blick ist die Vielfalt verwirrend; bei näherem Hinschauen ist eine klare Gliederung zu erkennen: Hier wohnen die Mitglieder der kaiserlichen Großfamilie; dort gehen der Kaiser und Angehörige des Hofes ihrem Vergnügen und ihren Lieblingsbeschäftigungen nach, und ein dritter Teil der Gartenlandschaft ist für die Regierungsgeschäfte reserviert. Die Anlage ist so groß,

Gesamtansicht der Sommerresidenz Jehol, Holzschnitt, 1779

staunt der europäische Beobachter, daß er »eine Stunde zu Pferd brauchte«, um die Einfriedung zu umrunden.

Fünf Meter hoch ist die Mauer, die die Sommerresidenz umgibt und den Sohn des Himmels von der Welt der Normalsterblichen abschottet: Zu jeder Zeit und an jedem Ort trennen Mauern einen chinesischen Kaiser vom Rest der Welt, denn die Thronbesteigung erhebt ihn über alle übrigen Menschen – Chinesen wie Ausländer.

Alles im Leben dieses Mittlers zwischen Himmel und Erde betont seine Einzigartigkeit und seine Überlegenheit über die Normalsterblichen: Das Schriftzeichen für »Kaiser« steht in jedem Schriftstück separat und über den übrigen Zeichen des Textes; er allein schreibt mit roter, alle anderen mit schwarzer Tusche. Seine Gewänder und Kopfbedeckungen haben Farben, Formen und Muster, wie sie niemand sonst tragen darf; er allein blickt nach Süden, während seine Minister nach Norden blicken, und alle Un-

»Gewählte Vergnügungen für Mußestunden«,
Handrollenausschnitt, 16. Jahrhundert

tertanen müssen sich im Kotau vor ihm niederwerfen, um so ihre Ehrerbietung zu zeigen.

Und da die Bleibe des Kaisers – ob in Beijing oder in Jehol – immer das symbolische Zentrum der Welt ist, unterscheiden sich auch die kaiserlichen Parks von den Gärten der reichen Kaufleute, der Beamten oder der Gelehrten. Sie sind eine Welt für sich und so groß, daß man auf ihren Mauern chinesische Landschaften abbilden kann, wie man sie von den Bildrollen der Landschaftsmaler kennt.

Landschaftsmaler sind es häufig auch, die die Gärten entwerfen und bauen lassen. Dann treten Tausende Arbeiter an, schippen und schaufeln, ziehen Kanäle, heben Teiche aus und leiten Wasser herbei, um sie zu füllen. Sie errichten künstliche Berge, graben Höhlen und Schluchten und türmen seltsam geformte Felsen auf. Am Ende haben sie innerhalb der Parkmauern die Landschaften Chinas im Kleinformat abgebildet.

Kangxi hat im Park seiner Bergvilla 36 verschiedene Landschaftsansichten mit den dazugehörigen Gebäuden gestalten lassen: Am Fluß, am See, auf Inseln, in den Hügeln, im Wald – die natürlichen Gegebenheiten des Geländes nutzend, ist diese kontrastreiche Vielfalt von Szenerien mit abwechslungsreicher Architektur komponiert und gebaut worden. Trotzdem sollen sich der Herrscher und die Seinen fühlen, als bewegten sie sich in der freien Natur. Wenn es gelingt, in den Gärten den Eindruck der allergrößten Natürlichkeit hervorzurufen, ohne die Natur lediglich zu imitieren, ist der Kaiser zufrieden und dichtet:

Wunderschön sind die Gärten,
die Quellen sind klar, das Gras duftet,
und zwischen den Seen erheben sich bewaldete Hügel

Kangxi[10]

»Berge und Wasser« – nichts anderes bedeutet Shan-shui, das chinesische Wort für Landschaft, wobei Wasser das weibliche Prinzip Yin verkörpert, während die Berge als Sitz der Götter immer Sinnbild des Yang sind, des männlichen Prinzips. Beide zusammen bilden das Gerüst des chinesischen Landschaftsgartens. Ein See oder Teich, ein Bassin oder Bachlauf – Wasser in den Garten zu holen ist relativ einfach. Doch was ist mit zerklüfteten Bergmassiven und wilden Schluchten, deren Bilder die Chinesen so sehr lieben?

Die Gartenkünstler arbeiten mit Abstraktionen: Ein Gebirge wird durch aufgetürmte Steine und Felsbrocken dargestellt. Häufig reicht ein bizarr geformter Felsen aus, um die Vorstellung eines ganzen Gebirgszugs hervorzurufen. Die Steine sollten durchlöchert sein und Durchblicke zulassen, denn, so die Vorstellung, wenn sich die Härte des Steins zur größtmöglichen Transparenz öffnet, vereinen sich zwei extreme Gegensätze zu einem Symbol voller Dynamik.

Die wertvollsten Gartensteine hat man stets aus dem Taihusee geholt – vom Wasser zerfressene bizarre Gebilde mit schrundig rauher Oberfläche in reizvollen Farbschattierungen. Die Kaiser früherer Dynastien haben sie in solchen Mengen für ihre Gärten herbeischaffen lassen, daß die mit Steinen beladenen Schiffe die

Flüsse verstopft, dadurch den Warenverkehr zum Erliegen gebracht und Unruhen ausgelöst haben sollen.

Wasser ist im Garten ein Pol der Ruhe. Die glatte Oberfläche verdoppelt die Wolken und die am Ufer stehenden Gebäude. »Wie weißschimmernde Seide, so strömt, lang sich hinziehend, die kristallklare Flut«, heißt es in der zeitgenössischen chinesischen *Beschreibung von Jehol*[11]. Hier bildet der zu einem riesigen See gestaute Fluß das Zentrum des Parks, wobei Dämme, Brücken, Landzungen und die drei Hauptinseln die Fläche sehr abwechslungsreich gliedern.

Auf der Insel der »Tausend Wälder« entfalten Wasser und Felsen eine besonders dramatische Wirkung: »Hinab in bodenlose Tiefe fällt der Schatten der Felsen, das Auge erreicht ihn, aber nicht der Fuß«, heißt es in der chinesischen Beschreibung der *36 Schönen Punkte* des Parks: »Eine Kaskade kommt vom Berg Xiyu und fällt auf die Spitze der Klippe Yongcui. Da springen die Perlen des kristallenen Schaums hinunter, ein Donner bei Himmelsblau, ein Schneefall im Sommer; dann strömen die wirbelnden Wasser dem See zu. Vom Gestade des Sees schwingt sich, mit zahlreichen Kiosken geschmückt, in leichtem Fluge eine luftige Brücke hinüber, dem Regenbogen vergleichbar.«[12]

Jede Insel hat ihre individuell gestaltete Architektur: eine Zickzackbrücke, eine mehrstöckige Pagode, einen besonderen Kiosk oder Pavillon, ein zweistöckiges Wohngebäude oder eine Bibliothek. Die Bauwerke sind Schmuck, der die Landschaft erst richtig in Szene setzt. Sie unterstreichen die Charakteristika eines Arrangements oder schaffen Kontraste, zum Beispiel wenn das Wasser auf die steinerne Begrenzung des Sees trifft. Dann begegnen sich Yin und Yang, wobei das eine die Eigenschaft des jeweils anderen herausstreicht.

Gleichzeitig bietet die Architektur Orte, an denen man die Natur in Ruhe genießen kann, denn der Palastgarten will nicht erwandert, er will betrachtet werden. Ein Sohn des Himmels geht nicht zu Fuß, und seine Frauen können schon wegen der verkrüppelten Füße nicht laufen. In Sänften oder Booten werden die Angehörigen des Hofes von einem Ort zum anderen befördert, um

Kaiserliche Konkubinen im Park, 1738

sich dann niederzulassen, um die Natur zu betrachten und zu belauschen. Zum Beispiel auf der »Steinplatte zum Beobachten der Fische«: »Die Scharen der Fische tummeln sich; bald verweilen sie am Grund, bald schnellen sie empor. Ein Ort, der dem Himmel gefällt.«[13] Auch ein Ort, an dem es Kangxi gefällt, den Fischen zu lauschen.

Seien es die Fische im Wasser, ein plätschernder Bach, Regentropfen auf den Blättern, zwitschernde Vögel oder die »Musik der Nadeln«, von der Poeten sprechen, wenn der Wind durch die Kiefern fährt – immer sind die Laute eines Gartens Teil der Komposition. Ein Dichter schreibt:

Der Gesang der Vögel macht die Berge noch stiller,
das Zirpen der Zikaden läßt den Wald schweigen.[14]

»Insel des goldenen Hügels«, Kupferstich von Matteo Ripa

Wie die Geräusche gehören auch die betörenden Düfte oder die sanften Farben der Blumen zu einer gelungenen Komposition, denn um das Wohlbefinden des verwöhnten hochherrschaftlichen Publikums zu steigern, werden in den Gärten des Kaisers alle Sinne angesprochen.

Gelassen und heiter ist die Stimmung am Ufer der »Insel der erfüllten Wünsche«. Hier befindet sich eine zweistöckige Halle mit dem poetischen Namen »Die strahlende Sonne der Goldlilien«, und es heißt: »Wenn der fächelnde Wind seinen Tau darüber ausgießt und morgens die Sonne darauf strahlt, dann tritt die Goldfarbe frisch und leuchtend hervor«[15]. Im Hochsommer sitzen hier die Mitglieder des Hofes, um die goldgelbe Blütenpracht der Zinlianhua *(Tropaeolum majus)* zu genießen, die Kapuzinerkresse, die in China auch Goldlilie und Goldlotus genannt wird und die Kangxi auf einer seiner Reisen in den Süden entdeckt hat. So sehr hat sie ihm gefallen, daß er sie nach »Bishu shanzhuang« verpflanzt hat: »Wenn die Knospen Ende Juli aufblühen«, heißt es in einer chinesischen Beschreibung, »so glänzt die ganze Stelle, wohin man blickt, in Goldgelb. Wenn es Herbst wird, vertrocknen die Blüten, fallen aber nicht ab. Die Samen sind wie ungehülste Reiskörner, jedoch schwarz.«[16]

Einer der malerischsten Punkte der Residenz ist die kleine »Insel des goldenen Hügels«. Möchte der Kaiser einmal einen weiten Blick über seinen Garten genießen, dann begibt er sich hier in die Höhe einer dreistöckigen Pagode. Jedes Stockwerk hat Kangxi mit einer von ihm selbst auf Holztafeln geschriebenen Kalligraphie geschmückt. In luftiger Höhe gibt es Sitzplätze, von denen man »den Himmelsraum und die purpurne Milchstraße mit einem Blick übersieht«. Wenn dann noch vom See der liebliche Duft der Lotosblumen zu Kangxi hinaufweht und seine Nase verwöhnt, dann ist der Gartengenuß perfekt, zumal die Lotosblume voller Symbole und Zweideutigkeiten steckt.

Von Lotos, blühenden Bäumen und Kiefern

Für Kangxi ist das Erleben der Pflanzen nicht nur ein sinnliches, sondern auch ein geistiges Vergnügen: »Wenn ich mich an Orchideen erfreue«, schreibt der Kaiser, »wird die Liebe der Aufrichtigkeit in mir wach. Beim Anblick der Kiefer und des Bambus gedenke ich der Tugend. Stehe ich am Ufer des klaren Bachs, so beuge ich mich vor der Rechtschaffenheit. Sehe ich das Unkraut wuchern, so faßt mich Abscheu vor Habsucht und Gier. So verstehe ich den Sinnspruch: Dem Alter strömen Gedanken aus den Dingen zu.«[17] Jede Gartenpflanze hat die Fähigkeit, im Kopf Bilder oder Überlegungen hervorzurufen. Es sind tradierte Bedeutungen, die in ihrer äußeren Erscheinung oder ihrem Wesen begründet sind; oder Künstler und Philosophen haben sie ihr in Variationen immer wieder »angedichtet«.

Die Lotosblume, Inbegriff des chinesischen Sommers, steckt beispielsweise voller sexueller Anspielungen: Da sprießt der Stengel, da schwillt die Knospe, und die rosa Blüten schwanken auf hohen, hohlen Stengeln über den riesigen Blättern und »neigen sich dem Winde, der die Wellen bewegt«. Von jeher aber ist der Lotos auch ein Symbol der Tugend, und angesichts der feinduftenden Pflanzen mit ihren makellosen Blüten denkt der Gebildete an einen nicht korrupten Beamten, denn ihm kommt eine alte Weisheit in den Sinn: »Der Lotos wächst aus Schlamm und Schmutz empor, aber er ist nicht verdorben; er liegt bescheiden auf dem klaren Wasser; hohl im Innern, gerade im Äußern, verwirren oder verzweigen sich seine Stämme nicht.«[18]

Fast alle Bäume, die in China im Frühjahr blühen, haben erotische Implikationen. Die Pflaumenblüte, sagt man, solle alte Männer erfreuen, das seidene Tuch auf dem Brautbett nennt man eine »Pflaumenblütendecke«, und in beiden Fällen schwingt die Anspielung auf die Frucht mit – auf die süße, saftig reife Pflaume; und da man gleichzeitig an die Fruchtbarkeit denkt, hat man nach der etwas später einsetzenden rosa Pfirsichblüte sogar die Hochzeitstermine ausgerichtet.

Pikanter sind die Phantasien, wenn chinesische Männer einen Besuch im Bordell artig als »Blumen suchen und Weiden kaufen« umschreiben. *Salix babylonica*, die Trauerweide, hat in China – ganz anders als im westlichen Kulturkreis – eindeutig erotische Konnotationen: In der Malerei beispielsweise symbolisiert der schlanke, biegsame Weidenzweig Schönheit und Anmut des weiblichen Geschlechts, aber auch dessen moralische Schwäche.

Vor allem die Weidenkätzchen werden als Zeichen weiblicher Frivolität und mangelnder Standhaftigkeit verstanden. Darum darf die Trauerweide nie in die Höfe der Frauen vornehmer Familien gepflanzt werden. Warum? Aus Angst, die sanft hin und her wehenden Ruten könnten die Damen mit den geschnürten Füßen auf unkeusche Gedanken bringen. Und gibt eine Ehefrau solchen Phantasien nach, dann zeichnet der Künstler einen Aprikosenzweig, der über die Mauer ragt und verrät, die Dame des Hauses geht fremd!

Die Flora von »Bishu shanzhuang« ist so vielseitig wie die chinesische Pflanzenwelt. Da wachsen Ulmen, Pappeln und Linden,

Lotosblüte, 1782

Trompeten-, Schnur- und Lebensbäume, Wacholder und zahlreiche Weißdornarten. Viele Gewächse hat Kangxi von seinen Reisen mitgebracht, denn offensichtlich interessiert sich der Kaiser für Botanik: »Schon als Kind beobachtete ich gern das Sprießen der jungen Schößlinge und pflanzte Blumen und Sämlinge aus anderen Provinzen und fremden Ländern.« Doch nicht alles im Gepäck des Kaisers überlebt die Verpflanzung – das muß auch ein Himmelssohn hinnehmen: »Der duftende Reis und die Wasserkastanien, die ich von den südlichen Inspektionsreisen mitbrachte, überstanden den Frost in Beijing nicht, dafür aber überlebte der grüne Bambus bei sorgfältiger Pflege und gedieh prächtig, trotz der kalten Winde. Der Ginseng wächst in den Palastgärten in Töpfen, und in Jehol erfüllen jetzt die Walderdbeeren aus Ninguta die Luft mit ihrem seltsamen Duft und tragen Früchte, die ebenso gut schmecken wie die Litschis aus Guangdong oder Fujian.«[19]

Vieles gehorcht dem Nützlichkeitsprinzip: Eine Fülle an Obstgehölzen wird gezielt wegen ihrer schmackhaften Früchte angebaut: verschiedene Pflaumen, Pfirsiche, Aprikosen und Kirschen; Äpfel, Birnen und Nüsse; Himbeeren, Weintrauben, Granatäpfel und die saure Chinesische Dattel *(Ziziphus jujuba)*. Matteo Ripa, der Augenzeuge, berichtet von Gras- und Weideflächen innerhalb der Parkmauern, auch Getreide und Gemüse hat er gesehen. Aber auch außerhalb des kaiserlichen Palastes herrscht Fülle: »Die Natur schenkt der wunderschönen Landschaft den zusätzlichen Charme einer üppigen Vegetation«, schreibt der Pater: »In den weiten Ebenen der Tartarei sieht man kaum einen Baum. In Jehol aber sind die Hänge, die Hügel und ist die Ebene mit dichtem Blattwerk überzogen. Und die Haselnußsträucher, die Korianderbüsche, die Äpfel und Birnen haben, obwohl sie wild wachsen, ein so köstliches Aroma, daß sie auf dem Tisch des Kaisers serviert werden.«

Und der weiß sehr wohl die kulinarischen Freuden des Sommers zu schätzen. »In Jehol wachsen weiße und rote Kirschen sowie große Sauerkirschen von wunderbarer Farbe und herrlichem Geschmack; man kann aber auch frisch vom Baum gefallene Haselnüsse und über offenem Feuer geröstete Bergwalnüsse essen.« Ganz naturverbunden gibt sich der Mandschu-Kaiser, wenn er von seinen Streifzügen zu Pferde berichtet: »Es gibt dort Wälder mit Eichen, Pappeln und Buchen sowie wilde Birnen, Pfirsiche, Äpfel und Aprikosen. Im Vorbeireiten kann man die kleinen *ulana*-Pflaumen pflücken, deren blasses Rot dem der Bitterkirsche gleicht.«[20]

Der Pflanzenreichtum Chinas ist unübertroffen. 27 150 Arten aus 353 Pflanzenfamilien (weltweit sind es 650 Familien) sind hier beheimatet, und da keine Eiszeit die Region heimgesucht hat, wächst hier vieles, das an keinem anderen Ort der Welt zu finden ist. Vierzehn verschiedene Kiefernarten sind im Reich der Mitte zu Hause; vor allem zwei davon sind in »Bishu shanzhuang« angepflanzt worden: die Silberkiefer *(Pinus bungeana)* wegen der Schönheit ihrer Stämme und die Schirmkiefer *(Pinus tabulaeformis)* wegen ihrer markanten, oft bizarren Silhouette. Für sie charakteristisch ist die tafelförmig flache Krone, und auf unzähligen Gartenansichten beziehungsweise Landschaftsbildern beugt sich der Nadelbaum,

Schirmkiefer

vom Wind geschliffen, weit über einen Felsvorsprung, ohne den Halt zu verlieren – ein Sinnbild für Ausdauer, Anpassungsfähigkeit, Genügsamkeit und Kraft.

Außerdem ist die Kiefer ein Symbol des Männlichen und darf schon deshalb in keinem Garten fehlen. Dieses ungeschriebene Gesetz hat ein Künstler des 17. Jahrhunderts – wenig charmant – etwa so umschrieben: Wenn man in einem Garten mit Pfirsichbäumen, Blumen und Weiden sitzt, und es erfreut nicht eine einzige Kiefer das Auge, dann ist es, als ob man unter Frauen und Kindern sich aufhalte und kein ehrfurchtgebietender Mann in der Nähe wäre, zu dem man aufblicken könnte.

Gärten zum Erfrischen des Geistes

»Die Gärten sind zur Nahrung des Herzens gemacht«[21], heißt es in China, und man ist überzeugt, daß die meditative Naturbetrachtung dem Menschen Dinge erschließt, die weder mit dem Verstand noch mit formalästhetischen Kriterien zu erfassen sind. Dadurch entsteht ein Gefühl der Harmonie und Ausgeglichenheit, das den Betrachter in eine heitere Stimmung versetzt – auch die Söhne des Himmels:

Inmitten von Kiefern und Felsen, dem Rauschen des Quells,
will trotz schattiger Frische der Sommer nicht kühlen.
Tief in Gedanken, sitze ich auf kantigem Fels,
hochgestimmt, das Kleid und den Gürtel gelöst.

Qianlong[22]

Kaiser Qianlong (1711–1799), der in diesem Gedicht so entspannt seinen Garten genießt, hat den Drachenthron 1736 bestiegen, nur 14 Jahre nach Kangxis Tod. Er ist Kangxis Enkel und eifert dem Großvater in vielem nach. Die beiden haben ein enges Verhältnis, denn Kangxi holt den Enkel schon als Elfjährigen zur Erziehung in den Palast. Täglich muß der Junge von fünf bis sechzehn Uhr in die Palastschule gehen, auch während er zusammen mit dem Großvater den Sommer in Jehol verbringt. Nur fünf freie Tage gibt es im Jahr, dafür aber legt der Jüngling schon mit 19 Jahren sein Abschlußexamen ab, wobei er nicht nur die chinesischen Bildungsinhalte und zahlreiche künstlerische Fertigkeiten beherrscht, sondern auch die eher sportlichen Tugenden eines Mandschu.

Wie sein Großvater ist Qianlong zeitlebens bestrebt, sich als Erbe und Hüter der chinesischen Kulturtradition darzustellen: Er malt, er schreibt mehr als 43 000 Gedichte und 1 300 Prosatexte. Wie sein Großvater sammelt er antike chinesische Kunstwerke, ediert alte Texte und baut schließlich die unermeßliche kaiserliche Kunstsammlung zur größten der Welt aus.

Beide Kaiser unternehmen jeweils sieben aufwendige Reisen in die Südprovinzen – als »Landesväter« überwachen sie zum Wohl

Kaiser Kangxi als Gelehrter

ihres Volkes die Deichbauten am Yangzi, als Kunstliebhaber suchen sie das Gespräch mit den Künstlern und Gelehrten, und als Gartenliebhaber versäumen sie keine der berühmten Gartenanlagen am Reiseweg, zum Beispiel in Suzhou oder Hangzhou. Unzählige Ideen und Anregungen bringen sie mit, beim Bau der Parks in und um Beijing werden sogar Landschaftsarchitekten und Felsspezialisten aus dem Süden beschäftigt. Auch in »Bishu shanzhuang« werden architektonische Besonderheiten kopiert, Stilelemente übernommen, und die Idee vom »Garten im Garten« wird nachgeahmt. So befindet sich im Palastbezirk der »Bergvilla« eine fast exakte Kopie des »Löwenwäldchens«, eines sehr berühmten Gartens in Suzhou, der heute noch jedem Touristen gezeigt wird.

Aus dem Süden kommt auch die Vorstellung vom Gelehrtengarten, der mehr der kulturellen Betätigung als der bloßen Zerstreuung oder dem sportlichen Vergnügen dient. Der Garten, ein Ort der Gelehrsamkeit – um diese Facette haben Kangxi und Qianlong den kaiserlichen Vergnügungspark erweitert. Äußeres Zeichen dafür sind die Bibliotheken, die sie in den Residenzen gebaut haben. Hier werden die kostbaren Schrift- und Bilderrollen aufbewahrt. Hier kann der Herrscher studieren, lesen, dichten oder schreiben.

Im Sommer haben die beiden dafür die Nachmittagsstunden reserviert. Kangxi sucht zum Studium der alten Texte meist ein Gebäude auf der »Insel der erfüllten Wünsche« auf, dem »Ort, wo das Wasser lieblich ist und majestätisch die Felsen sind«. Unermüdlich übt er sich in der Kunst der Kalligraphie und schreibt täglich mindestens 1 000 Zeichen.

Qianlong, der eifrige Dichter und Kunstsammler, läßt sich, im Schatten der Bäume sitzend, die Malerei der vergangenen Jahrhunderte vorführen und verkündet, ohne das Refugium seiner Gärten könne ein Kaiser seine vielfältigen Regierungsaufgaben gar nicht erfüllen: »Jeder Kaiser und Herrscher muß, wenn er sich von seinen Zuhörern zurückgezogen hat und seinen öffentlichen Aufgaben nachgekommen ist, einen Garten haben, in dem er umhergehen, sich umschauen und es seinem Herzen wohl sein lassen kann. Wenn er einen dafür geeigneten Ort besitzt, dann wird dies seinen Geist erfrischen und seine Gefühle lenken.« Ein schlagendes Argument, um auch die immensen Kosten der Parkbauten zu rechtfertigen, denn wer keinen solchen Garten besitzt, der wird »sich von sinnlichen Vergnügungen in Anspruch nehmen lassen und seine Willenkraft einbüßen«[23].

Großvater und Enkel widerstehen dieser Versuchung. Vielmehr treibt ihre Gartenlust die Gartenkunst der Qing-Zeit zu einem neuen Höhepunkt: Vier Gärten in der »Verbotenen Stadt« tragen ihre Handschrift. In den »duftenden Westbergen« bei Beijing entstehen drei zauberhafte Sommerresidenzen, wobei Qianlong sich im »Garten der vollkommenen Klarheit« sogar einen europäischen Teil mit Wasserspielen à la Versailles anlegen läßt.

Kaiser Qianlong als Kunstliebhaber

Und schließlich baut Kangxi im Norden des Reiches die Sommerresidenz von Jehol, in der 36 Szenerien den Betrachter mit immer neuen Perspektiven überraschen und zu immer neuen Stimmungen anregen. Dem hat später Kaiser Qianlong 36 weitere »Schöne Punkte« hinzugefügt, und außerhalb der Parkmauern hat er acht buddhistische Klöster und Tempelanlagen bauen lassen – eine majestätische Kulisse für den Garten, wobei die strenge tibetanische Architektur in einem reizvollen Spannungsverhältnis zur heiter-gefälligen Atmosphäre der Parkbebauung steht. Gemeinsam ist den beiden in Jehol eine für das 18. Jahrhundert repräsentative Anlage gelungen, die im heutigen Chengde noch zu besichtigen ist.

Europäische Patres, vor allem die Jesuiten, sind an Kangxis Hof willkommene Gäste. Sie kommen als Missionare, doch betätigen sie sich vor allem als Künstler und Wissenschaftler. Der Kaiser bewundert die frommen Männer ob ihrer praktischen Kenntnisse, denn er selbst ist von einer unersättlichen Neugier und versucht immer wieder zu ergründen, wie und warum etwas funktioniert. Mal interessiert ihn Geometrie, Algebra, Astronomie oder Mechanik; mal Kartographie, Optik, Medizin oder Musik. Jesuiten fertigen Landkarten Chinas an, Jesuiten arbeiten als Astronomen im Amt für Kalenderwesen, und Matteo Ripa ist als Maler am Hof und bringt den Kupferstich nach China.

Als Kangxi den Wunsch hegt, seine Lieblingsresidenz im Bild festzuhalten, beauftragt er den Maler Shen Yu und dessen Assistenten, die 36 Ansichten zu zeichnen, und auch der Italiener soll zeigen, was er kann: »Da der Kaiser sah, daß ich einige Fortschritte auf dem Gebiet der Gravierkunst gemacht hatte, entschloß sich Seine Majestät, Stiche der 36 verschiedenen Ansichten des Wohnsitzes Jehol anfertigen zu lassen. Folglich ging ich dorthin mit den chinesischen Malern, die er mit der Herstellung der Zeichnungen beauftragt hatte, was mir die Gelegenheit bot, die gesamte Anlage zu besichtigen, eine besondere Ehre, die bislang keinem Europäer zuteil geworden war.«

Zwar beherrscht Matteo Ripa die Theorie, aber in der Praxis ist er ein blutiger Anfänger, denn mehr als eine Einführung in das Kupferstechen hat er kurz vor seiner Abreise aus Rom nicht mehr geschafft. Dennoch gelingen ihm die Gravuren gut. Doch mit dem Druck hat er erhebliche Schwierigkeiten, weil ihm die notwendigen Materialien fehlen. Offenbar dauert es deshalb drei Jahre, bis die erste Serie fertiggestellt ist: »Als ich die Stiche mit den Ansichten der kaiserlichen Residenz in Jehol abgeschlossen hatte, legte ich dem Kaiser die Drucke vor. Er war sehr zufrieden damit und befahl, daß eine größere Menge davon für seine Söhne, Enkel und andere Prinzen gedruckt würde. Da ihm gefiel, wie ich die 36 Ansichten von Jehol zu einem Band zusammengefaßt hatte, beauftragte er mich, das große Kartenwerk des Reiches auf die gleiche Art in Kupfer zu stechen und anzuordnen.«

Vermutlich hat Matteo Ripa mehrere Sätze seiner 36 Stiche im Gepäck, als er 1724 nach Europa zurückkehrt. Aus Kanton kommend, legt sein Schiff am 11. September in London an. Dreieinhalb Wochen bleibt der Pater in der britischen Metropole. Nachdem er sogar zweimal von König Georg I. im Kreis der königlichen Familie und anderer Adeliger zu intensiven Gesprächen empfangen wird, ist der Chinakenner ein gerngesehener Gast der Londoner Society. Gebannt lauscht man seinen Erzählungen über das Leben am Kaiserhof, über den Stand von Kunst und Wissenschaft sowie über die chinesische Gartenkunst.

Ganz klar arbeitet der Künstler die Unterschiede zwischen dem damals in Europa vorherrschenden formalen Garten und dem malerischen Stil der chinesischen Gartenkunst heraus: »Während wir versuchen, die Natur durch die Kunst auszuschließen, indem wir Hügel begradigen, Seen trockenlegen, Bäume fällen, Wege gerade ausrichten, für viel Geld Brunnen und Wasserspiele bauen und Blumen in geraden Reihen pflanzen«, notiert Matteo Ripa in seinen Reisenotizen, »versucht der chinesische Garten mit Hilfe der Kunst die Natur zu imitieren. Deshalb gibt es in den Gärten Labyrinthe aus künstlichen Hügeln, die von zahlreichen Pfaden und Wegen durchschnitten werden.« Vor dem Hintergrund des barocken Parks, in dem die Wege immer schnurstracks zum Palast führen, betont der Betrachter aus Europa die abwechslungsreiche Wegeführung in den chinesischen Gärten: »Die einen führen geradeaus, die anderen winden sich in Wellen wie ein Flüßchen; die einen liegen ebenerdig im Tal, die anderen verlaufen über Brücken und führen über einfaches Pflaster aus Steinen oder Muschelkalk die Hügel hinauf.«

Dies alles kann Matteo Ripa mit seinen Kupferstichen belegen, und keiner der gartenbesessenen Adeligen wird versäumt haben, sie eingehend zu betrachten, denn sie treffen auf ein Publikum, das in England die Gartenkunst heftig diskutiert. Die Idee vom Garten und seiner Gestaltung ist im Umbruch. Philosophen und Schriftsteller beschwören ein neu erwachtes Naturgefühl und wenden

Halle zum Betrachten des Blumengartens, Kupferstich von Matteo Ripa

sich gegen den alten formalen, geometrischen Gartenstil. Gärten nach dem Vorbild von Versailles geraten in Verruf. Der englische Dichter Alexander Pope hat beispielsweise mit beißendem Spott die »Gartenschneider« angegriffen, die Bäume und Sträucher in Menschen- und Tiergestalten zwingen.

»Weg von der Geometrie« lautet die Devise. Zwar ist die Alternative zu dieser Zeit noch nicht ausformuliert, und die ersten tastenden Schritte hin zum Landschaftsgarten sind noch unbeholfen. Doch für den »malerischen Stil«, für Gärten also, die nach Landschaftsbildern geschaffen sind, liefern die Stiche aus China einmaliges Anschauungsmaterial. Offenbar verkauft Ripa auch einige Exemplare seines Werkes, denn noch heute befinden sich mehrere komplette Sätze der *36 Ansichten* im Besitz englischer Bibliotheken[24].

Ohne Matteo Ripas Einfluß auf die Entstehung des englischen Landschaftsparks überbewerten zu wollen, ist es doch bemerkenswert, daß ein Satz seiner Stiche den Bibliotheksstempel des Earls of Burlington trägt, der als einer der ersten englischen Adeligen seinen formalen Garten in Chiswick umgestalten läßt – und zwar von dem Maler William Kent (1685–1748), der wenig später als erster Gärten nach dem Vorbild der Landschaftsmalerei anlegt. Der Name für diese neuen Gärten wird zunächst in Frankreich gefunden: »Les Jardins Anglo-Chinois« werden sie mindestens ein Jahrhundert lang genannt.

Ferienvergnügen im Lustgarten

Zurück nach China. Im Gegensatz zum sehr formellen Leben in der »Verbotenen Stadt« von Beijing findet Kangxi in seiner »Bergvilla, um der Hitze zu entfliehen« Muße und kann sich vorwiegend den angenehmen Dingen des Lebens widmen. Zum Beispiel dem Betrachten des Lotos *(Nelumbo nucifera)*. Geradezu hymnisch werden in der Beschreibung des Jeholgebietes die üppigen Lotosfelder auf dem See gepriesen: »Glänzend erstrahlt die weite Fläche der unzähligen Lotosblumen; Himmel und Blumen wetteifern an Farbenpracht. Fürwahr ein herrlicher Anblick.« Man könnte meinen, im nördlichen Jehol sei es zu kalt für die Lotosblume, denn sie braucht ruhiges Wasser und im Sommer konstante Sonnenwärme. Doch da die warmen Quellen verhindern, daß der See zufriert, überleben die Pflanzen nicht nur den harten Winter, sondern blühen sogar bis Oktober.

Wo immer in Jehol der Lotos wächst, sind Kioske ans Ufer gebaut. Unter ihren geschwungenen Dächern können die Angehörigen des Hofes sitzen, um den lieblichen Duft der Blume einzusaugen, sich in die Betrachtung des Lotos zu versenken und bei Regen dem Geräusch der Tropfen auf den wachsbeschichteten großen Blättern zu lauschen: Chinesen, sagt man, können am Klang des Regens auf den Lotosblättern die Jahreszeit bestimmen. Je lauter das Trommeln wird, desto näher rückt das Ende des Sommers.

Ein ebenso kultiviertes Vergnügen sind erfrischende Bootsausflüge auf dem See. Auf der »Insel der erfüllten Wünsche« dient ein kleiner Pavillon als Bootsanlegestelle. Hier schifft sich die Hofgesellschaft ein, um sich über den See rudern zu lassen. Solche

Bootsfahrten sind der Inbegriff des genüßlichen Zeitvertreibs. Auf der glatten Wasseroberfläche dahinzugleiten, die mit Weiden und Pfirsich bepflanzten Uferpartien zu betrachten und Fische zu beobachten – das ist Lebensgenuß! Ein Gefühl der Harmonie stellt sich ein, wenn Wolken, Licht und Bäume sich auf der Wasseroberfläche spiegeln. Und wenn man unter einer Brücke durchfährt, deren halbkreisförmige Bögen sich in der Spiegelung zum Kreis schließen, dann ist das, als tauche man in den Himmel ein – ein magischer Moment.

Beliebt es dem Kaiser, zum Fischen zu fahren – so beobachtet der Missionar Matteo Ripa –, überläßt er das eigentliche Angeln seinen Dienern: »Seine Majestät saß dann in einem prächtigen kleinen Boot, mit fünf oder sechs Frauen zu seinen Füßen. Daneben ein paar Tataren und andere Chinesen. Alle in ihren Trachten. Immer folgten dem Boot des Kaisers zahlreiche Kähne voller Frauen.« Und nicht ganz ohne Hintergedanken berichtet der Pater von den hübschen »Lustschlößchen auf den Inseln, die man entweder mit dem Boot oder über Brücken erreicht. Und wenn der Kaiser vom Fischen ermüdet ist, dann zieht er sich mit seinen Damen hierhin zurück.«

Europäische Reisende schwelgen allzugern in erotischen Phantasien, wenn sie sich das luxuriöse Leben der Kaiser inmitten ihrer Frauen und Konkubinen vorstellen. Viele haben die Paläste erst gesehen, nachdem die Kaiser längst ausgezogen waren. Trotzdem berichten sie wie Augenzeugen von verschwiegenen Pavillons auf der Insel der Seligen in Jehol, die nachts vom Schein der Laternen und Fackeln erleuchtet waren, wobei zauberhafte Musik und Gesang über den See klangen[25].

Einer der ersten, der in Europa dieses Bild vom genußsüchtigen und sinnenfrohen Kaiser verbreitet hat, ist Marco Polo (1254–1323). Beeindruckt von den Ruinen der legendären Kaisergärten von Hangzhou und den ausschmückenden Erzählungen seines Führers, schreibt der venezianische Kaufmann, der von 1272 bis 1293 die Seidenstraße bereist hat: »Der andere Teil des eingefriedeten Grundstücks war bedeckt mit Schluchten und Seen, wundervollen Gartenpflanzen und Fruchtbäumen, und behütete viele Tierarten.

Hier erging sich der Herrscher in Heiterkeit mit seinen jungen Damen. Manchmal ließ der König im Spiel die Mädchen mit Hunden um die Wette laufen, und wenn sie müde waren, dann ging man in die Grotten am See, die Mädchen entledigten sich der Kleider und kamen vollkommen nackt, um in das Wasser zu gehen. Sie schwammen hin und her, während der Herrscher versuchte, sie zu fangen. Manchmal ließ man das Essen in einer Grotte servieren, welche von hohen Bäumen beschattet war, und die jungen Damen bedienten ihn.«[26]

Ob Kangxi solch einen üppig-lustbetonten Lebensstil gepflegt hat, ist nicht verbürgt. Vielmehr sieht er sich durch Gerüchte über den skandalösen Lebenswandel seines Lieblingssohns Yinren gezwungen, den eigenen untadeligen Lebenswandel durch einen Eunuchen aus seiner engsten Umgebung öffentlich bestätigen zu lassen. Yinren, sein designierter Nachfolger und einziger von einer Kaiserin geborener Sohn, hat wohl nicht nur homosexuelle Beziehungen zu Dienern und Köchen unterhalten, sondern auch in den südlichen Provinzen hübsche Knaben kaufen lassen, die ihm dann im Palast zugeführt worden sind.

Bootsfahrt des Kaisers mit Gefolge in Jehol

Kangxi rühmt sich lieber, auch in bezug auf seine Frauen sparsam zu sein. So läßt er 1690 seine Haushaltsführung mit der seiner Vorgänger vergleichen und zieht eine äußerst positive Bilanz: Kohlen- und Brennholzverbrauch zurückgegangen; ein Zehntel weniger Paläste, Pagoden und Pavillons; die Zahl der Eunuchen auf nur 400 reduziert, vor allem aber Sparmaßnahmen in den Hinteren Palästen: »Wenn man jetzt alle Frauen am Hofe, von den kaiserlichen Nebenfrauen bis zum letzten Palastmädchen, im ganzen zusammenrechnet, so sind es nur 134, und das ist wirklich wenig«, wird Kangxis Bescheidenheit und große Tugend in der Denkschrift gelobt[27].

Die Kaiserinnen und die Mutter des Kaisers haben jeweils ihre eigenen ansehnlichen Wohngebäude in »Bishu shanzhuang«. Dagegen wohnen die Konkubinen, laut Aussage von Matteo Ripa, zu dritt oder viert in einem Raum. Ganz in der Nähe ihrer Wohnungen steht ein Pavillon, in dem Kangxi im Frühjahr häufig anzutreffen ist, denn von hier aus kann er ein Feld mit den von ihm geliebten Trollblumen betrachten. Außerdem liegt vor den Hinteren Palästen ein offener Platz, und »zur Unterhaltung der Damen wird einmal im Monat Markt abgehalten. Alle Händler sind Eunuchen, die den Frauen des Kaisers sehr wertvolle und höchst exquisite Dinge verkaufen.«

In allem, was das Privatleben des Kaisers angeht, ist Matteo Ripa ein neugieriger Beobachter: »Umgeben von seinen Frauen, wird der Kaiser in einer offenen Sänfte sitzend von Eunuchen durch den Park getragen; mit seinen Frauen segelt er auf kleinen Booten durch die Kanäle; sie begleiten ihn zum Fischen, und mit ihnen zusammen ißt er. Er sitzt dabei allerdings immer allein auf einer erhöhten Plattform, während sie, jede an ihrem kleinen Tisch, auf dem Fußboden hocken. Sogar wenn er studiert, ist er von seinen Lieblingsfrauen umgeben.«

Einen Sommer lang lebt der Italiener wie ein Gefangener im Park: Er muß kommen, bevor die Damen ihre Häuser verlassen, muß den Tag über in einem Gebäude bleiben, dessen Fenster mit Papier verklebt sind, und darf den Palastbezirk erst abends wieder verlassen, nachdem sich die Frauen in die Hinteren Paläste zurückgezogen haben. Doch durch kleine Löcher in den papierenen Fenstern riskiert der fromme Mann verbotene Blicke auf das vergnügliche Treiben.

Glaubt man dem heimlichen Beobachter, dann gibt es fast nichts, was der Kaiser in seiner Sommerresidenz ohne seine Konkubinen tut. Wenn der Kaiser studiert, liest oder schreibt, dann, so stichelt der Italiener, sitzen diese »armseligen Frauen« einfach auf ihren Kissen, »stumm wie Klosterschülerinnen«; und wenn sie im Park neben der Sänfte ihres Gebieters hertrippeln, dann immer nur lächelnd.

Andererseits hat er Mitleid mit ihnen, wenn »Seine Majestät« sich an kühlen Sommerabenden auf ihre Kosten amüsiert: »Einen günstigen Moment abwartend, warf er künstliche Schlangen, Kröten und anderes ekliges Getier zwischen die Frauen, die auf Fellteppichen vor ihm saßen, um sich dann daran zu ergötzen, wie sie mit ihren verkrüppelten Füßen davonstieben. Manchmal schickte er ein paar Frauen los, damit sie ihm Haselnüsse und andere Früchte von den benachbarten Hügeln holten. Dann gab er vor, dringend danach zu verlangen, und trieb die armen lahmen Kreaturen lautstark zur Eile an, bis dann einige hinfielen und er in lautes und herzhaftes Gelächter ausbrach.« Diese wenig schmeichelhafte Schilderung gipfelt dann in Matteo Ripas polemischem Urteil, es handele sich um eine in seinen Augen »höchst erbärmliche Lebensart, auch wenn die Ungläubigen sie für den Gipfel des Glücks halten«.

Das Ende der Sommerfrische

Zwiegespräch mit einer Chrysantheme am neunten Tag

Ohne Wettstreit mit dem Glanz anderer Blumen
verströmen Winterknospen lieblichen Duft.
Einige Stengel graziöser Anmut erheischen,
Nordwind und Rauhreif trotzend, Lob und Bewunderung.[28]

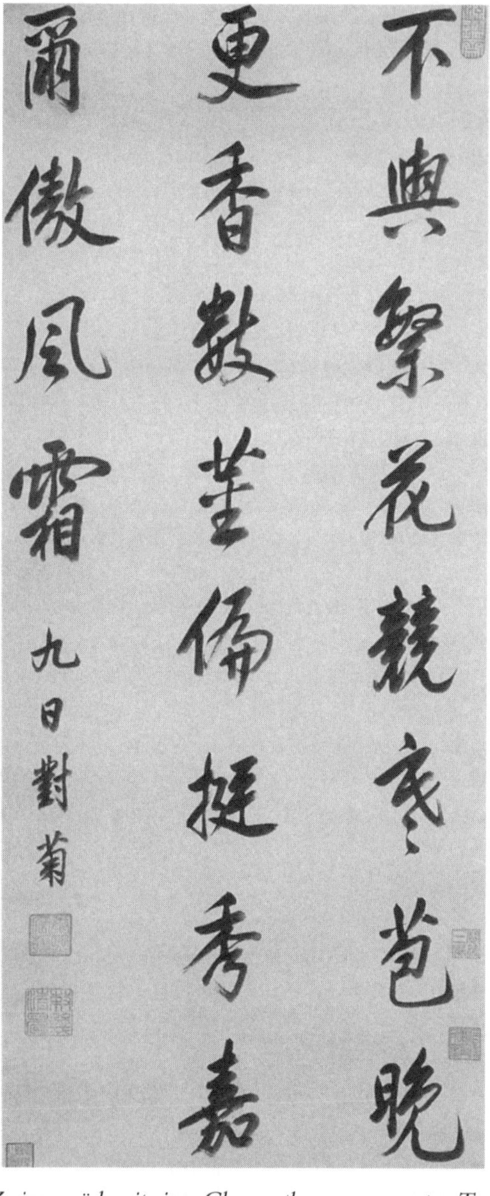

»Zwiegespräch mit einer Chrysantheme am neunten Tag«,
Kalligraphie von Kaiser Kangxi

Mit diesem vieldeutigen Gedicht preist Kangxi die Chrysantheme, die am neunten Tag des neunten Monats des chinesischen Mondkalenders geehrt wird. Ganz China feiert am 9.9. das Fest der »Doppelten Neun«, denn als eine Blume, die ihre Schönheit erst entfaltet, wenn alles andere vergeht, erfreut sich die »Zierde des Herbstes« im Reich der Mitte besonderer Beliebtheit.

Nicht nur, daß sie als ein Zeichen der Kraft gilt und als ein Symbol für ein langes Leben verschenkt wird. Man könnte sie auch als eine politisch subversive Pflanze interpretieren: Die Chrysantheme ist die Pflanze der Gelehrten, die sich häufig – wenn sie mit der Staatsführung nicht einverstanden sind – in die Stille ihrer Gärten zurückziehen, um dort Chrysanthemen zu züchten und Chrysanthemenwein zu trinken, statt dem Herrscher zu dienen. An diese Gefolgschaftsverweigerung erinnernd, ziehen bis heute Alt und Jung mit einem Picknickkorb in die Berge und trinken ein Gläschen Wein, den sie mit den Blütenblättern der Chrysantheme gewürzt haben.

Mit dem Fest der »Doppelten Neun« neigt sich das Gartenjahr in Jehol dem Ende zu. Wenn die Chrysanthemen zusammen mit den Staudenastern blühen, wenn Maulbeerbäume und Ahorn eine intensive Herbstfärbung entwickeln, beginnt die Brunftzeit der Hirsche, und sobald ihr Röhren durch die nördlichen Wälder schallt, rüstet der Kaiser zur großen Herbstjagd. Zwischen Anfang September und Mitte Oktober setzt sich die Jagdgesellschaft in Bewegung.

Etwa drei Wochen dauert der Ausflug in das 150 Kilometer nördlich von »Bishu shanzhuang« gelegene Jagdrevier »Mulan«, ein riesiges Areal mit einer 650 Kilometer langen befestigten und bewachten Grenze. »Mulan« bedeutet »Hirschschrei« sowie »den Hirsch durch Pfeiftöne anlocken«[29], und der Name beschreibt die alte Mandschu-Tradition, daß ein Hornbläser sich in ein Hirschfell hüllt, sich ein Geweih auf den Kopf setzt und auf dem Horn das Röhren des Hirsches imitiert, um die brünstigen Tiere aus dem Wald zu locken.

Der Kaiser liebt die Jagd, das Fischen und das rustikale Leben im Jagdlager: »Der Tee wird aus Neuschnee über dem zwischen zwei Pferde gehängten kleinen Kohlebecken gekocht«, berichtet er und betont dabei einmal mehr sein robustes mandschurisches Erbe: »Dort [in Jehol] lassen sich auch die herrlich schmackhaften Brassen und Karpfen der Gebirgsbäche genießen, die man am frühen Morgen eigenhändig gefangen hat – von diesem Geschmack kann man auch für spätere Tage in Beijing etwas einfangen, wenn man die Fische mit Hammelfett umwickelt oder einpökelt, bevor man sie in Sesamöl oder Schweinefett anbrät. Es gibt Wildbret, das man über offenem Feuer neben seinem Zelt an einem sonnigen Hang röstet, oder Leber von frisch erlegten Hirschen, die ich selbst zubereite (sogar bei Regen) und mit Salz und Essig würze. Und im Nordosten gibt es die von den Palastköchen so geschätzten Bärentatzen.«[30]

Mit solchen Köstlichkeiten bewirtet Kangxi seine mongolischen und mandschurischen Gäste. Es sind üppige Eß- und Trinkgelage, Orchester spielen auf, während Akrobaten und Ringer für Unterhaltung sorgen.

Auch auf die weibliche Begleitung muß der Kaiser während der Jagd nicht verzichten – die Kaiserinnen werden in drei gelben, die Konkubinen in drei schwarzen Wagen in die Jagdgründe transportiert: »Jeder Wagen beförderte vier Frauen, die im Stil der Tataren mit untergeschlagenen Beinen auf Kissen saßen«, berichtet Matteo Ripa: »Wo immer aber die Wagen auftauchten, mußte jeder den Frauen seine Reverenz erweisen, indem er schnellstens flüchtete und sich versteckte, damit die Frauen ihn nicht sahen und er die Frauen nicht.«

Um die Hirsche, Wildschweine, Bären und Tiger zu erlegen, setzt sich der Kaiser an die Spitze von mehreren tausend Soldaten. Es sind Formationen wie im Krieg, denn die herbstliche Treibjagd ist zugleich eine militärische Übung. In einem Umkreis von 40 Kilometern wird das Wild umzingelt und dem Herrscher zugetrieben, der in der Mitte des Kessels in seinem kaiserlichen Zelt auf die Beute wartet: »Daran, wie viele Tiere ich auf Treibjagden erlegte, kann ich mich nicht mehr erinnern«, räumt der Kaiser ein, »die meisten Menschen erlegen in ihrem ganzen Leben weniger als ich an einem einzigen Tag.«[31]

Kaiser Qianlong auf der Jagd

Die kaiserliche Herbstjagd in Mulan ist ein furioser ritueller Höhepunkt des Jahres und beendet Kangxis Sommerfrische jenseits der Großen Mauer. In der »Bergvilla, um der Hitze zu entfliehen« wird bald der Winter einziehen, und um seiner Kälte zu entfliehen, heißt es nun Abschied nehmen. Seine Stimmung hat Kangxi in einem Gedicht ausgedrückt:

Herbsttag in Bishu shanzhuang

Die wilden Chrysanthemen, hier in Jehol,
erfreuen sich des frischen Windes;
und lichter Staub, der aus der Steppe kam,
legt sich auf rote Ahornblätter.
Die Hitze schwand, und unversehens
kam ein Hauch von Herbst.
Auch Orchideen, die hier blühten, nahmen
Abschied vom abgelegenen Palast.

Kangxi[32]

Wieder setzt sich der kaiserliche Zug in Bewegung – dieses Mal in Richtung Beijing. Dort erwartet den Sohn des Himmels wie bei seiner Abreise ein großes Zeremoniell: Scharen von Beamten, Offiziere der Armee und dichte Reihen von Soldaten heißen den Kaiser willkommen. Hoch oben auf den Toren der »Verbotenen Stadt« verbreiten Rauchgefäße »numinose [göttliche] Dämpfe, aromatische Düfte und glücksbringende Wolken in alle Richtungen«. Auf der Straße sind die Schriftzeichen »Zehntausend Jahre lebe der Kaiser« dargestellt[33].

Kangxis Rückkehr nach Beijing bedeutet seine Rückkehr zum strengen Zeremoniell. Sobald sich das »Mittagstor« hinter ihm schließt, holt ihn der Alltag ein. Hinter den doppelten purpurroten Mauern der »Verbotenen Stadt« erwarten ihn Audienzen, Dekrete, Eingaben und religiöse Riten. Der Herrscher muß Beamte entlassen, Urteile fällen und Prüfungen abhalten. Er muß das Reich der Mitte regieren, und will er dabei die Zügel in der Hand behalten, muß er fleißig arbeiten. Die Sommerfrische mit den mandschurischen Reiterspielen, mit Fischen, Jagen und Bogenschießen ist vorerst vorbei – bis zum April des folgenden Jahres.

»*Im Rosengarten der Schönheit einen Herzensvogel fangen*«

Süleiman – der Sultan, der die Blumen liebte

»Der Sultan lacht«, flüstern die vor den Gemächern ihres Herrschers lauschenden Pagen. Eilig geben sie die Stimmung ihres Herrn als Nachricht weiter. Er, Süleiman der Prächtige (1494– 1566), zehnter Sultan des Osmanenreichs, ist in der Morgensonne über dem Bosporus im Harem des Alten Palastes von Istanbul heiter aufgewacht.

Ganz irdisch räkelt sich hinter prächtigen Portalen ein fröhlicher junger Mann in seidenen Kissen. Er lacht, ist glücklich, und – Allah sei gepriesen – er hat nicht geträumt. Eine Liebesnacht hat er erlebt, die selbst Scheherazade, die Märchenerzählerin aus *Tausendundeiner Nacht*, nicht besser hätte erfinden können. Vor ihm sitzt die Geliebte der vergangenen Stunden. Ihr rotblondes Haar funkelt im diffusen Licht; weiß schimmert ihre Haut, die auf jede seiner Berührungen mit Zärtlichkeit und Begehren reagiert. Ihre Augen treffen sich, und beide wissen, daß sie einander gehören. Ein magischer Augenblick? Liebe? Vielleicht einfach jung sein? Sie sitzen auf luxuriösen Matratzen und vergnügen sich mit dem Erzählen von Geschichten. Sie erfreuen sich gegenseitig mit Versen ihrer Lieblingspoeten, geben Selbstgereimtes zum besten.

Nach einer leidenschaftlichen Nacht sind sie als Freunde aufgewacht. Wer ist die Schöne, die den »Gebieter« so aus der Fassung bringt? »Erzähl mir von dir«, bittet Süleiman.

Süleiman der Prächtige

Roxelanas Augen blitzen, als sie dem Orientalen von den weiten Steppen Rußlands erzählt, in denen sie aufgewachsen ist. Sie schwärmt von ihren langen Ritten auf ungesattelten, schnellen Pferden. Lustig macht sie sich über ihren Onkel, der sie im orthodox-christlichen Glauben erzieht, aber nicht merkt, wie eng es ihr in der dörflichen Heimat wird. Nichts ahnt er von dem unbändigen Freiheitsdrang, der seine Nichte aus der gewohnten Geborgenheit treibt. Das Mädchen reitet allein in die Steppe. Banditen überfallen und verschleppen es. Mit vierzehn wird Roxelana auf einem Sklavenmarkt einem reichen Kunden angeboten. Nackt. Der Käufer betastet ihren Körper und prüft ihre Zähne, bevor er sie erwirbt. Dann macht er sie seinem Freund zum Geschenk,

Lieblingsfrau Roxelana

dem Sultan Süleiman. Doch der hätte viel zu tun, wenn er sich jede Neuerwerbung persönlich anschauen würde. So verschwindet Roxelana als eine von etwa 300 Frauen in der Menge des herrschaftlichen Harems.

Dort beginnt sie ganz unten in der fein strukturierten Hierarchie des Harems, über den mit eiserner Strenge die Valide Sultan herrscht, Süleimans Mutter. Roxelana, oder Russelana, die Russin, wie sie auch genannt wird, verrichtet – wie alle anderen Mädchen – zuerst niedere Dienste: Sie arrangiert Blumen in Vasen und putzt Silber. Als die Valide Sultan den schnellen Witz und das heitere Temperament der Russin erkennt, darf Roxelana am Unterricht teilnehmen, den zukünftige Konkubinen ihres

Schwarzer Haremswächter

Sohnes erhalten. Mit anderen auserwählten Sklavinnen lernt sie, Saiteninstrumente zu spielen; sie wird im Geschichtenerzählen unterwiesen, kennt sich bald in türkischer Lyrik aus und lernt die Theorie der Liebeskunst.

Daß Roxelana relativ schnell in den Armen Süleimans landet, mag sie einem Zufall verdanken. Vielleicht ist dem Sultan irgendwann das ungewöhnliche Gesicht der weißen Sklavin aufgefallen: Sie ist keine Bilderbuchschönheit. Aber ihre ausgeprägten Backenknochen, die hohe Stirn, schräggeschnittene graublaue Augen und ihr breiter roter Mund geben ihrem Aussehen etwas apart Außergewöhnliches. Und die Bewegungen der mittelgroßen jungen Frau ähneln denen einer Raubkatze. Dabei strahlt die gerade 17jährige eine unbändige Lebensfreude aus. Meine »Hürrem«, meine Lachende, nennt der Sultan am Morgen seine Geliebte. Der 27jährige empfindet für sie mehr als für jede andere Frau. Er fühlt, daß sich sein Leben unwiderruflich verändert hat.

Viele Geschichten werden über die erste Liebesnacht von Roxelana und Süleiman erzählt. Legenden mischen sich mit Berichten von Zeitzeugen, die freilich auch nur vom Hörensagen erfahren haben, was angeblich hinter den Mauern von Istanbuls Palästen und Gärten vorgeht. Mit welchem Zauber betört die Sklavin den Sultan derart, daß er sie später heiratet und bis zu ihrem Tod leidenschaftlich begehrt? Wie kann ein Herrscher als zärtlich-treuer Ehemann leben und gleichzeitig Zehntausende von besiegten Feinden und sogar die eigenen Söhne umbringen lassen[1]?

Die Beziehung zwischen Süleiman und Roxelana gehört zu den großen Liebesgeschichten der Weltgeschichte. Die historischen Fakten über das Umfeld lassen sich so zusammenfassen: Sultan Süleiman I. regiert von 1520 bis 1566 ein Reich, das sich vom Persischen Golf bis nach Algerien, vom südlichen Ägypten bis zur Ukraine und nach Ungarn erstreckt. Es umfaßt damit mehr Land als die Herrschaftsgebiete seiner wichtigsten Zeitgenossen: des römisch-deutschen Kaisers Karl V. und des englischen Königs Heinrich VIII. Weil Süleiman als Bauherr genauso unermüdlich wirkt wie als Kriegsherr und herrliche Paläste und Moscheen, Schulen und Brücken errichtet, gibt ihm die Welt den Beinamen »der Prächtige«. Die Untertanen im Osmanischen Reich dagegen nennen ihren Herrscher »den Gesetzesgeber« oder »den Gerechten«, denn Süleiman bekämpft die Korruption und schafft durch die Einführung von Verwaltungsgesetzen Recht und Ordnung.

Privilegien im Harem

Als Roxelana nach der legendären Liebesnacht in die Frauengemächer des Harems zurückkehrt, steht ihr innerhalb der Hierarchie des Hauses ein neuer Platz zu. Die »Lieblingsfrau des Sultans« darf ab sofort in einer Suite wohnen; ein Eunuch dient nur ihr, und sie befiehlt über einen eigenen Koch. Roxelana findet kaum Zeit, sich in den neuen Gemächern einzurichten, als andere Haremsdamen sie schon neugierig besuchen. Es sind Schönheiten aus Persien und Polen, aus Albanien und Ägypten, die von der Soldateska des Sultans für den Harem geraubt oder von Sklavenhändlern an ihn verkauft wurden. Nun wollen sie wissen, ob der Sultan ein freundlicher Mensch und ein guter Liebhaber ist. Alle hoffen, daß auch sie eines Tages zu ihm gerufen werden. Wenn das nicht passiert und sie nie zum Status einer Konkubine aufsteigen, wird es neun Jahre dauern, bis sich die Tore des Harems wieder für sie öffnen. Entweder werden sie mit einer guten Mitgift entlassen oder mit gutsituierten Männern verheiratet.

Die Damen des Harems plaudern aufgeregt durcheinander, als draußen Kanonenschüsse krachen: Süleiman I. – seit einem Jahr Sultan und vor wenigen Stunden noch Liebhaber von Roxelana – zieht in den Krieg. Es geht gegen Karl V., den mächtigsten Herrscher der christlichen Welt. Islam und Christentum, die beiden großen Religionen, liefern sich einen andauernden Kampf um die Vorherrschaft. Der Balkan ist einer der Kriegsschauplätze. Süleimans Vorfahren hatten vergeblich versucht, Belgrad zu erobern. Nun zieht er dorthin, um über der Stadt die Fahne des Islam zu hissen.

Roxelana und die anderen Frauen sind hinter den Mauern des Harems eingesperrt. Sie dürfen ihn nicht verlassen. Ihnen ist noch

»Esky-Serail«, der alte Palast in Istanbul

nicht einmal erlaubt, aus den vergitterten Fenstern einen Blick auf die Straße zu werfen. Deshalb müssen sie mit dem Bericht ihres schwarzen Obereunuchen vorliebnehmen. Der schildert ihnen, wie prächtig Süleiman auf seinem Falben sitzt, seiner Elitetruppe, den Janitscharen, vorausreitend. Mit Reiherfedern ist sein mächtiger Turban geschmückt; der mit Juwelen besetzte Krummsäbel funkelt im Sonnenlicht. Würdenträger des Reiches folgen dem Zug. Männer in prachtvollen Roben. Die Infanterie, die Artillerie mit ihren gefürchteten Kanonen; Reiter auf Kamelen und zu Pferde beschließen den Aufmarsch. Es ist ein herrlicher Tag – die Mandelbäume blühen, blau schimmert der Bosporus. Die Menge jubelt den ausziehenden Kriegern zu.

Istanbul – die grüne Stadt

Roxelana denkt an den Sultan an der Spitze seiner Heerscharen, als sie am Abend den Garten des Esky-Serail aufsucht. In diesem alten Palast befindet sich der Harem mit seinen Frauen und Eunuchen. Schemenhaft nimmt Roxelana die Größe des Gartens mit seinen dunklen Zypressen wahr. Im matten Licht der Sterne kann sie Beete und Bäume nur in Umrissen erkennen. Sie geht ein paar Schritte. Den Blumen entströmt betörender Duft: Schwer und süß ist er bei den Hyazinthen – der Duft der wilden Narzissen atmet sich luftig ein. Ihre grazilen weißen Blüten leuchten in der Nacht. Die Vögel sind verstummt. Leise nur plätschert das Wasser in den Brunnen. Sonst ist es still.

Den Garten hat Süleimans Urgroßvater angelegt. Mehmet II. erobert Konstantinopel 1453 und nennt die Stadt Istanbul. Freilich bleibt der alte Name Konstantinopel auf Münzen und offiziellen Dokumenten bis zum Ende der Osmanenherrschaft 1923 erhalten. Mehmets Sieg besiegelt den Untergang des tausendjährigen Byzantinischen Reiches. Nun sind die muslimischen Osmanen die stärkste Macht ihrer Zeit. Wegen seiner erfolgreichen Kriegszüge erhält Mehmet II. den Beinamen »der Eroberer«. Als unermüdlicher Bauherr verändert er die Silhouette der byzantinischen Stadt: Statt

Darstellung von Istanbul mit dem Topkapi-Palast …

Kirchtürmen mit Kreuzen ragen bald Minarette von Moscheen in den Himmel. Am Ufer des Bosporus bauen sich Großwesire, Vasallen des Sultans und Botschafter fremder Länder Paläste mit Gärten und Parkanlagen. Sie wetteifern miteinander, wer die kostbarsten Brunnen besitzt. Sie lassen Platanenalleen pflanzen, um im Schatten der Bäume bis ans Wasser spazieren zu können. Wege, eingerahmt von Jasmin und Lavendelsträuchern, führen zu exotischen Kostbarkeiten wie Zedern, die aus dem Libanon hierhergebracht wurden. Gern laden die Reichen ihre Gäste in die wunderschönen

… zur Zeit Süleimans des Prächtigen

Kioske oder Pavillons ein. Sie gehören in jeden Garten und stehen oft direkt am Bosporus. Auf weichen Teppichen sitzend, beobachtet man aus komfortabler Entfernung das bunte Treiben auf dem Wasser. Handelsschiffe aus fernen Ländern ziehen vorbei, Fischer fahren hinauf zum Schwarzen Meer.

Für sich selbst errichtet Mehmet auf dem Gelände des byzantinischen Kaiserpalastes das Topkapi-Serail, das »Haus der Glückseligkeit«. Eine 2,5 Kilometer lange Mauer mit 28 Türmen und drei Toren umgibt den Komplex von Palästen, Wirtschaftsgebäuden,

Höfen und Gärten. Er liegt strategisch günstig auf der Spitze einer Landzunge, die den Zusammenfluß von Bosporus und Marmarameer am Goldenem Horn beherrscht. Als der riesige Komplex nach jahrzehntelanger Bauzeit fertiggestellt ist, ziehen außer dem Herrscher nur seine Leibgarde, seine Berater und seine Diener in diesen zukünftigen Sitz der Sultane. Der Harem mit seinen mehr als 300 Frauen und den schwarzen Eunuchen sowie die weiblichen Angehörigen der Herrscherfamilie mit Hofdamen, Dienerinnen und Mägden verbleiben im alten Palast, dem Esky-Serail.

»Der Eroberer« hat nicht nur als Bauherr friedliche Großtaten vollbracht. Mehmet bringt auch die Natur in die Stadt. Auf seine persönliche Anweisung hin werden Eschen, Ahorn, Weiden, Pinien und Platanen aus allen Teilen seines riesigen Reiches nach Istanbul transportiert und entlang den Straßen, auf Plätzen, in Höfen und Gärten angepflanzt. Der Sultan gibt viel Geld für Bewässerungsprojekte aus. So können sich die Bewohner Istanbuls überall in der Stadt ihr Trinkwasser aus Brunnen schöpfen. Selbst in den kleinsten Höfen gibt es Wasser. Auf den Plätzen Istanbuls läßt der Sultan kunstvoll verzierte Becken aufstellen. In ihnen steigt das Wasser aus Fontänen und spendet den Bürgern der Stadt Kühle in der Mittagshitze. Mehmets Metropole ist nicht nur prächtig, sondern auch grün und schattig.

Am Rande der Stadt läßt der Sultan Gärtnereien anlegen, um seinen Palast im großen Stil mit Gemüse und Obst zu versorgen. Er bevorzugt frische Pflaumen, Pfirsiche, Kirschen, Aprikosen und Äpfel. Bis nach Westeuropa dringt der Ruf von Mehmet, dem Gärtner. Freilich kann der leidenschaftliche Pflanzenliebhaber auch unsagbar grausam handeln: Als ihm eines Tages einige Gurken in seinem Garten fehlen, läßt er die Gärtner töten und ihnen die Bäuche aufschlitzen, um den Dieb zu finden[2].

Süleiman der Prächtige hat die Liebe seines Urgroßvaters für Pflanzen geerbt und Mehmets Tradition als Förderer des Gartenbaus fortgesetzt. Wie sein Vorfahre kümmert er sich persönlich um Gärten und Grünanlagen und gibt damit der Bevölkerung ein Beispiel. »Die Türken«, schreibt der französische Gelehrte Pierre Belon über einen Besuch am Bosporus zur Regierungszeit Süleimans des

Prächtigen, »widmen dem Gartenwesen eine ebenso große Aufmerksamkeit wie wir und geben sich große Mühe, fremde Pflanzen zu entdecken, vor allem solche, die schöne Blüten tragen, und ihnen sind keine Kosten zuviel.«[3]

Im Koran ist das Paradies ein Garten

Wie alle Muslime lieben die Türken Gärten als Abbild des Paradieses auf Erden. »Für den aber, welcher die Gegenwart des Herrn gefürchtet hat«, verspricht die Sure 55 des Korans, »sind zwei Gärten bestimmt. Ausgeschmückt mit Bäumen von ausgebreitetem Gezweig. In beiden befinden sich zwei plätschernde Quellen. In beiden befinden sich von allen Früchten zwei Arten. Ruhen sollen sie auf Polsterkissen, deren Inneres mit Seide und Gold durchwirkt ist, und die Früchte der beiden Gärten sollen ihnen nahe zur Hand sein. In beiden Gärten befinden sich auch Jungfrauen mit keusch niedergesenkten Blicken. Schön sind sie wie Rubinen und Perlen.«[4]

Im Koran kommt der Begriff »Garten« mehr als 130mal vor. Das heilige Buch erzählt von »schattigem dunklem Grün« und »Quellen, welche stets wasserreich strömen«, von Palmen und Granatäpfeln. Kein Zweifel – Allah weiß um die Nöte der Wüstenvölker. Sie brauchen das fließende Wasser als lebenspendendes Element. Schattige Oasen und blühende Gärten sind Wunschbilder von Menschen, die in glühender Sonne mit Karawanen umherziehen oder mühsam versuchen, auf ausgetrockneter Erde ein paar Pflanzen anzubauen. Ihnen verheißt Allah nach dem Tod, was ihnen zu Lebzeiten wie eine Fata Morgana erscheint. Mit einem Paradiesgarten wird Gott die Menschen für die Mühsal ihres weltlichen Daseins entschädigen.

Der islamische Garten ist geometrisch angelegt; dabei wird auf möglichst vollkommene Symmetrie geachtet. Seine Wege verlaufen schnurgerade und sind mit Steinen gepflastert oder mit Mosaiken ausgelegt. Bäume und Blumen werden nach genauen Regeln gepflanzt. Den Garten umgibt immer eine Mauer, die mit minde-

Persische Darstellung eines Paradiesgartens

stens zwei Metern höher ist als die menschliche Sichthöhe. Symbolisch steht die Mauer für die Trennung des irdischen Lebens vom Paradies, praktisch sichert sie die Unantastbarkeit der Privatsphäre; besonders die Frauen sollen den Blicken von Fremden entzogen werden.

Das typische Merkmal muslimischer Gartenkunst ist die Allgegenwärtigkeit von Wasser. Denn Wasser wird als Quelle des Lebens betrachtet. »Durch dieses«, erklärt die Koran-Sure 6 den Wert des Wassers, »bringen wir die Keime aller Dinge hervor und alles Grün und das in Reihen wachsende Korn und die Palmenbäume, an deren Zweigen die Datteln gedrängt voll hängen, und Gärten mit Trauben, Oliven und Granatäpfeln aller Art.«[5] So befindet sich denn im Zentrum des islamischen Gartens ein Wasserbecken. Oder aber zwei sich kreuzende Wasserläufe teilen die Gesamtfläche in vier Sektionen. Der »Vierergarten« erinnert an die Elemente Wasser, Feuer, Erde, Luft und an die vier Paradiesströme im Koran (wo Wasser und Wein, Milch und Honig fließen). Oft stehen inmitten der Gartengewässer Pavillons, die im Osmanenreich Kioske genannt werden.

»In der Mitte des Gartens errichte einen Pavillon mit Aussicht nach allen Seiten, aber von solcher Form, daß keiner, der herankommt, eine Unterhaltung darin belauschen könnte und ebenso keiner sich ihm unentdeckt nähern kann«, empfiehlt der Dichter und Gartenkenner Ibn Luyun (1282–1349), der eine bemerkenswerte Gebrauchsanweisung für Gartengestalter geschrieben hat: »In der Nähe des Bassins pflanze Büsche, die ihre Blätter nicht verlieren und die dadurch den Ausblick erfreuen, und etwas weiter entfernt lege Blumenbeete verschiedener Arten an und, noch weiter weg, immergrüne Bäume. Für den Hintergrund des Gartens nimm Bäume wie die Feige. Und zieh alle möglichen Obstbäume in Kübeln heran, so daß sie, wenn sie ausgewachsen sind, als Schutz vor dem Nordwind dienen, ohne die Sonne davon abzuhalten, die Pflanzen zu erreichen.« Ibn Luyun regt an, den Garten »länger als breit« anzulegen, »damit der Blick seines Besitzers weit schweifen kann«[6].

Ibn Luyun lebte in Andalusien, der spanischen Provinz, in der muslimische Gartenkunst ihren höchsten Ausdruck findet in Bauwerken wie der Alhambra in Granada, die heute zum Weltkulturerbe zählt. Diese Schloßanlage mit mehreren Hofgärten und einem langen Bassin, das von Arkaden umgeben ist, preist der Diplomat Bernardo Navagero (1507–1565) aus Venedig als das Schönste, das er in Spanien gesehen hat: »Wie prachtvoll ist dieser Garten, darin die Blumen der Erde mit den Sternen des Himmels wetteifern. Was kann mit dem Becken jener Alabasterfontänen verglichen werden, gefüllt mit kristallklarem Wasser, nichts als der Mond in seiner Fülle, inmitten eines Himmels ohne Wolken.«

Garten der Alhambra in Granada

Tief beeindruckt beschreibt Navagero die technischen Wunderwerke der arabischen Architekten und Landschaftsgestalter: Mit Hilfe hydraulischer Systeme erzeugen sie meterhohe Fontänen. Wasser fällt in Kaskaden von Terrasse zu Terrasse. Es kann in Rinnen von Geländern und in Höhlungen von Stufen geleitet werden. Wenn bestimmte Röhren des Aquäduktes geschlossen werden, überschwemmt das Wasser zur Überraschung der Menschen plötzlich Rasenflächen; später wird es ebenso leicht wieder abgezogen[7].

Als Navagero 1526 Granada besucht, findet er dort nur noch die kulturelle Hinterlassenschaft der Muslime. Seit der Rekonquista herrschen in Spanien wieder Christen. Das Machtzentrum der islamischen Welt hat sich längst zu den Osmanen in Istanbul verlagert. Dort wird Navagero Venedigs Gesandter am Hofe Süleimans des Prächtigen. Dem Venezianer verdanken wir viele Berichte über das Leben und die Politik in Istanbul. Die wichtigste Quelle für die Zeit werden freilich die in Latein verfaßten *Türkischen Briefe* von Ogier Ghislin de Busbecq (1522–1591), einem Franzosen, der acht Jahre lang als Botschafter des deutsch-römischen Kaiserreiches in Istanbul residiert.

Siegreiche Heimkehr des Sultans

Die Blätter an den Bäumen im Garten des Esky-Serail haben sich herbstlich verfärbt, als Roxelana mit einem gellenden Schrei ihr Kind zur Welt bringt. Nur die Hofdame befindet sich im Raum. Sie hält das blutverschmierte Baby in den Händen. Ärzte werden gerufen. Eilig durchtrennen sie die Nabelschnur und veranlassen das Nötige. Kaum jemandem im Harem ist die Schwangerschaft der Favoritin des Sultans aufgefallen. Nun schaut die Mutter auf das Neugeborene – es ist ein Sohn. Glücklich nimmt sie ihn in den Arm. Das Kind trägt Süleimans Züge. Roxelana nennt es Mehmet, nach seinem mächtigen Vorfahren. Sie stillt ihren Sohn. Mit dem Mutterglück überkommt die junge Frau eine große Sorge: Wie kann sie das Leben ihres Jungen schützen?

In den vergangenen Monaten ist Roxelana in die Rituale und Traditionen eingeweiht worden, denen sie sich als Lieblingsfrau des Sultans zu unterwerfen hat. Dabei hat sie von der grausamen Regel der Osmanen erfahren, diejenigen ihrer Söhne zu ermorden, die bei der Thronfolge nicht berücksichtigt werden: Hat der Herrscher zu irgendeinem Zeitpunkt vor seinem Tode bestimmt, welcher seiner Söhne oder Enkel ihm auf den Thron folgen soll, so werden alle anderen mit Zustimmung des neuen Sultans von Palastpagen erdrosselt. Diese barbarische Tradition soll »im Hinblick auf die Ordnung der Welt« Machtkämpfe um den Thron unterbinden[8]. Tatsächlich aber schafft sie ein Klima der Angst und Intrigen, denn die potentiellen Rivalen bekämpfen sich schon zu einer Zeit, in der die Nachfolge des regierenden Sultans noch kein Thema ist.

Roxelana hat Angst. Denn Süleiman ist bereits Vater eines Sohnes: Prinz Mustafa ist sechs Jahre alt und lebt bei seiner Mutter, die als erste Frau des Sultans großes Ansehen genießt. Die Erste Kadin ist blond, stolz und schön. Nach Süleimans Mutter ist sie die mächtigste Frau im Harem. Noch.

Zu Beginn des Winters zieht der Sultan im Triumphzug in Istanbul ein. Das Volk feiert ihn, denn er hat Belgrad erobert. Der mit seinen Soldaten heimkehrende Süleiman reitet zum Topkapi-Palast. Bis durch das erste Tor folgt ihm die jubelnde Menge. In den zweiten Hof reitet er allein. Am Tor zum dritten Hof übergibt Süleiman dem Oberstallmeister die Zügel. Er geht vorbei an der Pagenschule und betritt seinen Palast. Wohltuend empfindet er den Luxus und Reichtum seiner Gemächer. Die Strapazen der vergangenen Monate will er vergessen. Süleiman begibt sich in seine Bäder – anschließend wird er Roxelana wiedersehen. Sorgfältig wählt er seine Robe aus. Diener bringen ihm ein Brokatgewand, das über und über mit Blumenmotiven bestickt ist.

Auch Roxelana bereitet sich auf das Wiedersehen vor. Sie wird gebadet, massiert, mit wohlriechenden Essenzen eingerieben; sie läßt sich maniküren, schminken und ihr Haar in Zöpfe flechten. Das seidene lange Kleid, das sie ausgewählt hat, ist graublau – wie ihre Augen. Die junge Mutter hofft, ja erwartet, daß sich der Sultan vor allem ihr, seiner »Hürrem«, zuwenden werde.

Sie wird nicht enttäuscht. Süleiman mißachtet die Regeln des Hofes. Er besucht weder seine erste Frau, noch bedient er sich der anderen Sklavinnen des Harems. Alle Aufmerksamkeit gehört Roxelana. Nur Staatsgeschäfte können ihn zeitweise von seiner geliebten Sklavin fernhalten. Mit der Geburt ihres gemeinsamen Sohnes ist sie inzwischen schon zur Nummer drei in der formellen Rangordnung des Harems aufgerückt: Sie ist jetzt die Zweite Kadin – hinter der Valide Sultan, der Sultansmutter, und der Ersten Kadin, der Mutter von Süleimans Sohn Mustafa.

Der Sultan läßt Roxelana immer wieder in den Topkapi-Palast kommen. Er führt sie zu seinem Lieblingsplatz, dem Hofgarten vor seinen Schlafgemächern. Ein verschwiegener kleiner Platz, von einer hohen Mauer umgeben. Den Sultan zieht es zuweilen in die stille Abgeschiedenheit des Hofgartens, um zu meditieren oder Verse zu schreiben. Eine Fülle duftender Blumen und Efeu erfreuen ihn. Sie sind in Alabasterschalen gepflanzt, die in unterschiedlicher Höhe auf Mauervorsprüngen stehen. Der dunkelgrün glänzende Efeu fällt wie ein Vorhang aus den Schalen herab und

Süleiman der Prächtige in seinem Palast

nährt die Illusion von hängenden Gärten. Kleine Nischen sind mit türkisfarbenen Kacheln ausgekleidet, die wundervoll mit Tulpen, Nelken und Rosen bemalt sind; sie wirken wie Miniaturgärten, deren Blumen allerdings niemals verwelken.

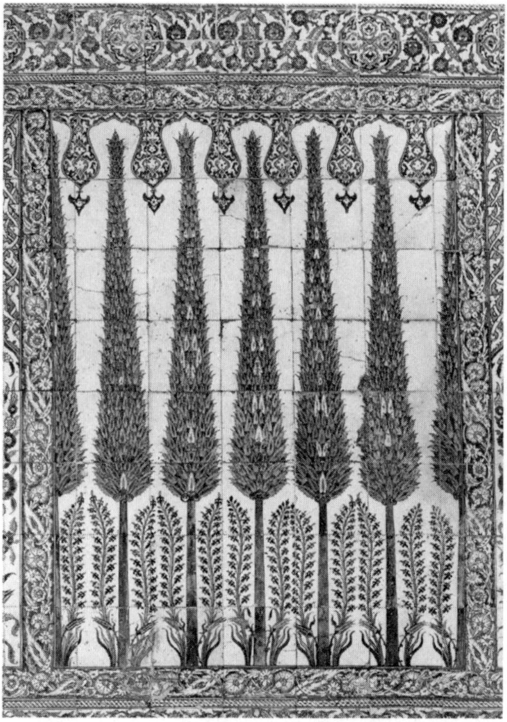

Pflanzenmotive auf Schmuckkacheln

Tulpen – ein Objekt der Begierde

Süleiman, der große Krieger, ist gleichzeitig ein Romantiker – und ein Tulpenliebhaber. Seine Rüstung hat er sich von Kunstschmieden mit einer neun Zentimeter langen Tulpe verzieren lassen. Sein Helm ist mit Tulpen aus Edelsteinen geschmückt. Die Tulpe ist sein Talisman. Wie das Geschlecht der Osmanen, stammt die Blume mit der an einen Turban erinnernden Blüte aus den Steppen Mittelasiens; dort wachsen an die hundert wilde Tulpenarten. In Hülle und Fülle läßt Süleiman die Blume in den Palastgärten pflanzen. Seinem Obergärtner ist es zum ersten Mal gelungen, aus wilden Tulpen neue Sorten zu züchten. Die kultivierten Arten sind zarter als ihre Vorläufer, ihre schmalen, dolchartigen Blütenblätter laufen spitz nach oben. Meist sind sie gelb, rot oder in beiden Farben geflammt. Istanbul-Tulpen erhalten so romantische Namen wie »Licht des Paradieses«, »Unvergleichliche Perle« und »Erweckerin der Leidenschaft«. Am Bosporus gilt die Tulpe als Königin der Blumen – begehrt ist sie weltweit[9].

Kein Geringerer als der kaiserliche Gesandte Busbecq bringt solche Blumen nach Mitteleuropa. So erhält der in Wien ansässige führende Botaniker seiner Zeit, Carolus Clusius (1526–1609), von ihm Tulpensamen. Die daraus wachsenden Sorten nimmt Clusius später mit an die neugegründete Universität Leiden und inspiriert den Tulpenanbau in Holland. Damals löst die Blume aus der Türkei eine der verrücktesten Spekulationen der Weltgeschichte aus – den sogenannten Tulpenwahn. Zwiebeln seltener Sorten werden zum Anlage- und Prestigeobjekt. Ihr irrsinniger Preis reizt die Menschen zu profitversprechenden Spekulationen. Bürger und Adelige verpfänden ihr Vermögen für auserwählte Tulpenzwiebeln und sind ruiniert, als deren Preis plötzlich fällt und einen Börsenkrach auslöst.

Das Osmanische Reich überfällt das »Tulpenfieber« erst knapp anderthalb Jahrhunderte nach Süleiman. Einer seiner Nachkommen, der Anfang des 18. Jahrhunderts regierende Ahmed III., widmet sich statt der Kriegführung der Botanik und fördert besonders die Tulpenzucht. Ein zu seiner Herrschaftszeit veröffentlichtes Verzeichnis der Gartentulpen Istanbuls enthält die Namen und Merkmale von nicht weniger als 1 588 Arten. Ahmed wird wegen seiner Leidenschaft für diese Blume der »Tulpen-Sultan« genannt. Auf seinen Festen staunen westliche Gäste über einen phantasievollen Einfall, den manche Autoren fälschlicherweise Süleiman zuschreiben: In den Tulpengärten des Palastes kriechen Schildkröten mit Kerzen auf dem Rücken umher und erhellen die Nacht[10].

Zu Süleimans Zeiten laufen die Panzertiere noch frei in den Lavendelfeldern vor der Stadt herum und werden auch nicht für Lichteffekte benutzt, wenn Roxelana mit ihrem Sultan die Nächte in den Palastgärten genießt. Im großen türkischen Garten des vierten Hofes von Süleimans Palast richten Diener die prachtvollen Pavillons her. Schon seine Vorgänger haben sich im Topkapi-Palast ausgefallene und vor allem wertvolle Gartenkioske bauen lassen. So hat Urgroßvater Mehmet einen Pavillon aus reinem Bergkristall hinterlassen.

Immer suchen sich die Herrscher für die Kioske in ihren Gärten die schönsten Plätze aus. Vielleicht denken sie dabei an das Paradies, wie es ihnen der Koran beschreibt. Erhöht sitzen sie auf ihren Kissen und schauen auf sprudelnde Wasser inmitten von Blumenbeeten. Hyazinthen, Narzissen und Tulpen, später dann rote, gelbe und weiße Rosen wachsen in üppiger Fülle in von Gärtnern kunstvoll zusammengefügten Mustern.

Süleiman führt die Lachende, seine »Hürrem«, in den reich mit Fayencen geschmückten persischen Kiosk, oder er empfängt sie im türkischen Pavillon, dessen Dach die Architekten einem Zelt nachempfunden haben. Dort sitzt er am liebsten. Der Boden ist mit kostbaren Teppichen ausgelegt. Große Kissen, mit handgewebten Seiden bezogen, liegen vor niedrigen Tischen. Darauf stehen Schalen mit exotischen Früchten. In Glaskaraffen funkelt Wein. Den dürfen Süleimans Untertanen nicht trinken. Für den Herrscher gilt das Gesetz nicht. Er und Roxelana genießen den süßen Trank.

Die architektonisch so unterschiedlichen Kioske sind für den Sultan eine immer neue Kulisse, seine Geliebte zu empfangen. Im Marmorpavillon ist Roxelana entzückt von der Fülle schöner Wasserschalen, aus denen Wasser in Schleiern lautlos in die nächstgrößere Schale fällt. Öle verbreiten Rosenduft. Süleiman beschenkt seine Liebste mit funkelndem Geschmeide. Im griechischen Pavillon schläft das Paar unter einem byzantinischen Kuppelbau, der inmitten von Tulpenbeeten steht. Eines Nachts hat der Sultan eine besondere Überraschung für seine Lieblingsfrau: Er führt sie in einen Pavillon, den er für sie hat bauen lassen. Die Wände sind mit kostbaren blau-weiß bemalten Kacheln aus China geschmückt, und die Decke ist reich mit Goldstuck verziert.

Der Sultan kümmert sich freilich nicht nur um die Gärten seines Palastes. Er läßt an den Hängen des Goldenen Horns Gemüsegärten, Obst- und Weinplantagen anlegen und bessert durch den Verkauf der Erträge die Staatskasse auf. In den Anlagen finden Tau-

Sultan (oben li.) und Tulpengärtner

Kiosk im Topkapi-Palast

sende von Gärtnern und Gartenhelfern Arbeit. Sie züchten Wassermelonen, bauen Zwiebeln, Knoblauch, Bohnen und Gurken an, sie ernten Pfirsiche, Feigen, Kirschen, Quitten und Wein. Dabei haben die Gärtner im Palast eine zusätzliche Funktion zu erfüllen: Sie sind Henker. Als Scharfrichter stecken sie zum Tode verurteilte Frauen in mit Steinen beschwerte Säcke und versenken sie im Bosporus; männliche Delinquenten schleppen sie zur Hinrichtung durch den Strang zum Galgen. Es ist schon eine schauerliche Vorstellung, daß Männer, die gerade einen Menschen vom Leben in den Tod befördert haben, frische Schnittblumen vom Sultan zu den Gemächern seiner Lieblingsfrau Roxelana tragen[11].

So ist die Welt der Osmanen voller Widersprüche: Sie umgeben sich mit Blumen, weil sie Wohlgerüche lieben. Rosen- und Veilchenöle gehören zu ihren wichtigsten Toilettenartikeln. Sie vergleichen schöne Frauen mit Blumen, beschreiben ihre Augen als blitzende Quellen, hören in weiblichen Stimmen das besänftigende Strömen des Wassers. Und gleichzeitig gelten die Männer als die grausamsten Krieger ihrer Zeit, und als das einzige Geschlecht der Welt regeln die Osmanen Nachfolgefragen offiziell durch Kindermord.

Roxelana wird Ratgeberin des Sultans

Süleimans erste Frau ist wegen der anhaltenden Liebe der beiden alarmiert und sinnt auf Rache. Als sich die Rivalinnen begegnen, kommt es zu einer dramatischen Szene. Mit ihren Händen kratzt die vernachlässigte Erste Kadin Roxelanas Gesicht blutig; sie zerrt ihre Nebenbuhlerin an den Haaren, zerreißt ihr die Kleider, schimpft sie »verkauftes Fleisch«, das es wagt, dem Sultan gefallen zu wollen. Der unerhörte Vorfall dringt an die Öffentlichkeit. Diplomaten wie Venedigs Botschafter Navagero informieren das an Tratsch und Klatsch aus dem Harem interessierte Abendland und bewerten die Folgen für den Machtkampf der Frauen: Nach dem Zwischenfall habe Roxelana über etliche Tage Aufforderungen, zum Sultan zu kommen, bedauernd abgelehnt; sie könne ihrem Gebieter mit ihrem gegenwärtigen Aussehen nicht unter die Augen treten. Das habe den Herrscher gegen seine erste Frau aufgebracht und damit Roxelanas Position gestärkt.

»Von diesem ersten Triumph bis zu ihrem Tod 32 Jahre später«, schreibt die Orientalistin Barnette Miller, »hatte Roxelana im Harem keine Rivalinnen mehr.« Dort lebten zwar weiterhin rund 300 Frauen, aber Süleiman – so sagen die Quellen aus seiner Zeit – habe die jüngeren Zugänge immer gleich weiterverheiratet und sei Roxelana trotz jahrelanger Trennungen auf Grund vieler Kriegszüge bis zum Tod treu geblieben[12].

Im Harem des Esky-Palastes wundern sich die Sklavinnen, daß es den Sultan nicht nach einer einzigen von ihnen verlangt. Auch die Sultansmutter ist ratlos. Vergeblich versucht sie ihren Sohn zu überreden, wenigstens seiner ersten Frau wieder beizuwohnen. Süleiman lehnt das Ansinnen ab, und die Mutter spürt, daß ihr Einfluß auf ihn schwindet. Seine Erste Kadin will der Sultan nicht sehen. Nur gegenüber ihrem gemeinsamen Sohn Mustafa empfindet Süleiman noch Zuneigung; ihm läßt er seine besondere Fürsorge angedeihen.

Roxelana ist darüber beunruhigt. Ansonsten baut sie ihre Position im Harem aus und agiert, als wäre sie Süleimans Erste Kadin. Die Rechte der Valide Sultan tastet sie jedoch nicht an. Sie hat beobachtet, mit welch großer Verehrung und Liebe Süleiman an seiner Mutter hängt. Sie wird nichts tun, was ihren Gebieter verärgern könnte. Im Gegenteil, sie macht ihn glücklich. Bis er 1526 wieder ins Feld zieht, hat sie ihm, neben einer Tochter, noch zwei gesunde Söhne geboren: Als Mutter von vier gemeinsamen Kindern weiß sie, daß sie eines Tages auch offiziell die Nummer eins in Süleimans Haushalt sein wird. Schon jetzt hat der Sultan ihr eine Apanage ausgesetzt, die zehnmal höher ist als die seiner Mutter. Von den Zuwendungen für die Erste Kadin ganz zu schweigen.

Im Harem agiert Roxelana selbstbewußt wie eine Herrin. Sie läßt Stoffhändlerinnen zu sich kommen; Schneiderinnen fertigen ihr kostbare Roben an aus mit Gold- und Silberfäden durchwirk-

Sultansmutter mit Haremsdamen

ten feinen Seiden. Aus Indien eingeführte Öle und Parfums wählt sie nach ihrem Geschmack. Pelze aus Rußland breiten Händlerinnen vor ihr aus. Die Dienerinnen versuchen ihr jeden Wunsch von den Augen abzulesen.

Der Sultan empfängt Roxelana täglich und schätzt seine Geliebte zunehmend auch als Ratgeberin. So zeigt er ihr Pläne für den Ausbau seines Palastes. Topkapi wird einen neuen Ratssaal, einen Thronsaal und eine staatliche Schatzkammer erhalten. In palasteigenen Werkstätten arbeiten Goldsticker aus Persien, Weber aus Bosnien; aus Albanien kommen Handwerker, die sich auf Einlegearbeiten von Gold und Perlmutt verstehen. Throndecken werden angefertigt, die dem Herrscher bei Audienzen zu Füßen liegen. Sie sind aus Samt. Auf weißen Decken funkeln Rubine und Smaragde, auf schwarzen schimmern Tausende von Perlen. Maler entwerfen palasteigene Dekors: Palmetten mit lanzettförmigen Blättern. Das Design schmückt fortan kaiserliche Kaftane, Geschirr und Fliesen.

Da Blumen seine große Liebe sind, will der Sultan sie in Kunst und Kunsthandwerk eingesetzt wissen. Keramiker brennen Darstellungen von Tulpen, Hyazinthen, Rosen und Nelken auf Kacheln, naturgetreu. Großflächig verlegt, verwandeln sie Moscheen und Paläste in üppige Paradiesgärten. Höchste Vollendung finden florale Muster auf Stoffen, Teppichen und Malereien.

Die andere Seite des poetischen Blumenliebhabers Süleiman zeigt sich 1526 im Krieg in Ungarn. Bei der Eroberung von Budapest machen seine Truppen keine Gefangenen. 20000 Leichen liegen auf dem Schlachtfeld von Mohács. König Ludwig II. ist gefallen, der ungarische Adel vernichtet. Überall Tote. Doch die Bibliothek von Buda, die größte Europas, läßt Süleiman nach Istanbul an seinen Hof bringen – da ist er wieder ein Schöngeist. In den kommenden Jahren verbringt er viel Zeit auf Kriegszügen. Er belagert Wien 1529, kann die Stadt aber nicht einnehmen. Bagdad hingegen erobert er 1535.

Während der langen Trennungszeiten halten Süleiman und Roxelana Kontakt über Briefe, die von Reitern überbracht werden. Auf ihre ersten Botschaften antwortet er nur kurz. »Erst wenn du meine Sprache besser kannst, werde ich dir ausführlich berichten.« Das ändert sich, als Roxelana Türkisch perfekt beherrscht; nun behandelt der Briefwechsel zwischen Harem und Heerlager viele Themen in aller Ausführlichkeit. Roxelana interessiert sich für alles: Wie fühlt sich Süleiman in den Schlachten? Wie sehen die Länder aus, die er erobert? Vor allem aber beteuert sie dem Krieger ihre immerwährende Liebe.

So heißt es in einem Brief: »Wenn Du wüßtest, wie das Feuer der Trennung in meinem Herzen brennt und zehrt und wie meine Liebe zu Dir, ohne den Tag und die Nacht wahrzunehmen, hilflos dem Ertrinken nahe im Meer der Sehnsucht treibt. Wenn sie mich, eine Liebestrunkene, fragen würden, von welch einem Sultan ich getrennt bin, wie eine Nachtigall würde ich aufjubeln, aber mein Wehklagen wird nie gestillt.«

In ähnlich orientalisch verklärter Sprache antwortet Süleiman seiner Roxelana: »Deiner Liebe habe ich gestern nacht meine Gefühle entgegengebracht. Gestatte mir, wenn ich Dich nur betrachte, erscheint mir Deine Schönheit wie die eines Nachtschmetterlings. Meine Geliebte, Du bist das Licht und ich der Falter Deiner Liebe. Wie wenn man im Rosengarten der Schönheit einen Herzensvogel fangen wollte, so ist der Zustand eines Liebenden, der sich im Netz der Liebe verfangen hat.«[13]

Diese Liebesbriefe haben freilich auch eine höchst praktische Bedeutung, denn Roxelana informiert den Sultan über alle Vorgänge in Istanbul. So schreibt sie ihm, was im Alten Palast passiert, in dem die kluge Frau inzwischen die Fäden zieht. Und alles, was im Topkapi-Palast vorgeht, wird ihr von den schwarzen Eunuchen zugetragen. Deshalb kann Roxelana über Ränke und Intrigen berichten, die dort geschmiedet werden; welche Machtspiele unter den Gouverneuren laufen, ob ihm seine Großwesire noch ergeben sind. Der Sultan schätzt die vertraulichen Berichte aus der Heimat. Weil er niemandem so traut wie Roxelana, läßt er wichtige Botschaften an Gefolgsleute über sie weiterleiten. So erfährt die Russin mehr und wird selbst zu einer Schlüsselfigur. 1531 wird Roxelanas letzter Sohn geboren.

Im gleichen Jahr verläßt Süleimans erste Frau den Harem in Istanbul. Denn ihr inzwischen 19jähriger Sohn Mustafa ist vom

Vater zum Gouverneur der Provinz Manisa ernannt worden. Er soll dort das Regierungsgeschäft erlernen. Seine Mutter steht ihm als Ratgeberin zur Seite. Bald wird sie Mustafa einen Harem einrichten, den sie führen wird. Der Abgang der Ersten Kadin in die Provinz bedeutet eine weitere Stärkung der Position von Roxelana.

Ist die Sultana Roxelana eine Hexe?

Die letzte über ihr stehende Frau stirbt 1533: Süleimans Mutter. Der Sultan ist untröstlich, denn obwohl er schon 39 Jahre alt ist, hat er die starke Frau immer noch wie ein Knabe geliebt. Sie war seine Königin. »Unter den Füßen der Mutter wächst das Paradies«, lautet ein altes arabisches Sprichwort – für Süleiman hat es bis zu ihrem Tode gegolten. Nun ist Roxelana seine uneingeschränkte Königin.

Daß die einstige Sklavin näher zu ihrem König rückt, macht ein Brand möglich: »Feuer im Esky-Serail«, rufen eines Tages aufgeregte Wachen. Der Alte Palast brennt lichterloh. Doch – Allah sei Dank – das Feuer fordert keine Menschenleben. Von den Frauen, Kindern, schwarzen Dienerinnen und Eunuchen wird niemand verletzt. Aber alle Kostbarkeiten sind in Flammen aufgegangen, Kleider, Schmuck, Spiegel und Kandelaber. Der Palast ist weitgehend zerstört. Wohin soll man jetzt ziehen? Roxelana ergreift die sich bietende Chance. Sie will in den Topkapi-Palast einziehen. Sie bittet Süleiman darum; er erfüllt ihr ihren Wunsch.

Auf seine Anweisung hin beginnt im Topkapi-Komplex eine hektische Bautätigkeit. Ein Heer von Arbeitern wird zu größter Eile angetrieben, um Räume für die Lieblingsfrau des Sultans herzurichten und sie mit allergrößtem Luxus auszustatten. Der Sultan hat bestimmt, daß Roxelana im dritten Hof, gleich neben seinem Palast, wohnen soll. Von mehr als hundert Hofdamen, ihren Eunuchen und Kindern begleitet, zieht die Lieblingsfrau des Sultans mit Pomp und Würde in den Topkapi-Palast ein. Nie zuvor durfte hier ein weibliches Wesen residieren.

Wie schön Roxelana wohnt! Der Botschafter Navagero, der gute Kontakte zum Hof pflegt, berichtet: »Die Gemächer und

Räumlichkeiten von Süleiman und Roxelana sind inmitten des großen Gartens des Serails, der sich über drei Meilen erstreckt. Um zueinander zu kommen, ist es nötig, durch einen kleinen ummauerten Garten des Sultans zu gehen und einen ebenfalls ummauerten Garten der Sultana.«[14] Schneller kommen die Liebenden zueinander, wenn sie den geheimen Gang benutzen, der ihre beiden Wohngemächer miteinander verbindet.

Roxelana ist glücklich, aber noch nicht am Ende ihrer Wünsche: Die schöne junge Frau, knapp über Dreißig, klug, gebildet, geliebt und verehrt, hat erst dann ihr Lebensziel erreicht, wenn der Geliebte sich für immer zu ihr bekennt. Sie bittet Süleiman, sie zu seiner Ehefrau zu machen. Ihr Antrag wird angenommen. Der Sultan bereitet seiner »Kaiserin« ein Hochzeitsfest, das in die Geschichte eingeht.

»Die Zeremonie fand im Serail statt, und die Festlichkeiten sprengten jeden bislang gekannten Rahmen. Die großen Straßen waren des Nachts bunt erleuchtet, und es gab viel Musik, und die Leute schmausten reichlich. Die Häuser sind mit Girlanden geschmückt, und man hat überall Schaukeln angebracht, in denen die Menschen stundenlang mit dem größten Vergnügen schaukeln. Im alten Hippodrom wurde eine große Tribüne aufgebaut, wo die Plätze für die Kaiserin und ihre Damen mit güldenem Gitterwerk abgetrennt sind. Hier wohnten Roxelana und der Hof einem prachtvollen Turnier bei, an dem auch christliche Reiter teilnahmen, ferner Akrobaten und Taschenspieler und eine Prozession wilder Bestien und Giraffen, deren lange Hälse gleichsam den Himmel zu berühren schienen. Man redet eine Menge über die Hochzeit, und niemand kann sagen, was sie eigentlich bedeutet.«[15]

So beschreibt ein westlicher Augenzeuge in den Annalen einer Genueser Bank das ungewöhnliche Ereignis. Sein letzter Satz betont die Verunsicherung, welche die Hochzeit sowohl im Westen als auch im Orient auslöst. Wie kann eine Haremssklavin so viel Macht über einen Herrscher gewinnen?

Von Hexerei ist die Rede. Von Zauberkräften und Liebestränken. Daß Roxelana den Sultan durch ihre wärmende Liebe, ihren kühlen Verstand und ihre absolute Loyalität bezaubert haben könnte, geht in der Flut von Gerüchten unter. Und wenn Roxelana nach der Hochzeit weiter hinter den Kulissen intrigiert und Allianzen schmiedet, dann geht es ihr stets um den Machterhalt ihres geliebten Mannes und um die Zukunft ihrer Söhne. Was wird aus ihnen, wenn deren älterer Halbbruder Mustafa offiziell Thronerbe werden sollte? Dann könnte er – dem Brauch entsprechend – Roxelanas Söhne ermorden lassen.

Doch es kommt anders: Der Sultan läßt Mustafa umbringen. Ihm ist zugetragen worden, sein hochbegabter ältester Sohn habe sich gegen ihn verschworen. Zeitzeugen berichten, Süleiman soll zugesehen haben, wie taubstumme Palastdiener Mustafa mit einer Bogensehne erdrosseln. Viele in Istanbul vermuten ein Komplott, das Roxelana geschmiedet habe. Sie und ihre beiden noch lebenden Söhne sind jedenfalls die Nutznießer dieser schockierenden Tat.

Doch noch ist der brutale Kampf um Süleimans Nachfolge nicht entschieden: Roxelanas älterer Sohn, der 29jährige lebenslustige Selim, sichert sich seinen Platz, indem auch er nach den taubstummen Palastlakaien ruft: Sie werden seinen jüngeren Bruder und dessen noch kleine Söhne strangulieren.

Roxelana erlebt das für die Osmanen logische Ende des Thronfolgekonflikts nicht mehr. Sie ist einige Jahre zuvor – 1558 – gestorben. Süleiman baut ihr ein großartiges Mausoleum. Der Sultan ist nicht von ihrer Seite gewichen, als sie todkrank dahinsiechte. Nun fühlt er sich einsam im Intrigenmeer hinter den Mauern des Topkapi-Palastes, wo sein Sohn ungeduldig auf den Thron wartet.

Da macht sich Süleiman zu seiner letzten Schlacht auf. Er ist 72 Jahre alt und fühlt sich krank. Aber er möchte lieber auf dem Schlachtfeld als im Palast aus dem Leben scheiden. Tatsächlich stirbt Süleiman am 7. September 1566 auf dem Feldzug in Ungarn. Sein einziger noch lebender Sohn wird zum Nachfolger proklamiert. »Selim der Säufer« werden ihn die Geschichtsschreiber nennen, denn er wird kein würdiger Nachfolger von »Süleiman dem Prächtigen«.

Mit dessen Tod geht das goldene Zeitalter der Osmanen, eine Epoche des Wohlstands und der Stabilität, zu Ende. Anstelle von

Recht und Ordnung bestimmen nun Chaos, Korruption und Willkür die Politik. Als ob er dieses Ende des Osmanischen Reiches vor Augen gehabt hätte, dichtete Süleimans Urgroßvater, der Gartenfreund »Mehmet der Eroberer«, schon im 15. Jahrhundert:

Gieß mir Wein ein,
Lakai, denn eines Tages
wird der Tulpengarten zerstört sein;
bald kommt der Herbst,
und Frühling gibt es keinen mehr.

Literatur und Anmerkungen zu den einzelnen Kapiteln

Allgemeine Literatur

Bussche, Viktoria Freifrau von dem: *Einfach Paradiesisch. Küchengärten – Träume und Utopien*, Ippenburg 2004.
Carroll-Spillecke, Maureen (Hrsg.): *Der Garten von der Antike bis zum Mittelalter*, Mainz 1992.
Gothein, Marieluise: *Geschichte der Gartenkunst*, 2 Bände, Jena 1926.
Helphand, Kenneth: *Defiant Gardens*, in: *Journal of Garden History*, Jg. 17, Heft 2, 1997, S. 100–121.
Hennebo, Dieter: *Geschichte der deutschen Gartenkunst*, 3 Bände, Hamburg 1962.
Hobhouse, Penelope: *Gardening Through the Ages*, New York 1992.
Sarkowicz, Hans (Hrsg.): *Die Geschichte der Gärten und Parks*, Frankfurt/Leipzig 1998.
Thacker, Christopher: *Die Geschichte der Gärten*, Zürich 1979.

Einleitung

Anmerkungen

1 Nach Bussche, S. 12.
2 Glaser, Hermann, zit. n. Bussche, S. 14.

3 Aus dem Ghetto-Tagebuch des Stanisław Roztcki, zit. n. Helphand, S. 113.

Jeff Goundrill

Bildnachweis

Jeff Goundrill: S. 17, 26, 29, 32, 33, 38.
Kej Hielscher: S. 18, 21, 22, 35, 40.

Nelson Mandela

Literatur

Gregory, James: *Goodbye Bafana*, London 1995.
Jenkin, Tim: *Und vor uns die Freiheit*, Leipzig 2002.
Mandela, Nelson: *Der lange Weg zur Freiheit*, Frankfurt a. M. 1994.
Mandela, Nelson: *Gedanken & Zitate*. Zusammengestellt von Allan Momozei, Zürich 1994.
Meredith, Martin: *Nelson Mandela*, München 1998.
Naidoo, Indres: *Island in Chains – Ten Years on Robben Island*, London 1982.
Naidoo, Indres: *Robben Island – Insel in Ketten*, Göttingen 2003.
Sampson, Anthony: *Nelson Mandela*, Stuttgart 1999.
Schadeberg, Jürgen: *Voices from Robben Island*, Braamfontein 2002.
Sparks, Allister: *Beyond the Miracle*, Johannesburg 2003.
Suttner, Raymond: *Inside Apartheid's Prison*, Pietermaritzburg 2001.

Anmerkungen

1 Über seine Erfahrungen berichtet Naidoo in seinem Buch *Island in Chains*. Eine überarbeitete deutsche Ausgabe ist 2003 erschienen.
2 Mandela 1994, S. 654 ff. Die Mandela-Zitate stammen – wenn nicht anders ausgewiesen – aus dieser Autobiographie.
3 Nach Sampson, S. 285.
4 Gregory, S. 215.
5 Ebd., S. 312.
6 Jenkin, S. 105.

Bildnachweis

Associated Press: S. 57.
Kej Hielscher: S. 45, 47, 64.
Keith Kirsten: S. 53.
Jürgen Schadeberg, *Voices from Robben Island*: S. 43, 48, 51.
SV-Bilderdienst: S. 67.

Korbinian Aigner

Literatur

Aigner, Korbinian: *Äpfel & Birnen gesehen und gemalt von Korbinian Aigner.* Mit Beiträgen von Willi Votteler und Peter B. Steiner, München 1994.

Bernard, Jean: *Pfarrerblock Dachau 1941/42. Ein Bericht*, München [3]1984.

Distel, Barbara: *Konzentrationslager Dachau*, hrsg. v. Comité International de Dachau, Selbstverlag 1972.

Georg, Enno: *Die wirtschaftlichen Unternehmungen der SS*, Stuttgart 1963.

Gross, K. A.: *Fünf Minuten vor Zwölf. Dachauer Tagebücher des Häftlings Nr. 16921*, München o. J.

Gross, K. A.: *Zweitausend Tage Dachau. Dachauer Tagebücher des Häftlings Nr. 16921*, München o. J.

Hess, Sales: *KZ-Dachau eine Welt ohne Gott*, Münsterschwarzach [3]1985.

Hoffmann, Friedrich: … *Und wer Euch tötet. Leben und Leiden des Klerus in den Konzentrationslagern*, unveröffentlichtes Manuskript der KZ-Gedenkstätte Dachau.

Langbein, Hermann: *Sklavenarbeit im KZ*, in: *Dachauer Hefte* 2, 1986.

Lenz, Johannes Maria: *Christus in Dachau oder Christus der Sieger. Priestererlebnisse im KZ. Ein religiöses Volksbuch und ein kirchengeschichtliches Zeugnis*, Selbstverlag 1957.

Mack, Maria Imma: *Warum ich Azaleen liebe. Erinnerungen an meine Fahrten zur Plantage des KZ Dachau vom Mai 1944 bis April 1945*, Sankt Ottilien 1988.

Neuhäusler, Johannes: *Wie war das im KZ Dachau. Ein Versuch, der Wahrheit näherzukommen*, Dachau [16]1996.

Ohorn, Falk: *»Ich wollte kein stummer Hund sein«, »Den Gefallen tu ich euch nicht, in Preußen zu sterben«, »Es braucht niemand um mich besorgt sein«.* Drei Folgen über Korbinian Aigner in der *Süddeutschen Zeitung* vom 29. und 30. Dezember 1992, 2./3. Januar 1993.

Pries, Otto: *Stephanus heute. Karl Leisner, Priester und Opfer*, Kevelaer 1950.

Schenkende Hände. Helferinnen der KZ-Priester, Kevelaer 1956.
Schwab, Petra: *Der Apfelmaler*, in: *Süddeutsche Zeitung*, Magazin. 1. Oktober 1998.
Sigel, Robert: *Heilkräuterkulturen im KZ. Die Plantage in Dachau*, in: *Dachauer Hefte* 4, 1988.
Rasper, Martin: *In jedem Apfel steckt ein Paradies*, in: *Natur & Kosmos*, 1. Oktober 2002.
Votteler, Willi: *Verzeichnis der Äpfel- und Birnensorten*, München [3]1993.
Wuttke-Groneberg, Walter: *Medizin im Nationalsozialismus. Ein Arbeitsbuch*, Tübingen 1980.

Anmerkungen

1 Nach Ohorn, 29. Dezember 1992. Viele Detailinformationen und Zitate verdanke ich Falk Ohorn, der die einzige ausführliche Biographie über Korbinian Aigner in einer dreiteiligen Serie der *Süddeutschen Zeitung* zusammengetragen hat.
2 Ebd.
3 Ebd.
4 Ebd.
5 Ebd.
6 Nach Votteler, in: Aigner, S. 6.
7 Brief der Gestapo an den Landrat von Freising vom 18. November 1939; Kopie im Archiv der KZ-Gedenkstätte Dachau.
8 Testamentarisch hat Aigner seine Zeichnungen dem Lehrstuhl für Obstbau der Technischen Universität München in Weihenstephan vermacht. Sie sind heute im Historischen Archiv der TU München.
9 Protokoll des Gendarmeriepostens Allershausen vom 22. November 1939; Kopie im Archiv der KZ-Gedenkstätte Dachau.
10 Brief der Gestapo an den Landrat von Freising vom 18. November 1939; Kopie im Archiv der KZ-Gedenkstätte Dachau.
11 Nach Ohorn, 30. Dezember 1992.
12 Pries, S. 118.
13 Sigel, S. 170. Zur Größe der Plantage gibt es sehr unterschiedliche Angaben. Manche sprechen sogar von 300 Hektar.
14 Höß, Rudolf, nach Georg, S. 63. Höß, später Kommandant in Auschwitz, begann wie viele andere SS-Funktionäre seine Karriere in Dachau.
15 Hess, S. 140.
16 Ebd., S. 141.
17 Ebd., S. 141 f.
18 Nach Wuttke-Groneberg, S. 197.

19 Nach Neuhäusler, S. 37.
20 Ohorn, 29. Dezember 1992.
21 Hess, S. 142.
22 Bernard, S. 119.
23 Ebd.
24 Ebd., S. 133.
25 Ebd., S. 134.
26 Nach Neuhäusler, S. 37.
27 Lenz, S. 157.
28 Ohorn, 2./3. Januar 1993.
29 Nach Schwab.
30 Lenz, S. 191.
31 Ebd., S. 160.
32 Mack, S. 34.
33 Ebd., S. 114.
34 Pries, zit. n. Ohorn, 2./3. Januar 1993.
35 Nach Sigel, S. 172.
36 Baumschulen, die den Korbiniansapfel vermehren: in Süddeutschland Anton Bauer, Lindenstraße 7, 85777 Fahrenzhausen, Tel. 08133/461; in Norddeutschland: Peter Klock, Stutsmoor 42, 22607 Hamburg, Tel. 040/8991698.
37 Votteler, in: Aigner, S. 11.

Bildnachweis

Korbinian Aigner, *Äpfel & Birnen gesehen und gemalt von Korbinian Aigner*: S. 71, 72, 90.
Bayerischer Landesverband für Gartenbau und Landschaftspflege e. V.: S. 92.
Johannes Maria Lenz, *Christus in Dachau oder Christus der Sieger*: S. 81.
Technische Universität München (Historisches Archiv): S. 86, 87 (beide Abb. aus: Willi Vottler, *Verzeichnis der Äpfel- und Birnensorten*), 77.
Walter Wuttke-Groneberg, *Medizin im Nationalsozialismus*: S. 85.

Albert Speer

Literatur

Fest, Joachim: *Speer, eine Biographie*, Berlin 1999.
Friemert, Chub: *»Schönheit der Arbeit«. Produktionsästhetik im Faschismus*, München 1980.

Schmidt, Matthias: *Albert Speer. Das Ende eines Mythos*, Berlin/München 1982.
Sereny, Gitta: *Das Ringen mit der Wahrheit. Albert Speer und das deutsche Trauma*, München 1995.
Speer, Albert: *Erinnerungen*, Frankfurt/Berlin/Wien 1969.
Speer, Albert: *Der Sklavenstaat. Meine Auseinandersetzung mit der SS*, Stuttgart 1981.
Speer, Albert: *Spandauer Tagebücher*, Frankfurt/Berlin/Wien 1975.

Anmerkungen

1 Die Speer-Zitate entstammen – wenn nicht anders ausgewiesen – den *Spandauer Tagebüchern*.
2 Sereny, S. 716.
3 Nach ders., S. 762.
4 Die ausführlichste kritische Auseinandersetzung mit Speers Rolle enthält das Buch von Matthias Schmidt.

Bildnachweis

Albert Speer, *Spandauer Tagebücher*: S. 96, 98, 101, 102, 104, 107, 110f., 113, 116, 121.

Walahfrid Strabo

Literatur

Aigremont (d. i. Siegmar von Schultze-Galléra): *Volkserotik und Pflanzenwelt*, Halle/Saale 1908/09.
Benedictus (von Nursia): *Regula Benedicti / Die Benediktusregel*, hrsg. im Auftrag der Salzburger Äbtekonferenz, Beuron 1992.
Berschin, Walter: *Eremus und Insula. St. Gallen und die Reichenau im Mittelalter – Modell einer lateinischen Literaturlandschaft*, Wiesbaden 1987.
Berschin, Walter: *Walahfrid Strabo und die Reichenau*, Marbach 2000.
Beyerle, Konrad (Hrsg.): *Die Kultur der Abtei Reichenau*, 2 Bände, München 1925.
Borst, Arno: *Mönche am Bodensee*, Sigmaringen 1978.
Bühler, Johannes: *Klosterleben im deutschen Mittelalter*, Leipzig ^{2}1923.
Erdmann, Wolfgang: *Die Reichenau im Bodensee. Geschichte und Kunst*, Königstein i. Ts. 1974.

Ferrari, Jean / Grätzel, Stephan: *Spiritualität im Europa des Mittelalters. 900 Jahre Hildegard von Bingen*, Sankt Augustin 1998.
Fehrenbach, Theodor: *Vorwort* zu Stoffler, Hans-Dieter: *Der Hortulus des Walahfrid Strabo*, Stuttgart 1978.
Fermor, Patrick Leigh: *Reise in die Stille. Zu Gast in Klöstern*, München/Wien 2000.
Frohn, Giesela: *Klostermedizin*, München 2001.
Gorys, Erhard: *Zu Gast in Klöstern*, München [3]2002.
Gothein, Marieluise: *Geschichte der Gartenkunst*, Bd. 1, Jena 1926.
Grégoire, Réginald / Moulin, Léo / Oursel, Raymond: *Die Kultur der Klöster*, Stuttgart 1995.
Hales, Mick: *Klostergärten*, München 2000.
Hennebo, Dieter: *Geschichte der deutschen Gartenkunst*. Bd. 1: *Gärten des Mittelalters*, Hamburg 1962.
Janssen, W.: *Mittelalterliche Gartenkultur. Nahrung und Rekreation*, in: Herrmann, Bernd (Hrsg.): *Mensch und Umwelt im Mittelalter*, Stuttgart 1986.
Önnerfors, Alf: *Walahfrid Strabo als Dichter*, in: Maurer, Helmut (Hrsg.): *Die Abtei Reichenau. Neue Beiträge zur Geschichte und Kultur des Inselklosters*, Sigmaringen 1974.
Pascher, Joseph: *Das Liturgische Jahr*, München 1963.
Spicker-Beck, Monika / Keller, Theo (Fotos): *Klosterinsel Reichenau. Kultur und Erbe*, Stuttgart 2001.
Stoffler, Hans-Dieter: *Der Hortulus des Walahfrid Strabo. Aus dem Kräutergarten des Klosters Reichenau*, Stuttgart 2002.
Walahfrid Strabo: *Liber de cultura hortorum / Über den Gartenbau*. (Lateinisch/deutsch), Stuttgart 2002.

Anmerkungen

1 Zit. n. Berschin 1987, S. 30.
2 Die Zitate aus dem *Hortulus* entnehme ich der im Reclam Verlag erschienenen Übersetzung. Der Text ist durchnumeriert. Die Zahl in Klammern gibt die entsprechende Zeile des Zitats an.
3 Aus Visio Wettini, nach Berschin 1987, S. 44.
4 Berschin 2000, S. 3.
5 Ebd.
6 Ebd., S. 6.
7 Ebd., S. 31.
8 Zit. nach Önnerfors, S. 83.
9 Benedictus, Regel 66.
10 Aigremont, S. 49.
11 Zum Sankt Gallener Klosterplan siehe Hennebo, S. 28 ff.
12 Nach Spicker-Beck, S. 37.

13 Hales, S. 70.
14 *Hortus deliciarum* von Herrad von Landsperg, nach Gothein, Bd. 1, S. 188.
15 Benedictus, Regel 48.
16 Nach Frohn, S. 52.
17 Ebd.
18 Berschin 1987, S. 6.
19 Ebd.
20 Stoffler, S. 120.
21 Nach Stoffler, S. 77.
22 Benedictus, Regel 53.

Bildnachweis

Bildarchiv Preußischer Kulturbesitz, Berlin: S. 125 (Staatsbibliothek zu Berlin, Sig.MS.theol.lat.qu.140, Bl.21v).
Theo Keller, Reichenau: S. 133, 146.
Hans-Dieter Stoffler, *Der Hortulus des Walahfrid Strabo*: S. 126 (Universitätsbibliothek Eichstätt, Sig. 182/1 JII 26), 131 (Universitätsbibliothek Leipzig, Sig. I.53), 135, 139 (Universitätsbibliothek Eichstätt, Sig. SJII 2892-2894), 142/143, 151 (Universitätsbibliothek Eichstätt, Sig. 182/1 JII 26).

William Beckford

Literatur

Alexander, Boyd: *Englands Wealthiest Son*, London 1962.
Alexander, Boyd (Hrsg.): *Life at Fonthill 1807–1822 from the Correspondence of William Beckford*, London 1957.
Beckford, William: *Vathek. Eine orientalische Erzählung*, München 1988.
Brockman, Harold Alfred Nelson: *The Caliph of Fonthill*, London 1956.
Forthergill, Brian: *Beckford of Fonthill*, London/Boston 1979.
Heinemann, Elke: *Babylonische Spiele. William Beckford und das Erwachen der modernen Imagination*, München 2000.
Kluckert, Ehrenfried: *Gartenkunst in Europa*, Köln 2000.
Lees-Milne, James: *William Beckford*, London 1990.
Loudon, John Claudius: *William Beckford and Fonthill Abbey*, in: *Gardener's Magazine*, September 1835 und September 1836.
May, Marcel: *La jeunesse de William Beckford et la genèse de son »Vathek«*, Paris 1928.

Melville, Lewis (Hrsg.): *The Life and Letters of William Beckford of Fonthill*, London 1910.
Miller, Norbert: *William Beckford und sein Fonthill*, in: Sarkowicz, Hans (Hrsg.): *Die Geschichte der Gärten und Parks*, Frankfurt/Leipzig 1998.
Mowl, Timothy: *William Beckford. Composing for Mozart*, London 1998.
Pückler-Muskau, Hermann von: *Briefe eines Verstorbenen*, Berlin 1986.
Rutter, John: *Deliniations of Fonthill & its Abbey*, Shaftesbury 1823.
Storer, James: *A Description of Fonthill*, London 1812.
Thacker, Christopher: *Die Geschichte der Gärten*, Zürich 1979.
Thacker, Christopher: *The Wildness Peases*, London 1983.

Anmerkungen

1 Melville, S. 79 Alle Beckford-Zitate aus den englischen Quellen sind von der Autorin übersetzt worden.
2 Ebd., S. 83.
3 Ebd., S. 92.
4 Pückler-Muskau, S. 333.
5 Miller, S. 190.
6 Pückler, S. 334.
7 Melville, S. 221 f.
8 Lees-Milne, S. 101.
9 Ebd.
10 Alexander 1957, S. 158.
11 Ebd., S. 94.
12 Alexander 1962, S. 18.
13 Loudon, S. 442.
14 Alexander 1962, S. 164.
15 Loudon, S. 441.
16 Ebd., S. 442.
17 Alexander 1957, S. 97 f.
18 Ebd., S. 61.
19 Ebd., S. 120.
20 Ebd., S. 145.
21 Ebd., S. 58.
22 Ebd., S. 98.
23 Lees-Milne, S. 83.
24 Ebd., S. 101.

Bildnachweis

Bath Municipal Library: S. 170.
Alexander Boyd, *Englands Weathiest Son*: S. 172.

Alexander Boyd (Hrsg.): *Life at Fonthill*: S. 165, 176.
The Gentlemen's Magazine (April 1801): S. 175.
Lovette West, New York: S. 158.
Salford Art Gallery: S. 162.
Victoria & Albert Museum, London, The Board of Trustees: S. 179.

Kaiser Kangxi

Literatur

Beuchert, Marianne: *Die Gärten Chinas*, Frankfurt a. M. 1998.

Beuchert, Marianne: *Symbolik der Pflanzen. Von Akelei bis Zypresse*, Frankfurt a. M. 1995.

Beuchert, Marianne: *Wie ein italienischer Jesuit den chinesischen Garten nach England brachte*, in: *Daidalos*, Heft 46, 1992 *(Bedeutsame Gärten)*.

Beuchert, Marianne / Nickig, Marion (Fotos): *Von Lilien bezaubert, von Rosen verführt. 21 Pflanzenportraits*, Köln 1985.

Eberhard, Wolfram: *Lexikon chinesischer Symbole*, Köln 1983.

Europa und die Kaiser Chinas. Katalog der Ausstellung des 3. Festivals der Weltkulturen, Horizonte 85, Frankfurt a. M. 1985.

Franke, Otto: *Beschreibung des Jehol-Gebietes in der Provinz Chihli*, Leipzig 1902.

Gernet, Jacques: *Die chinesische Welt*, Frankfurt a. M. 1979.

Gimm, Martin: *Kaiser Qianlong (1711–1799) als Poet. Anmerkungen zu einem schriftstellerischen Werk*, Stuttgart 1993.

Gothein, Marieluise: *Geschichte der Gartenkunst*, Bd. 2, Jena 1926.

Hedin, Sven: *Jehol, die Kaiserstadt*, Leipzig 1941.

Hummel, Arthur G. (Hrsg.): *Eminent Chinese of the Ch'ing period (1644–1912)*, 2 Bände, Washington 1943/44.

Keswick, Maggie: *Chinesische Gärten. Geschichte, Kunst und Architektur*, Stuttgart 1989.

Ledderose, Lothar / Butz, Herbert (Hrsg.): *Palastmuseum Peking. Schätze aus der Verbotenen Stadt*. Katalog der Ausstellung des 3. Festivals der Weltkulturen, Horizonte 85, Frankfurt a. M. 1985.

Pu Yi: *Ich war Kaiser von China. Vom Himmelssohn zum Neuen Menschen*, München 1973.

Rehe zhi: *Monographie über Jehol, 1779–1781* (Nachdruck, o. O., o. J).

Ripa, Matteo: *Memoires of Father Ripa*, New York 1846 (Reprint 1979).

Schätze der Himmelssöhne. Die kaiserliche Sammlung aus dem Nationalen Palastmuseum, Taipeh. Katalog der Ausstellung in Berlin und Bonn 2003 und 2004, Ostfildern-Ruit 2003.

Schneebeli-Graf, Ruth: *Zierpflanzen Chinas. Botanische Berichte und Bilder aus dem Blütenland*, Frankfurt a. M. 1991.

Spence, Jonathan D.: *Ich, Kaiser von China. Ein Selbstportrait des Kangxi-Kaisers*, Frankfurt a. M. 1985.

Stumpfeldt, Hans: ... *am 9.9. sollst du Chrysanthemen pflücken. Notizen zum chinesischen Blütenkalender.* Mitteilungen der Hamburger Sinologischen Gesellschaft, Nr. 10, Hamburg 1999.

Tsao Hsüe Kin: *Der Traum der roten Kammer.* Übersetzt von Franz Kuhn, Leipzig 1941.

Valder, Peter: *Gardens in China*, Portland 2002.

Die verbotene Stadt. Aus dem Leben der letzten Kaiser von China. Katalog einer Ausstellung im Reiss-Museum Mannheim, Mainz 1997.

Yun Qiao: *Alte chinesische Gartenkunst*, Leipzig ^{2}1988.

Anmerkungen

1 Ripa, S. 95 Alle folgenden Zitate von Matteo Ripa habe ich dem 1979 erschienenen Reprint der *Memoires of Father Ripa* entnommen.
2 Nach Hedin, S. 111, und Franke, S. 62.
3 Spence, S. 48. Wenn Spence Kangxi zitiert, dann paraphrasiert er offizielle Dokumente.
4 Sein offizieller Name ist Xuanye; Kangxi steht eigentlich für eine Regierungsdevise, hat sich aber als Name des Kaisers durchgesetzt.
5 Nach Hedin, S. 113.
6 Nach Hedin, S. 110.
7 Spence, S. 48.
8 Beuchert 1992, S. 47.
9 *Schätze der Himmelssöhne*, S. 440.
10 Nach Spence, S. 48.
11 Nach Franke, S. 62 f.
12 Ebd., S. 63.
13 Ebd., S. 97.
14 Nach Beuchert 1998, S. 36.
15 Nach Franke, S. 93.
16 Ebd., S. 76.
17 Nach Keswick, S. 176.
18 Ebd., S. 177.
19 Nach Spence, S. 47.
20 Ebd.
21 Beuchert 1998, S. 29.
22 Ledderose/Butz, S. 166.
23 Keswick, S. 60.

24 Das Kupferstichkabinett in Dresden besitzt ein Exemplar der Ripa-Stiche; Titel: *Maison de Plaisance de l'Empereur de la Chine* (Inventar-Nr. Ca 139).
25 Hedin, S. 179 f.
26 Zit. nach Beuchert 1998, S. 127.
27 Nach Hedin, S. 105.
28 *Die Verbotene Stadt*, S. 271.
29 Ebd., S. 151.
30 Spence, S. 48 f.
31 Ebd., S. 49.
32 Aus Rehe zhi, übersetzt von Hans Stumpfeldt.
33 Nach Ledderose/Butz, S. 140.

Bildnachweis

Alte chinesische Grafik (Text: Joef Hejzlar, Fotos: Ladislav Neubert), Prag 1972: S. 193, 203.
The Bollinger Foundation, New York: S. 205.
Dresdner Kuperstichkabinett: S. 200, 212.
Palastmuseum Peking: S. 199, 207, 209, 221.
Palastsammlung Tai-chung: S. 196.
Rehe zhi, Monographie über Jehol: S. 195.
Peter Valder, *Gardens in China*: S. 215.
Die verbotene Stadt: S. 187, 218.

Süleiman der Prächtige

Literatur

Backhausen, Joachim: *Männer und Mächte am Bosporus*, Berlin 1938.
Bianca, Stefano: *Hofhaus und Paradiesgarten. Architektur und Lebensformen in der islamischen Welt*, München 2001.
Busbecq, Ogier Ghiselin de: *The Turkish Letters of Ogier Ghiselin De Busbequius*. Übersetzt von E. S. Forster, Oxford 1927.
Coco, Carla: *Harem. Sinnbild orientalischer Erotik*, München 2002.
Dash, Mike: *Tulpenwahn. Die verrückteste Spekulation der Geschichte*, München 1999.
Erber, Christian (Hrsg.): *Reich an Samt und Seide. Osmanische Gewebe und Stickereien*, Bremen 1993.
Forkel, H., et al. (Hrsg.): *Die Gärten des Islam*. Ausstellungskatalog des Lindenmuseums Stuttgart, Stuttgart/London 1993.

Goodwin, Godfrey: *The Private World of Ottoman Women*, London 1997.
Gost, Roswitha: *Die Geschichte des Harems*, Düsseldorf 2002.
Gothein, Marieluise: *Geschichte der Gartenkunst*, Bd. 1, Jena 1926.
Hobhouse, Penelope / Taylor, Patrick (Hrsg.): *Gärten in Europa*, Stuttgart 1992
Der Koran. Das heilige Buch des Islam. Nach der Übertragung von Ludwig Ullmann, München 1959.
Krausch, Heinz-Dieter: *Kaiserkron und Päonien rot… Entdeckung und Einführung unserer Gartenblumen*, Hamburg 2003.
Kunt, Metin / Woodhead, Christine: *Süleyman the Magnificent and His Age. The Ottoman Empire in the Early Modern World*, New York 1995.
Mernissi, Fatima: *Harem. Westliche Phantasien – östliche Wirklichkeit*, Freiburg i. Br. 2000.
Miller, Barnette: *Beyond the Sublime Porte. The Grand Seraglio of Stambul*, New Haven 1931.
Nippa, Annegret: *Haus und Familie in arabischen Ländern. Vom Mittelalter bis zur Gegenwart*, München 1991.
Peirce, Leslie, P.: *The Imperial Harem. Women and Sovereignty in the Ottoman Empire*, Oxford/New York 1993.
Petruccioli, Attilio (Hrsg.): *Der islamische Garten*, Stuttgart 1995.
Robert, Nicolas: *Tulpen*, Dortmund 1981.
Salentiny, Fernand: *Soliman der Prächtige und das Osmanische Reich*, Pfaffenhofen 1981.
Schimmel, Annemarie: *Kleine Paradiese. Blumen und Gärten im Islam*, Freiburg i. Br. 2001.
Schnack, Friedrich: *Traum vom Paradies. Eine Kulturgeschichte des Gartens*, München 1967.
Tralow, Johannes: *Roxelane*, Reinbek 1987.
Yerasimos, Stéphane: *Konstantinopel. Istanbuls historisches Erbe*, Köln 2000.

Anmerkungen

1 Als Hauptquellen wurden benutzt: Goodwin, Gost, Miller, Peirce.
2 Dash, S. 39.
3 Nach Krausch, S. 21.
4 Koran, S. 434.
5 Ebd., S. 114.
6 Nach Forkel, S. 64.
7 Nach Schnack, S. 101.
8 Nach Gost, S. 80.
9 Dash, S. 40 f., und Robert, S. 85 ff.
10 Yerasimos, S. 336.

11 Dash, S. 45.
12 Miller, S. 87.
13 Nach Gost, S. 99.
14 Nach Miller, S. 94.
15 Nach Gost, S. 97.

Bildnachweis

Biblioteca Nazionale Marciana, Venedig: S. 226.
Bibliothek der Universität Istanbul: S. 230f. (Miniaturen von Matraki Nasuh).
Bibliothèque Nationale, Paris: S. 246.
The British Museum, London: S. 224, 225.
Penelope Hobhouse / Patrick Taylor (Hrsg.), *Gärten in Europa*: S. 236.
Metin Kunt / Christine Woodhead, *Süleyman the Magnificent and His Age*: S. 239.
Bernadette Miller, *Beyond the Sublime Porte*: S. 228 (Stich von Wilhelm Dilich).
Attilio Petruccioli (Hrsg.): *Der islamische Garten*: S. 234, 243.
Topkapi Palast, Istanbul: S. 240.
Stéphane Yeraimos, Konstantinopel: S. 244.

Nicht in allen Fällen konnten die Inhaber von Bildrechten ermittelt werden. Wir bitten gegebenenfalls um entsprechende Hinweise an den Verlag. Den genannten Personen und Institutionen danken wir für die freundliche Genehmigung zum Abdruck der Abbildungen.

Danksagung

Wir danken Professor Hans Stumpfeldt, Sinologe an der Hamburger Universität, für seine Übersetzung, seine fachkundige Beratung und Überprüfung des China-Kapitels. Professor Martin Grimm und Petra Kuhlmann-Hodick vom Kupferstichkabinett in Dresden halfen, die Ripa-Stiche zu finden. Marianne Beuchert, Fachfrau für chinesische Gärten, und Sabine Rusch vom Botanischen Garten Hamburg haben uns sachkundig an die chinesische Gartenkultur herangeführt. Till Bruttel stellte uns ihre umfangreiche Orientalistikbibliothek zur Verfügung. Bei Recherchen in Südafrika unterstützten uns die Journalistinnen Amina Frense und Birgit Schwarz sowie Keith Kirsten, Gartengestalter und Autor. Auf der Reichenau waren es der Gemüsefachmann Heinrich Glönkler, der engagierte Tourismusmanager Thomas Werle und Pfarrer Alfons Weißer. Professor Jürgen Peters erinnerte sich an Gartenbezüge in Albert Speers *Spandauer Tagebüchern*, und Evamarie Stade gab uns den Hinweis auf Korbinian Aigner. Das Archiv der KZ-Gedenkstätte Dachau war bei der Materialsuche behilflich. Katrin Klinger vom Londoner *Spiegel*-Büro half bei den Vorbereitungen zum Kapitel über das Leyhill-Gefängnis. Nicht zuletzt danken wir allen Freunden, die Verständnis dafür hatten, daß wir oft wochenlang nicht ansprechbar waren.

Personenregister

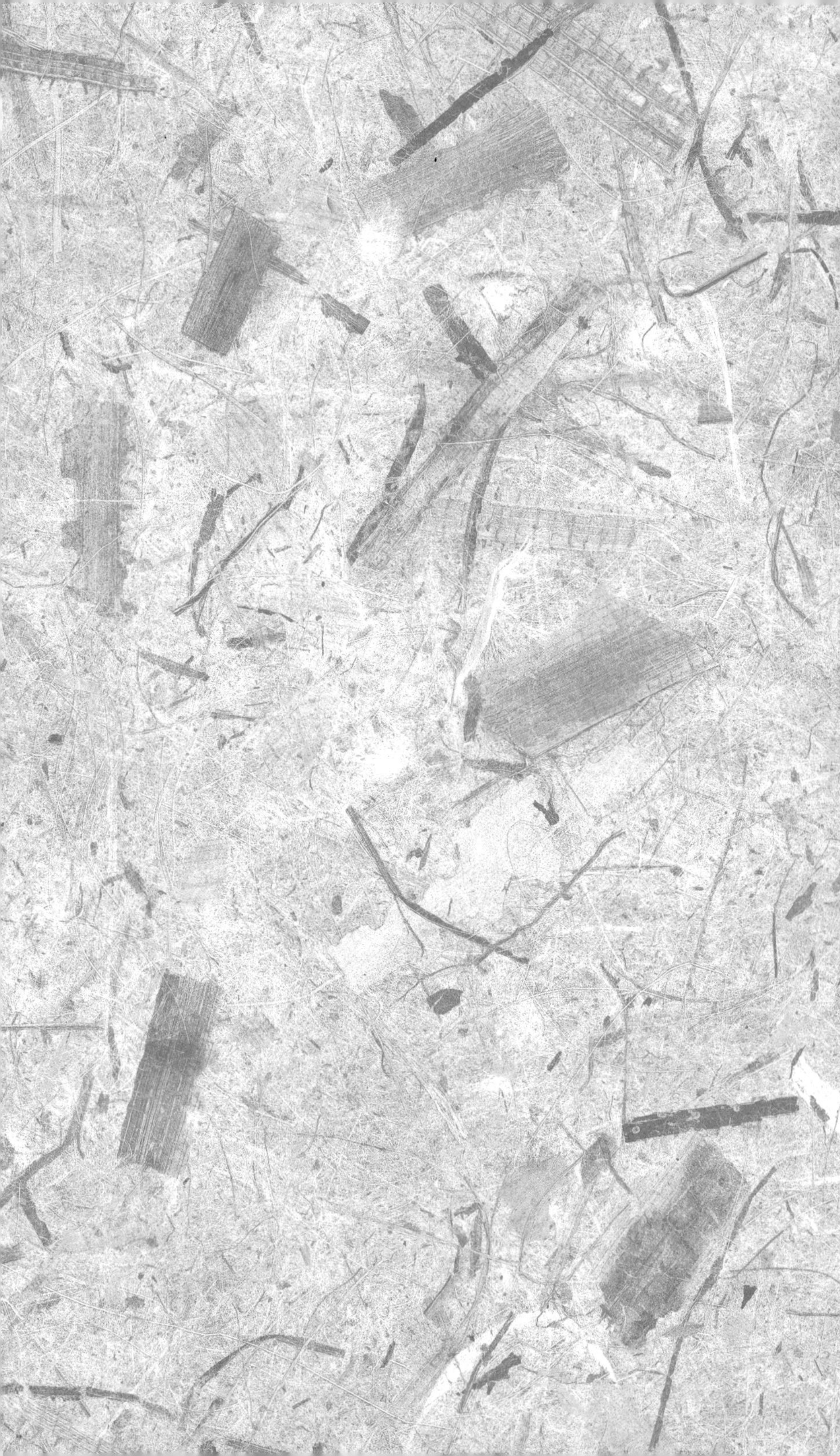